대수곡선론

代數曲線論

오기소 케이지 지음
최성락 옮김

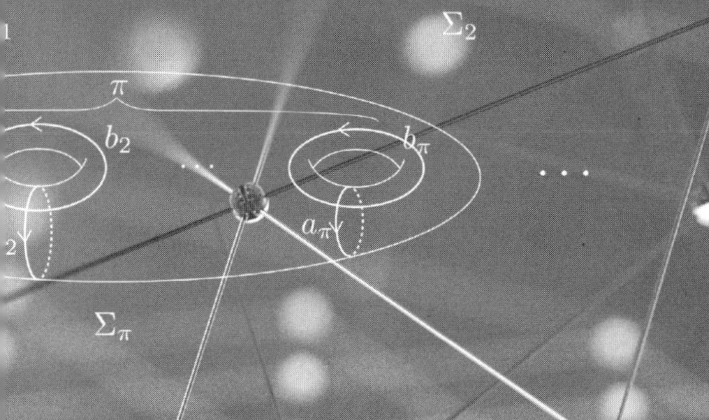

KM 경문사

한국어 번역판을 위한 서론

I am very glad to hear that Professor Sung Rak Choi kindly translated my book "Daisu Kyokusen Ron" (in Japanese) into Korean.

This book was based on my regular lecture on "Compact Riemann Surfaces" for the 4th year undergraduate students and 1st year master students at the University of Tokyo in the last century. The aim was to introduce some basic notions and ideas of complex geometry and algebraic geometry and to present how basic undergraduate mathematics, such as abstract linear algebra, general topology, complex analysis in one variable etc together with more advanced notions of sheaves and their cohomologies, which will be explained in this book, can be effectively applied to study compact Riemann surfaces.

I spent several years in Korea as KIAS Scholar and I was so happy to be able to learn much from excellent mathematicians in Korea such as Professors JongHae Keum and Jun-Muk Hwang through research collaborations and discussions.

It would be my great pleasure if this book would be of some help for Korean students to enjoy the beauty of compact Riemann surfaces and also to motivate further study of the rich world, complex and algebraic geometry.

Keiji Oguiso
Full Professor of the University of Tokyo
Professor Emeritus of Osaka University

옮긴이 머리말

인공지능, 머신러닝, 딥러닝과 같은 분야에 응용되는 수학이 유례없는 인기를 구가하고 있는 요즘, 대수기하학과 같은 순수수학이 설 자리가 점점 좁아지는 것 같아 걱정마저 들기도 합니다. 이런 상황에서 감히 용기를 내어 대수기하학의 정수가 담긴《대수곡선론(代數曲線論)》을 번역하고 출판까지 하게 되어 기쁩니다.

이 책을 처음 접했을 때 "내가 학생이었을 때 이런 책이 있었으면 좋았을텐데..."라는 생각이 들어서 바로 번역을 하기로 마음먹었습니다. 대학원생, 학부생을 막론하고 대수기하학/복소기하학에 입문하려는 모든 학생들에게 추천해 주고 싶은 책입니다. 한국어로 쓰인 책으로 대수기하학 공부를 시작하는 것도 큰 즐거움으로 다가올 것입니다.

이 책의 저자도 서론에서 고백한 것과 비슷하게 저는 일본어로 된 원서의 내용을 한국어로 아주 조심스럽게 '옮기기만' 했으며, 저자의 작은 아이디어를 비롯해서 곳곳에 숨어있는 깨알 같은 유머까지 놓치지 않으려고 노력했습니다. 번역 과정에서 참고할 만한 자료가 없을 경우 현재 학계에서 이미 쓰이고 있는 구어체의 표현으로 대체했습니다. 다만 표현의 부정확함으로 인해 이해하기 어려운 부분이 있다면 전적으로 옮긴이의 능력 부족 탓입니다.

이 책의 번역을 흔쾌히 허락해 주시고 한국어판 서론을 써주신 오기소 케이지 교수님, 그리고 이 책의 번역을 추천해 주시고 격려해 주신 후지노 오사무 교수님에게 감사드립니다. 번역 중인 원고에서 오타, 오류를 찾아가며 공부해준 학생들, 그리고 많은 조언을 해주신 한국 대수기하학계 및 연세대학교 수학과 동료 선생님들에게도 감사드립니다. 출판하는 데까지 순조롭게 진행되도록 도와주신 경문사 출판부 관계자분들에게도 깊은 감사의 뜻을 전합니다.

2021년 7월

서문

이 책은 콤팩트 리만면의 사영 매립 정리를 소개하는 것을 하나의 주요 목표로 두고 쓰였으며, 특히 콤팩트 리만면이 순수하게 대수적인 개념으로 승화되기까지의 과정을 이야기로 담은 책이기도 하다. 그렇게 승화된 후의 뒷이야기는 작은 종수를 갖는 리만면의 구조에 대한 정리에 의해서 일부 밝혀지게 된다.

이 책에서 주로 다루게 될 리만면이란 복소 평면 안에서 열린 원판들이 쌍정칙적으로 잘 포개져서 얻게 되는 복소 1차원이면서 실 2차원인 명확한 실체를 가지고 풍부한 내용을 품은 수학적 대상이다. 이런 대상을 우리가 조사해 나가는 데 있어서 선형대수학, 미분적분학, 위상공간론, 복소함수론, 대수학 등의 기초적인 수학이론에 기초한 여러 가지 관점, 도구 등이 어떻게 서로 연결이 되고 사용되는지를 알아나가는 것도 중요하다. 따라서 이 책은 적어도 대학교 1, 2학년 과정에서 다루는 내용을 어느 정도의 이해하고 있는 독자를 대상으로 가정하고 있다.

이 책은 층과 층 코호몰로지 군을 쓰지 않는 전반부(제1~4장)와 층과 층 코호몰로지 군을 도입해서 적극적으로 쓰기 시작하는 후반부 (제5~7장)로 구성되어 있다. 리만 구면 $\mathbb{P}^1$에 대해서 논하는 제1장은 제2장을 위한 워밍업의 역할을 한다. 제2장에서는 리만면과 리만면 사이의 정칙사상이라는 개념을 정의하고 이것들의 기본적인 성질에 대해서 논한다. 리만면은 정의로부터 함수론의 전개가 가능한 공간이다. 하지만 콤팩트 리만면에서 대역적인 정칙함수는 오직 상수로만 나타난다. 여기서 대신 중요해지는 것이 바로 유리형 함수라는 것이다. 극을 허용함으로써 함수는 일단 발산해버리지만 치역 $\mathbb{C}$를 $\mathbb{P}^1$으로 콤팩트화하면 다시 수학적으로 닫힌 대상이 되어 돌아온다. 이렇게 해서 유리형 함수를 이용한 기하학을 전개하는 것이 가능해진다. 1차원 원환면은 복소평면 $\mathbb{C}$를 2차원 격자군 –예를 들어 가우스 정수 $m+n\sqrt{-1}$ $(m, n$은 유리 정수) 전체로 이루어진 군– 으로 나눠서 얻어지는 콤팩트 리만면이다. 따라서 적어도 한 개의 성분이 0이 아닌 $n+1$개의 복소수의 비율 전체로 이루어진 사영 공간 $\mathbb{P}^n$과 겉으로 드러나는 관련성은 없는 것처럼 보인다. 하지만 1차원 복소 원환면은 사영 공간 $\mathbb{P}^2$ 안의 3차 곡선과 동형이 되고 리만면 $\mathbb{P}^1$의 네 개의 점에서 분지하는 2중 덮개 곡면이 된다. 이 두 가지 사실은 $\wp$-함수를 이용한 구체적인 고찰에 의해서 제4장에서 명확해진다. 유리형 함수와 나란히 또는 서로 보완하면서 리만면의 이론을 지탱해주는 것이 미분형식이다. 리만면에서 정의되는 미분형식에 관한 기본적인 내용은 제3장에서 다룬다.

후반부에서는 먼저 제5장에서 층과 층 코호몰로지 군에 관한 최소한의 준비를 할 것이다. 층과 층 코호몰로지 군은 국소적인 것과 대역적인 것을 연결해 주는 자연스러우면서도 강력한 현대수학에서 없어서는 안되는 중요한 개념이다. 복소 평면 안에서 열린 원판이라는 국소적인 것을 이용해서 정의되는 리만면을 해석하는데 있어서도 층이라는 것이 지극히 자연스러운 방식으로 도구 및 언어를 제공한다. 층과 층 코호몰로지 군은 또 원활한 형식적 논의가 가능한 고도의 기능적인 측면도 있다. 최소한의 준비를 마친 후 층과 층 코호몰로지 군의 언어를 이용해서 콤팩트 리만면의 종수(genus)를 정의한다. 종수는 콤팩트 리만면에 부수적으로 따라오는 중요한 불변량이다. 종수의 중요성에 대해서는 제7장에서 부분적으로 밝혀진다. 이어서 리만면의 "3대 필수품"이라고 불리는 기본정리 – 리만-로흐의 정리, 세르의 쌍대성 정리, 소멸정리– 를 증명한다. 이것들의 첫 응용으로서 콤팩트 리만면에서 상수가 아닌 대역적인 유리형 함수와 0이 아닌 대역적 유리형 1형식의 존재를 증명한다. 이상이 제6장에서 다루는 내용이다. 기하학적인 색채가 더 짙은 응용에 대해서는 마지막 장인 제7장에서 주로 다룬다. 제7장에서는 제1~6장에서 다룬 내용들이 종횡무진하며 활약을 하기 시작한다. 제7장의 앞부분에서는 종수를 특징지어 주는 여러 가지 조건들을 콤팩트 리만면의 저변에 깔린 구조와 관련지어 논한다. 제7장의 후반부에서는 콤팩트 리만면의 사영매립 정리를 증명하고 종수가 작은 콤팩트 리만면의 구조에 대해서 알아본다. 종수가 3인 콤팩트 리만면은 $\mathbb{P}^1$의 여덟 개의 점에서 분지되는 2중 덮개 또는 $\mathbb{P}^2$ 안의 비특이 4차 곡선과 동형이 된다. 마지막에 제시하는 이와 같은 결과들은 "잘 몰랐는데 그런거였구나!"라는 느낌을 주는 필자가 가장 좋아하는 유형의 정리이다. 이 책의 후반부(제5~7장)에서는 유리형 함수 또는 형식 하나하나가 고찰의 대상이 되는 것이 아니라 극 또는 영점에 관한 어떤 조건을 만족하는 유리형 함수 전체 또는 형식 전체가 이루는 집합이 고찰의 주된 대상이 된다는 사실이 중요하다. 이렇게 함으로써 처음으로 선형대수학적 관점에서 리만면의 기하학이 전개가 가능해지기 때문이다.

위에서 언급한 내용들로부터 유추할 수 있듯이 이 책은 방대한 리만면의 이론 중 극히 일부만을 다루고 있다. 이 책에서 다루지 못한 내용과 관련된 참고 문헌과 집필하면서 필자가 참조한 관련 문헌 몇개를 끝에 소개해 두었다.

재차 강조할 필요는 없겠지만 이 책에서 다루는 여러 가지 개념, 정리는 모두 선인들의 노력에 의해서 얻어진 것들이며 그 중에서 필자가 독창적으로 공헌한 바는 없다. 이 책에서 필자가 한 일은 전체를 관통하는 주제를 종수와 사영 매립 두 개로 크게 잡고 산만함을 최소화하려고 노력한 것, 그리고 새로운 정의 또는 정리의 의미나 증명을 이해하는데 도움이 되는 문제를 최대한 많이 실은 것 두 가지이다.

이 책에 실린 문제는 크게 두 가지로 구분된다. 한 가지는 증명에서 필요한 선형대수, 위상공간론, 복소함수론의 기본적인 것들을 문제 형식으로 물어봄으로써 명확히 해두는 것이다. 또 한 가지는 새로운 개념이나 정리가 의미하는 것을 구체적인 경우의 계산에 적용해 보거나 조금 다른 관점으로 바라보게 하는 작업을 통해서 독자들에게 몸소 체득시키기 위한 것이다. 제7장의 가상 시험문제 7.9는 이것만으로 부족해하는 독자들을 위한 것이며 실력 점검을 위해 쓰이면 다행으로 생각한다.

이 책을 집필하는 것을 추천해 주시고 이 책이 완성되기까지 따듯하게 격려해주신 도쿄대학교의 카와마타 유지로 선생님에게 마음으로부터 감사의 뜻을 전한다. 또 수학에 있어서 반복학습의 중요성을 일깨워주신 교토대학교의 모리와키 아츠시 선생님과 대학 수학의 커리큘럼 및 많은 문헌을 알려주신 도쿄대학교의 마츠오 아츠시 선생님에게도 감사의 말씀을 전한다. 두 선생님으로부터 받은 귀중한 가르침은 문제 작성과 책 말미의 참고문헌을 작성하는데 큰 도움이 되었다. 이 책은 필자가 도쿄대학 이학부 4학년을 대상으로 가르친 리만면에 대한 강의를 바탕으로 썼다. 강의를 열심히 들어준 학생들 특히 이 책의 원본이었던 강의 중에 배포한 노트를 꼼꼼히 읽고 깊이 내재하는 불완전함과 이것들의 개선 방법에 대해서 지적해 주신 야마모토 슈지 씨와 사와노 요시히로 씨에게 깊이 감사한다. 또 사와노 씨로부터는 이 책을 교정하는 데 있어서도 크나큰 도움을 얻었다. 마지막으로 이 책이 완성되기까지 많은 도움을 주신 아사쿠라 서점 편집부에게도 감사한다.

2002년 2월 보스턴에서
오기소 케이지

목차

1

리만구면 $\mathbb{P}^1$

리만구면 $\mathbb{P}^1$은 이 책에서 주로 다루게 될 콤팩트 리만면의 가장 기본적이면서 중요한 예이다. 이 장에서는 리만구면을 복소 사영직선으로서 구성해 보고 리만구면의 성질을 비동차좌표를 이용해서 자세하게 다루려고 한다. $\mathbb{P}^1$ 및 비동차 좌표를 능숙하게 다루는 것은 이 책에서 전개하는 일반론을 공부하기 위한 준비운동이기 때문이다.

1.1 비율의 집합으로서의 $\mathbb{P}^1$

2차원 복소평면 $\mathbb{C}^2$로부터 원점을 제외한 집합 $\mathbb{C}^2 - \{(0,0)\}$에 동치관계 $\sim$을 다음과 같이 정의한다.

$$(a_0, a_1) \sim (b_0, b_1) \Leftrightarrow (a_0, a_1) = c(b_0, b_1)\text{가 되는 } c \in \mathbb{C} - \{0\}\text{가 존재한다.}$$

즉, 비율 $a_0 : a_1$과 $b_0 : b_1$이 같아질 때 (a_0, a_1)와 (b_0, b_1)이 동치라고 정의한다. (a_0, a_1)가 속하는 동치류 $\{c(a_0, a_1) | c \in \mathbb{C} - \{0\}\}$를 $[a_0 : a_1]$로 쓴다.

정의 1.1

동치관계 $\sim$에 의한 $\mathbb{C}^2 - \{(0,0)\}$의 몫집합 $(\mathbb{C}^2 - \{(0,0)\})/\sim$을 **복소사영직선** 또는 **리만구면**이라고 부르며 $\mathbb{P}^1$으로 표시한다. 다시 말해

$$\mathbb{P}^1 := (\mathbb{C}^2 - \{(0,0)\})/\sim = \{[a_0 : a_1] | (a_0, a_1) \in \mathbb{C}^2 - \{(0,0)\}\}$$

로 정의한다. $\mathbb{C}^2 - \{(0,0)\}$의 각 원소 (a_0, a_1)에 $[a_0 : a_1]$를 대응시키는 사상

$$\pi : \mathbb{C}^2 - \{(0,0)\} \to \mathbb{P}^1 \; ; \; (a_0, a_1) \mapsto [a_0 : a_1]$$

을 몫사상이라고 부른다.

$\mathbb{P}^1$의 모든 원소는 $[a_0 : a_1]$꼴로 표현된다. $[a_0 : a_1] = [b_0 : b_1]$이 성립하는 것은 $a_0 : a_1$과 $b_0 : b_1$이 같은 경우이다. 예를 들어, $[2 : 1] = [1 : 1/2]$이 성립한다. 즉, $\mathbb{P}^1$은 동시에 두 좌표가 0이 아닌 복소수 쌍의 비율들의 전체집합임을 알 수 있다. 이 책에서는 이 집합의 원소를 종종 점이라고 부른다. 이렇게 정의함으로써 점이라는 단어에서 연상되는 기하학적인 이미지를 고이 남겨두기 위해서이다. 이렇게 정의를 하면 $[2 : 1]$과 $[1 : 1/2]$는 $\mathbb{P}^1$에서 같은 점이 된다.

정의 1.2

집합 $\mathbb{C}^2 - \{(0,0)\}$의 각 점에 (제1좌표, 제2좌표)를 대응시키는 함수의 쌍 (X_0, X_1)을 $\mathbb{C}^2 - \{(0,0)\}$의 **표준좌표**, $\mathbb{P}^1$의 **동차좌표**라고 부른다.

(X_0, X_1)를 $\mathbb{P}^1$의 동차좌표로 생각하고자 할 경우 $\mathbb{P}^1$의 점 P를 대표하는 $\mathbb{C}^2 - \{(0,0)\}$의 점 $\widetilde{P}$의 표준좌표값 (a_0, a_1)이 P의 동차좌표값이다. 따라서 $\mathbb{P}^1$의 동차좌표 (X_0, X_1)는 엄밀히 말해 $\mathbb{P}^1$의 좌표가 아니다. $\mathbb{P}^1$의 점 P를 대표하는 $\widetilde{P}$를 선택하는 방법에는 0이 아닌 $\mathbb{C}$의 원소 개수만큼의 임의성이 있기 때문이다. (X_0, X_1)를 $\mathbb{P}^1$의 동차좌표로서 취급할 때에는 $[X_0 : X_1]$로 쓰는 경우가 많다. $\mathbb{P}^1$에서 정의하고자 하는 대상을 동차좌표 $[X_0 : X_1]$를 써서 표현하고자 할 때는 0이 아닌 상수 c의 배수의 곱으로 치환

$$(X_0, X_1) \mapsto (cX_0, cX_1)$$

해도 불변인 것들이어야 의미를 갖는 것을 알 수 있다.

보기 1.3 상수가 아닌 m차 동차다항식 $F(X_0, X_1) = \sum_{i+j=m} a_{ij} X_0^i X_1^j \in \mathbb{C}[X_0, X_1]$이 주어져 있다고 해보자. $\mathbb{P}^1$의 점 $P := [a_0 : a_1]$에서 갖는 F의 값 $F(P)$를 $F(a_0, a_1)$로 정하는 것은 의미가 없다. 하지만, $P = [a_0 : a_1]$에서 $F(P) = 0$인지 아닌지를 $F(a_0, a_1) = 0$가 되는지의 여부로써 확인하는 것은 의미가 있다. $F(ca_0, ca_1) = c^m F(a_0, a_1)$를 만족하기 때문이다.

문제 1.1 m을 양의 정수라고 하자. $\zeta_m = e^{2\pi\sqrt{-1}/m}$ (1의 원시 m승근)으로 놓자. 동차다항식 $F(X_0, X_1) = X_0^m - X_1^m \in \mathbb{C}[X_0, X_1]$에 대해서 $F(P) = 0$이 되는 $\mathbb{P}^1$의 점 P를 모두 구해서 $[a : b]$꼴로 표현하시오. 모두 몇 개인가?

1.2 $\mathbb{P}^1$의 위상

집합은 그 위에서 정의되는 위상구조, 즉 열린 집합들의 모임을 고정한 다음 위상공간으로 만들고 나서야 비로소 기하학적인 대상으로서 다룰 수 있게 된다. $\mathbb{P}^1$의 위상을 몫사상 π에 의한 $\mathbb{C}^2 - \{(0,0)\}$의 통상적인 유클리드 위상으로부터 비롯된 위상으로 정한다. 여기서 몫위상라 함은 다음과 같이 정의되는 $\mathbb{P}^1$의 열린 집합으로 만들어지는 위상을 말한다.

$$\begin{aligned}&U \subset \mathbb{P}^1 \text{ 가 } \mathbb{P}^1 \text{ 의 열린 집합}\\ &\quad \Longleftrightarrow \pi^{-1}(U) \subset \mathbb{C}^2 - \{(0,0)\} \text{ 이 } \mathbb{C}^2 - \{(0,0)\} \text{ 의 열린 집합.}\end{aligned}$$

이 책에서는 $\mathbb{P}^1$을 이와 같은 위상을 갖는 위상공간으로 생각한다. 정의로부터 $\mathbb{P}^1$의 열린 집합 U의 역상 $\pi^{-1}(U)$은 $\mathbb{C}^2 - \{(0,0)\}$의 열린 집합이다. 따라서 몫사상 π는 연속이다.

$\mathbb{P}^1$의 부분집합 U_0, U_1를 다음과 같이 정의하자.

$$U_0 := \{[a_0 : a_1] \in \mathbb{P}^1 |\ a_0 \neq 0\}, \ \ U_1 := \{[a_0 : a_1] \in \mathbb{P}^1 |\ a_1 \neq 0\}.$$

이때 다음 성질들이 성립한다.

$$\begin{aligned}\mathbb{P}^1 &= U_0 \cup U_1,\\ U_0 \cap U_1 &= \{[a_0 : a_1] \in \mathbb{P}^1 |\ a_0 \neq 0, a_1 \neq 0\}\\ &= U_0 - \{[1:0]\} = U_1 - \{[0:1]\}.\end{aligned}$$

U_0, U_1는 $\mathbb{P}^1$를 연구하는데 있어서 가장 중요한 부분집합이다.

도움정리 1.4

(1) π는 열린 사상이다. 다시 말해 V가 $\mathbb{C}^2 - \{(0,0)\}$의 공집합이 아닌 열린 집합일 경우 그 집합의 상 $\pi(V)$는 $\mathbb{P}^1$의 열린 집합이 된다.

(2) U_0, U_1는 $\mathbb{P}^1$의 열린 집합이다. 그리고 전단사 사상 $\varphi_0 : U_0 \to \mathbb{C}$, $\varphi_1 : U_0 \to \mathbb{C}$는 다음과 같이 정의된다.

$$\varphi_0 : U_0 \to \mathbb{C};\ [a_0 : a_1] \mapsto a_1/a_0, \quad \varphi_1 : U_1 \to \mathbb{C};\ [a_0 : a_1] \mapsto a_0/a_1.$$

φ_0, φ_1는 위상동형사상이다.

(3) $A := \begin{pmatrix} a & b \\ c & d \end{pmatrix}$ 를 복소 가역행렬이라고 하자. 이때 A는 다음 사상을 정의한다.

$$p_A : \mathbb{P}^1 \to \mathbb{P}^1; \quad \begin{pmatrix} a_0 \\ a_1 \end{pmatrix} \mapsto \begin{pmatrix} a & b \\ c & d \end{pmatrix} \begin{pmatrix} a_0 \\ a_1 \end{pmatrix}.$$

p_A는 $\mathbb{P}^1$으로부터 자기자신으로 가는 위상동형사상이다.

(4) $\mathbb{P}^1$은 제 2의 가산공리를 만족하는 연결된 콤팩트 하우스도르프 공간이다.

증명 V를 $\mathbb{C}^2 - \{(0,0)\}$의 열린 집합이라고 하자. $\mathbb{C} - \{0\}$의 원소 c에 대해서 $cV = \{(ca_0, ca_1)|(a_0, a_1) \in V\}$로 정의한다. 정의로부터 $\pi^{-1}(\pi(V)) = \cup_{c \in \mathbb{C}-\{0\}} cV$임을 알 수 있다. c를 곱해주는 사상 $(a_0, a_1) \mapsto (ca_0, ca_1)$은 $\mathbb{C}^2 - \{(0,0)\}$로부터 자기자신으로 가는 위상동형사상이다. 따라서 V가 $\mathbb{C}^2 - \{(0,0)\}$의 열린 부분집합일 경우 cV도 $\mathbb{C}^2 - \{(0,0)\}$의 열린 부분집합이다. 이때 몫위상의 정의로부터 $\pi(V)$는 $\mathbb{P}^1$의 열린 집합이다. 따라서 π는 열린 사상이다.

이제 (2)를 증명하도록 하자. 사상 φ_0, φ_1이 정의되는 것은 자명하다.

$$\tilde{U}_0 := \{(a_0, a_1) \in \mathbb{C}^2 - \{(0,0)\}|a_0 \neq 0\}$$

로 놓자. $\tilde{U}_0$는 $U_0 = \pi(\tilde{U}_0)$를 만족하는 $\mathbb{C}^2 - \{(0,0)\}$의 부분집합이다. (1)로부터 U_0는 $\mathbb{P}^1$의 열린 집합이다. 사상 $\tilde{\varphi}_0 : \tilde{U}_0 \to \mathbb{C}; (a_0, a_1) \mapsto a_1/a_0$은 $\mathbb{C}^2$의 열린 집합으로부터 분모가 0이 아닌 유리식으로 주어지는 사상이다. 특히, $\tilde{\varphi}_0$는 연속이다. 또 정의로부터 $\tilde{\varphi}_0 = \varphi_0 \circ \pi$이다. V를 $\mathbb{C}$의 열린 집합이라고 하자. 이때 $\pi^{-1}(\varphi_0^{-1}(V)) = \tilde{\varphi}_0^{-1}(V)$는 $\tilde{U}_0$의 열린 집합이다. 따라서 $\mathbb{C}^2 - \{(0,0)\}$의 열린 집합이기도 하다. 그러므로 $\varphi_0^{-1}(V)$는 $\mathbb{P}^1$의 열린 집합이며 φ_0는 연속이다. $\psi_0 : \mathbb{C} \to U_0; b \to [1, b]$로 놓자. 함수의 정의로부터 $\varphi_0 \circ \psi_0 = id_{\mathbb{C}}$, $\psi_0 \circ \varphi_0 = id_{U_0}$을 만족한다. 따라서 φ_0은 ψ_0을 역사상으로 갖는 전단사사상이다. 사상 $\tilde{\psi}_0 : \mathbb{C} \to \mathbb{C}^2 - \{(0,0)\}; b \mapsto (1, b)$는 다항식으로 주어지는 사상이므로 연속이다. 정의한 방식을 보면 $\psi_0 = \pi \circ \tilde{\psi}_0$을 만족한다. π는 연속이므로 ψ_0도 역시 연속이다. 따라서 φ_0는 위상동형사상이다. ψ_1에 대해서도 똑같은 얘기를 할 수 있다.

(3)을 증명하도록 하자. $A \in \mathrm{GL}(2, \mathbb{C})$라고 하자. A가 정의하는 선형사상을 $\mathbb{C}^2 - \{(0,0)\}$에 제한한 것은 역행렬 A^{-1}이 정의하는 선형사상을 $\mathbb{C}^2 - \{(0,0)\}$에 제한한 것을 역사상으로 갖는 $\mathbb{C}^2 - \{(0,0)\}$으로부터 자기자신으로 가는 위상동형사상이라는

것을 알 수 있다. 게다가 $A(cx) = cAx$ ($x \in \mathbb{C}^2$, c는 상수)이므로 A는 (3)의 사상 p_A를 결정짓고 $p_{A^{-1}}$가 그 역사상을 정의한다. (2)에 대한 증명의 후반부와 마찬가지로 p_A를 비롯한 $p_{A^{-1}}$의 연속성은 몫위상의 정의로부터 바로 확인할 수 있다. 이렇게 해서 p_A는 $\mathbb{P}^1$ 으로부터 자기자신으로 가는 위상동형사상이 된다.

마지막으로 (4)를 증명하도록 하자. 유클리드공간 $\mathbb{C}$는 중심이 $\mathbb{Q}(\sqrt{-1})$에 속하는 유리수를 반지름으로 갖는 열린 원판 전체를 기저로 갖는다. 이것들은 가산(countable) 이므로 $\mathbb{C}$는 제 2가산 공리를 만족한다. (2)에 의해서 $\mathbb{P}^1$는 $\mathbb{C}$와 위상동형인 두 개의 열린 집합으로 덮인다. 따라서 $\mathbb{P}^1$도 제2가산공리를 만족한다. 이제 $\mathbb{P}^1$이 연결되어있고 콤팩트인 것을 보이자. 원점을 중심으로 갖는 3차원 구면

$$S^3 := \{P = (a_0, a_1) \in \mathbb{C}^2 \mid |a_0|^2 + |a_1|^2 = 1\}$$

을 생각해 보자. $S^3 \subset \mathbb{C}^2 - \{(0,0)\}$을 만족하며 상대위상을 적용하면 S^3은 연결되어 있으며 콤팩트인 것을 알 수 있다. 제한사상 $\pi|S^3 : S^3 \to \mathbb{P}^1$을 생각해보자. (b_0, b_1)을 대표원소로 갖는 $\mathbb{P}^1$의 점 P는 S^3의 점 $(b_0, b_1)/\sqrt{|b_0|^2 + |b_1|^2}$ 으로도 대표될 수 있다. 따라서 $\pi|S^3$은 전사이다. π는 연속이므로 $\pi|S^3$도 연속이다. 연결성 및 콤팩트성은 정의로부터 연속사상에 의한 상에도 보전되는 성질이다. 다시 말해 연속사상에 의한 연결 위상공간, 콤팩트 공간의 상도 역시 연결 위상공간이며 콤팩트 공간이다. 따라서 $\mathbb{P}^1$은 연결된 콤팩트 공간이다. $\mathbb{P}^1$이 하우스도르프 공간인 것을 보이자. (일반적으로 하우스도르프 성질은 연속사상에 의해서 상에 보전되지 않는 성질이다.) $\mathbb{P}^1$에서 서로 다른 두 점 $P \neq Q$를 잡는다. $p_A(P), p_A(Q) \in U_0$를 만족하는 $GL(2, \mathbb{C})$의 원소 A가 존재한다. U_0는 하우스도르프 공간 $\mathbb{C}$와 위상동형인 열린 집합이므로 $p_A(P) \in U_P$, $p_A(Q) \in U_Q$이면서 $U_P \cap U_Q = \emptyset$인 열린 집합 U_P, U_Q를 잡을 수 있다. U_0는 $\mathbb{P}^1$의 열린 집합이므로 이것들은 $\mathbb{P}^1$의 열린 부분집합이기도 하다. p_A는 위상동형사상이므로 $p_A^{-1}(U_P), p_A^{-1}(U_Q)$는 $P \in p_A^{-1}(U_P)$, $Q \in p_A^{-1}(U_Q)$, $p_A^{-1}(U_P) \cap p_A^{-1}(U_Q) = \emptyset$을 만족하는 $\mathbb{P}^1$의 열린 집합이다. 따라서 $\mathbb{P}^1$는 하우스도르프 공간이다. □

문제 1.2 X를 위상공간이라고 하자. $f : \mathbb{P}^1 \to X$를 $\mathbb{P}^1$에서 X로 가는 사상이라고 하자. 이때 f가 연속이라는 조건과 $f \circ \pi : \mathbb{C}^2 - \{(0,0)\} \to X$가 연속이라는 조건은 동치이다. 이를 증명하시오.

문제 1.3 $F(X_0, X_1) \in \mathbb{C}[X_0, X_1]$을 동차다항식이라고 하자. $(F \neq 0) := \{P \in \mathbb{P}^1 \mid F(P) \neq 0\}$로 정의하자. $(F \neq 0)$는 $\mathbb{P}^1$에서 열린 집합인 것을 보여라.

1.3 두 장의 복소평면을 붙여서 만든 $\mathbb{P}^1$

도움정리 1.4 (2)에서 얻은 위상동형사상 φ_0와 φ_1에 의해서 U_0와 w를 표준좌표로 갖는 복소평면 $\mathbb{C}_w$, 그리고 U_1와 z를 표준좌표로 갖는 복소평면 $\mathbb{C}_z$를 각각 동일시해서

$$\mathbb{C}_w \subset \mathbb{P}^1, \ \ \mathbb{C}_z \subset \mathbb{P}^1 \tag{1.1}$$

로 볼 수 있다. 서로 다른 것을 동일시할 때는 어떤 대응관계를 이용해서 동일시할 것인지 명확히 밝히는 것이 아주 중요하다. 여기서는 $\mathbb{C}_w$의 점 b와 U_0의 점 $[1 : b]$, 그리고 $\mathbb{C}_z$의 점 a와 U_0의 점 $[a : 1]$를 각각 동일시함으로써 (1.1)에서와 같이 생각할 수 있다. 이러한 과정을 거치면 $\mathbb{P}^1$은 $\mathbb{C}_w$와 $\mathbb{C}_z$의 합집합

$$\mathbb{P}^1 = \mathbb{C}_w \cup \mathbb{C}_z \tag{1.2}$$

인 것을 알 수 있다. 또한 $\mathbb{C}_w$와 $\mathbb{C}_z$의 $\mathbb{P}^1$안에서의 교집합 $\mathbb{C}_w \cap \mathbb{C}_z$은 다음을 만족한다.

$$\mathbb{C}_w \cap \mathbb{C}_z = \mathbb{C}_w - \{0\}, \ \ \mathbb{C}_w \cap \mathbb{C}_z = \mathbb{C}_z - \{0\}. \tag{1.3}$$

$[1 : b]$와 $[a : 1]$가 $\mathbb{P}^1$의 같은 점이 되는 것은 $ab = 1$가 성립하는 경우이다. 이렇게 $\mathbb{P}^1$은 두 장의 복소평면 $\mathbb{C}_w$와 $\mathbb{C}_z$를,

$\mathbb{C}_w - \{0\}$의 점 b하고 $\mathbb{C}_z - \{0\}$의 점 $a = 1/b$,
$\mathbb{C}_z - \{0\}$의 점 a하고 $\mathbb{C}_w - \{0\}$의 점 $b = 1/a$

가 각각 같은 점이 되도록 겹쳐서 얻어지는 위상공간이기도 하다. 이렇게 겹쳐진 부분의 점의 대응관계를 나타내는 함수

$$z = 1/w \ \ (\mathbb{C}_w - \{0\} \to \mathbb{C}_z - \{0\}), \ \ w = 1/z \ \ (\mathbb{C}_z - \{0\} \to \mathbb{C}_w - \{0\})$$

는 모두 정칙함수이다. 교집합 $\mathbb{C}_w \cap \mathbb{C}_z$에서는 $z \neq 0$, $w \neq 0$이기 때문이다.

$\mathbb{C}_z$에 속한 $\mathbb{P}^1$의 점 P와 이 점의 좌표 $z(P)$는 일대일대응이 된다. 또, $\mathbb{C}_w$에 속한 $\mathbb{P}^1$의 점 P와 이 점의 좌표 $z(P)$도 마찬가지로 일대일대응이 된다. 이렇게 해서 $\mathbb{P}^1$의 임의의 점 P는 z또는 w중 적어도 한 개의 좌표로 표현될 수 있다는 것을 알 수 있다.

예를 들어 $\mathbb{P}^1$의 점 $[2:1]$은 z좌표가 2이며 또 w좌표가 1/2인 점이다. 좌표 z, w를 종종 비동차좌표라고 부른다. $z = \frac{X_0}{X_1}$, $w = \frac{X_1}{X_0}$를 만족하며 이것들은 $\mathbb{P}^1$의 동차좌표 $[X_0 : X_1]$를 비동차화시킨 것이기 때문이다.

이러한 '풀칠' 함수 $w = 1/z$에 의해서 $\mathbb{C}_z$의 영역 $\{a \in \mathbb{C}_z \mid |a| > M\}$은 $\mathbb{C}_w$의 영역 $\{b \in \mathbb{C}_w \mid 0 < |b| < 1/M\}$와 겹쳐진다. 결과적으로 $\mathbb{P}^1$ 안에서는 $\mathbb{C}_z$의 원점에서 멀어질 수록 $\mathbb{C}_w$의 원점방향으로 '조여지는' 것을 알 수 있다. 또 $M = 1$인 경우를 생각해보면 $\mathbb{P}^1$은 $\mathbb{C}_z$의 닫힌 단위원판 $\overline{\Delta}_z = \{z \in \mathbb{C}_z \mid |z| \le 1\}$과 $\mathbb{C}_w$의 닫힌 단위원판 $\overline{\Delta}_w = \{w \in \mathbb{C}_w \mid |w| \le 1\}$의 테두리에 있는 단위원들 $\{z \in \mathbb{C}_z \mid |z| = 1\}$, $\{w \in \mathbb{C}_w \mid |w| = 1\}$을 함수 $w = 1/z(= \overline{z})$를 이용해서 붙여서 만든 공간이라는 것을 알 수 있다. 따라서 $\mathbb{P}^1$은 실수 위에서 정의된 2차구면 S^2과 위상동형이다. 이것이 $\mathbb{P}^1$을 리만구면이라고 부르는 이유 중 하나이다.

제 2장에서 조금 더 정확히 서술하겠지만 $\mathbb{P}^1$과 같이 z_i를 표준좌표로 갖는 복소평면 $\mathbb{C}_{z_i}$의 열린 집합 U_i들을 정칙적으로 붙여서 얻어지는 공간이 바로 리만면이다. 리만면은 이러한 정칙성으로 인해 U_i의 표준좌표 z_i들을 이용해 자유자재로 함수이론을 전개할 수 있는 공간이기도 하다.

1.4 복소평면 $\mathbb{C}$를 콤팩트화한 공간으로서의 $\mathbb{P}^1$

이 절에서는 위에서 다룬 복소평면 $\mathbb{C}_z$로부터 $\mathbb{P}^1$을 바라보도록 하자. $\mathbb{P}^1 = \mathbb{C}_z \cup \mathbb{C}_w$인 것을 확인했는데 $\mathbb{C}_w$의 거의 대부분은 풀칠해서 붙이는 접착면으로 쓰이고 $\mathbb{C}_z$에 포함되지 않는 $\mathbb{P}^1$의 점은 $\mathbb{C}_w$의 원점, 즉 $[1:0]$밖에 없다. $\mathbb{C}_w$의 원점을 종종 ∞로 쓴다. $|z| \to \infty$일 때 $w = 1/z \to 0$이므로 $\mathbb{C}_w$의 원점은 $\mathbb{C}_z$으로부터 바라보면 그 무한히 먼 점으로 생각할 수 있기 때문이다. 이 기호를 쓰면 $\mathbb{P}^1 = \mathbb{C}_z \cup \{\infty\}$로 표현된다. 즉, $\mathbb{P}^1$은 **무한원점**(無限遠点) ∞를 추가해서 복소평면 $\mathbb{C}_z$를 콤팩트하게 만든 공간인 것이다.

$\mathbb{P}^1$를 $\mathbb{C}_z$에서 바라보는 공간으로 논의를 진행해야 할 경우에는 무한원점 ∞를 비동차좌표 z의 값이 ∞이 돼버리는 그런 점으로 이해하도록 한다. 이렇게 약속하면 도움정리 1.4(3)에서 다룬 위상동형사상 p_A는 비동차좌표 z를 써서 $f(z) = \frac{az+b}{cz+d}$로 표현할 수 있다. p_A는 함수론에서 자주 등장하는 다름 아닌 리만구면의 1차 분수변환 이라는 것을 알 수 있다.

1.5 $\mathbb{P}^1$에서 정의되는 사상의 좌표 표시

이 절에서는 1.3절에서 설명한 방식으로 $\mathbb{P}^1 = \mathbb{C}_z \cup \mathbb{C}_w$로 생각한다. 사상 $f : V \to A$를 좌표 z, w를 써서 표시해보도록 하자. 여기서 V는 $\mathbb{P}^1$의 영역이고, A는 집합이다. 앞으로는 V와 A를 이렇게 고정하고 생각한다. $V_w = \mathbb{C}_w \cap V$, $V_z = \mathbb{C}_z \cap V$로 놓자. 간결한 논의를 위해서 $V_w \neq \emptyset$, $V_z \neq \emptyset$이라고 가정하자. $V = V_z \cup V_w$이다. 또한 V_z, V_w의 점들은 각각 좌표 z, w를 써서 표현할 수 있다. 그러므로 f를 V_z에 제한하면

$$f|V_z = f_z(z) \tag{1.4}$$

와 같이 좌표 z를 써서 유일하게 표현됨을 알 수 있다. (1.4)는 좌표값이 $z(P)$인 점 $P \in V_z$의 상은 $f_z(z(P))$이라는 것을 의미한다. 즉, $f(P) = f_z(z(P))$이라는 것이다. 마찬가지로 f를 V_w에 제한한 함수 $f|V_w$도 $f|V_w = f_w(w)$와 같이 좌표 w를 써서 유일하게 표현되는 것을 알 수 있다. P가 교집합 $V_w \cap V_z$에 속하는 점일 경우 $f(P)$는 $f_z(z)$ 또는 $f_w(w)$ 두 가지로 표현된다. $f(P) = f_w(w(P)) = f_z(z(P))$. 관계식 $z(P) = 1/w(P)$를 이 등식에 대입해서 $f_w(w(P)) = f_z\left(\frac{1}{w(P)}\right)$을 얻을 수 있다. 즉,

$$V_z \cap V_w\text{에서 } f_w(w) = f_z\left(\frac{1}{w}\right) \tag{1.5}$$

가 성립한다. (1.5)는 z를 써서 f를 $f_z(z)$로 표현했을 때 z에 $1/w$를 대입하면 교집합 $V_w \cap V_z$ 위에서 w를 써서 f를 표현한 $f_w(w)$를 바로 얻을 수 있다는 것을 뜻한다. 마찬가지 방식으로 $f_z(z) = f_w(\frac{1}{z})$임을 확인할 수 있다. 역으로 (1.5)와 같은 변환규칙을 만족하는 $g_z(z)$꼴로 나타나는 V_z에서 A로 가는 사상과 $g_w(w)$꼴로 나타나는 V_w에서 A로 가는 사상이 주어졌다고 하자. 그러면 이때 $V_z \cap V_w$의 점 P에 대해서 등식 $g_z(z(P)) = g_w(w(P))$이 성립한다. 따라서 $g(P) = g_z(z(P))(P \in V_z)$, $g(P) = g_w(w(P))(P \in V_w)$와 같이 정의함으로써 V_z상에서 표현된 좌표가 $g_z(z)$와 일치하고 V_w에서 표현된 좌표가 $g_w(w)$와 일치하는 V에서 A로 가는 사상 $g : V \to A$를 얻는다. 이렇게 얻은 사상 g는 $g_z(z)$와 $g_w(w)$를 잘 포개서 만들어진 사상이다.

이렇게 해서 "V에서 A로 가는 사상을 정의하는 것"과 "변환규칙 (1.5)를 만족하는 V_z에서 A로 가는 사상의 좌표 표시 $f_z(z)$와 V_w에서 A로 가는 사상의 좌표 표시 $f_w(w)$의 한 쌍을 정의하는 것"은 같은 것이다.

1.6 복소평면의 영역 및 $\mathbb{P}^1$에서 정의되는 정칙함수와 유리형 함수

이 절에서는 위에서 쓴 기호를 그대로 이어서 쓴다. $A = \mathbb{C}$일 경우, 즉 f가 $\mathbb{P}^1$의 영역[1)]V에서 정의된 복소수값을 취하는 함수인 경우를 생각해보자. 논의를 간소화하기 위해 $V_w \neq \emptyset$, $V_z \neq \emptyset$이라고 가정한다. 이때 $f_z(z), f_w(w)$는 각각 복소평면 $\mathbb{C}_z, \mathbb{C}_w$의 열린 부분집합 V_z, V_w에서 복소수값을 취하는 함수이다. 따라서 $f_z(z)$, $f_w(w)$가 각각 정칙함수인지 아닌지, 유리형 함수인지 아닌지의 여부를 따지는 것이 의미를 갖게 된다.

일단 복소수평면의 영역에서 정의되는 정칙함수, 유리형 함수에 대해서 간단하게 복습해 두자.

정의-명제 1.5

U를 $\mathbb{C}_z$의 영역이라고 하자. $\varphi(z)$를 U에서 정의된 복소수값을 취하는 함수라고 하자. 이때 $\varphi(z)$에 관한 다음 세 조건은 동치이다.

(1) $\varphi(z)$는 U의 각 점에서 **정칙**이다. 즉, U의 각 점에서 복소미분이 가능하다.

(2) U의 각 점 a의 근방에서 $\varphi(z)$는 테일러 급수 전개가 가능하다.

$$\varphi(z) = \sum_{n=1}^{\infty} \frac{\varphi^{(n)}(a)}{n!}(z-a)^n.$$

(3) U의 임의의 점 a와 a를 중심으로 갖는 U에 포함되는 임의의 열린 원판 Δ에 대해서 $\varphi(z)$와 $\varphi(z)$의 a를 중심으로 전개한 테일러 급수는 Δ 위에서 일치한다. 즉, (2)의 등식은 Δ 전체에서 성립한다.

(1), (2)는 함수의 정칙성이 각 점 근방에서 국소적으로 확인가능한 (국소적인 성질) 성질이라는 것을 뜻한다. $\varphi(z) = \sum_{k=0}^{\infty} a_k(z-a)^k$를 a의 근방에서 수렴하는 무한급수라고 하자. $\varphi(z)$는 a의 근방에서 각 항별로 미분가능하다. 따라서 $\varphi(z)$는 a의 근방에서 정의된 정칙함수이다. 또, $\sum_{k=0}^{\infty} a_k(z-a)^k$는 $\varphi(z)$를 a 중심으로 테일러 급수로 전개한 것과 일치한다. 이 사실을 무한급수 전개의 유일성이라고 부른다. 한편, (3)은 정칙함수가 갖는 대역적인 성질을 보여준다. 예를 들어, 무한급수의 유일성과 (3)의 성질에 의해서 U에서 정의되는 두 개의 정칙함수가 있는데 공집합이 아닌 U의 열린

[1)]영역=연결된 열린 부분 집합

부분집합에서 일치할 경우 이 두 개의 함수는 놀랍게도 영역 U 전체에서 일치한다는 것을 알 수 있다. 이러한 성질을 **정칙함수의 강성**이라고 부른다.

정의-명제 1.6

U는 $\mathbb{C}_z$의 영역이고 a를 U안의 점이라고 하자. $\varphi(z)$를 중심이 a인 열린 원판 Δ_a에서 a를 제외한 집합 $\Delta_a - \{a\}$에서 정의된 정칙함수라고 하자. 이때 $\varphi(z)$에 관한 다음 두 조건은 동치이다.

(1) $\varphi(z)$는 a에서 기껏해야 극밖에 갖지 않는다.

(2) $\varphi(z)$는 a에서 로랑 급수전개가 가능하다. 즉, a의 적당한 근방 W, 적당한 정수 $k \geq 0$와 복소수 수열 $\{a_n\}_{n=-k}^{\infty}$가 존재해서 $W - \{a\}$에서 정의된 함수로서 다음 등식을 만족한다.

$$\varphi(z) = \sum_{m=1}^{k} \frac{a_{-m}}{(z-a)^m} + \sum_{n=0}^{\infty} a_n (z-a)^n. \tag{1.6}$$

여기서 우변의 두 번째 무한급수는 정칙함수이다. 또한 $k = 0$인 경우 우변의 첫 번째 합은 0으로 수렴하고 $k > 0$일 경우에는 $a_{-k} \neq 0$일 때 수렴한다.

U의 각 점에서 기껏해야 극밖에 갖지 않으며 $U - R$에서 정의된 복소수 값을 갖는 함수 φ를 **U에서 정의된 유리형 함수**라고 부른다. 여기서 R은 U의 어떤 이산 부분집합이다.

정칙함수의 강성을 $(z-a)^k\varphi(z)$에 적용해서 얻는 유리형 함수 $\varphi(z)$에 대해서 a에서 전개되는 로랑 급수 (1.6)는 유일하다는 사실, 다시 말해 (1.6)에서 나타나는 수 $k \geq 0$와 수열 $\{a_n\}_{n=-k}^{\infty}$가 a에 의해서 유일하게 결정된다는 사실을 알 수 있다. 이 사실을 **로랑 급수 전개의 유일성**이라고 부른다. $a \in R$로 놓고 $k := k(a)$라고 하자. $k(a) = 0$인 경우 **로랑전개** (1.6)에는 음의 차수를 갖는 항들은 나타나지 않는다. 이 경우 $\varphi(a) = a_0$으로 정의함으로써 $\varphi(a)$에서 정칙인 함수로 유일하게 확장된다. 이 책에서는 $\varphi(z)$와 이렇게 얻은 유일한 확장을 동일시하도록 한다. 이렇게 동일시하게 되면 처음부터 R의 각 점 a에서 $k(a) > 0$이라고 가정해도 무방하다. $k(a) > 0$일 경우 유리형 함수 φ가 a에서 취하는 값 $\varphi(a)$은 정의되지 않는다. 이때 φ는 a에서 위수가 $k(a)$인 의 극을 갖는다고 한다. 식 (1.6)에서 유리형 함수의 극은 고립되있다.

U에서 정의된 유리형 함수는 극에서 값이 정의되지 않기 때문에 엄밀하게 말해서 U에서 정의된 함수라고 할 수는 없다. 하지만 가령 점 a가 어떤 유리형 함수의 극이 된다고 할지라도 a는 유일하게 정의되는 **로랑전개** (1.6)를 부여하기 때문에 어떤 확실한 실체를 가진 대상이다. 예를 들어 로랑전개의 유일성에 관한 주의로부터 U 위에서 두 유리형 함수가 서로 같다는 것을 U의 각 점에서 전개되는 로랑 급수가 일치하는 것으로 정의할 수 있다. 그렇게 정의하면 로랑전개의 유일성과 정칙함수의 강성에 의해서 U의 어떤 점 근방에서 일치하는 U에서 정의된 두 개의 유리형 함수는 U에서 정의된 유리형 함수로서 서로 같아진다. 이 사실을 **유리형 함수의 강성**이라고 부른다.

$\mathbb{C}$의 공집합이 아닌 열린 집합위에서 함수가 정칙, 유리형이라는 것을 각 연결성분에 제한해서 얻어지는 함수가 정칙이고 유리형이라는 것으로 정의한다. 정의로부터 정칙함수는 다름 아닌 극을 갖지 않는 유리형 함수이다.

문제 1.4 $\mathbb{C}_z$에서 정의된 유리형 함수 $\varphi(z) = \frac{z}{(z+1)(z^2-1)}$의 극을 찾고 그 극에서의 로랑전개를 구하여라.

처음 상황으로 돌아가도록 하자.

정의 1.7

V를 $\mathbb{P}^1$의 영역이라고 하자. (1)에서 f는 V에서 정의된 함수, (2)에서 f는 V로부터 어떤 이산집합 R을 제외한 집합에서 정의된 함수라고 하자.

(1) 좌표 표시 $f_z(z), f_w(w)$ 모두 정칙함수일 경우 f를 V에서 정의된 **정칙함수**라고 한다.

(2) 좌표 표시 $f_z(z), f_w(w)$ 모두 유리형 함수일 경우 f를 V에서 정의된 **유리형 함수**라고 한다.

그런데 여기서 $V_z \cap V_w$에서는 $f_w(w) = f_z(1/w)$, $f_z(z) = f_w(1/z)$이다. 또 $w = 1/z$ 및 $z = 1/w$은 각각 z, w의 정칙함수이다. 0이 아닌 정칙함수 $a(z)$와 또 다른 정칙함수 (유리형 함수)$b(z)$의 합성 $b(a(z))$도 역시 정칙함수 (유리형 함수)이다. 따라서 $V_z \cap V_w$ 위에서는 f_z와 f_w 둘 중 하나가 정칙함수 (유리형 함수)이면 다른 한 쪽도 자동적으로 정칙함수(유리함수)가 된다. 또 겹침 조건 (1.5)을 만족하는 V_z에서 정의된 정칙함수

(유리형 함수) f_z와 V_w에서 정의된 정칙함수 (유리형 함수) f_w를 붙여서 얻어지는 f는 V 위에서 정칙함수 (유리형 함수)이다.

도움정리-정의 1.8 f를 V에서 정의된 유리형 함수라고 하자. 이때 $V_z \cap V_w$의 점 P에서의 $f_z(z)$의 영점의 위수와 f_w의 영점의 위수는 일치한다. 또 극의 위수도 일치한다. 여기서 $P \in V$에서 f의 **영점의 위수**, **극의 위수**를 좌표 표시했을 때의 영점의 위수, 극의 위수로 정의한다.

증명 $a = z(P)$로 놓자. $P \in V_z \cap V_w$이므로 $a \neq 0$이다. $f_z(z)$가 P에서 위수가 m인 영점을 갖는다고 가정해 보자. $f_z(z)$를 a에서 테일러 급수 전개한 것을 생각해보면 $f_z(z)$는

$$f_z(z) = (z-a)^m h(z),\ h(a) \neq 0$$

와 같이 쓸 수 있다. 여기서 $h(z)$는 $z = a$근방에서 정칙함수이다. 겹침 조건 (1.5)에 의해서 점 P근방에서 $f_w(w)$는

$$f_w(w) = \left(\frac{1}{w} - a\right)^m h\left(\frac{1}{w}\right) = (w - a^{-1})^m g(w)$$

로 표현될 수 있다. 여기서 $a^{-1} = w(P)$이고 $g(w)$는 $g(a^{-1}) \neq 0$을 만족하는 $w = a^{-1}$의 근방에서 정칙함수이다. 그러므로 $f_w(w)$도 $a^{-1} = w(P)$에서 위수가 m인 영점이 된다. 로랑 급수의 전개식으로부터 $f_z(z)$가 P에서 위수 m인 극을 가지므로 $1/f_z(z)$가 P에서 위수 m인 영점을 갖는 것과 동치이다. 따라서 영점에 관한 논의를 P의 근방에서 $1/f$에 적용함으로써 극에 관한 주장도 증명할 수 있다. □

예제 1.9 $\mathbb{C}_z$에서 정의된 유리형 함수 $f_z(z) = \frac{z}{(z-1)^3}$은 $\mathbb{P}^1$에서 유리형 함수로 유일하게 확장됨을 보여라. 그리고 그렇게 확장해서 얻은 $\mathbb{P}^1$에서 정의된 유리형 함수의 영점, 극을 위수와 함께 구하여라.

풀이 $f_z(z)$가 $\mathbb{P}^1 = \mathbb{C}_z \cup \mathbb{C}_w$에서 정의된 유리형 함수 f로 확장된다면 $\mathbb{C}_w$에서 f의 좌표 표시 $f_w(w)$가 정해진다. 이 $f_w(w)$는 $\mathbb{C}_z \cap \mathbb{C}_w$ 위에서 겹침 조건 $f_w(w) = f_z(1/w)$를 만족한다. 우변을 계산하면 $f_z(\frac{1}{w}) = \frac{w^{-1}}{(w^{-1}-1)^3} = \frac{w^2}{(1-w)^3}$이 된다. 다시 말해 $\mathbb{C}_z \cap \mathbb{C}_w = \mathbb{C}_w - \{w = 0\}$에서 $f_w(w) = \frac{w^2}{(1-w)^3}$이다. 복소수평면 영역에서 성립하는

유리형 함수의 강성으로부터 이 경우 $\mathbb{C}_w$ 전체에서

$$f_w(w) = \frac{w^2}{(1-w)^3} \tag{1.7}$$

이 된다. 이로부터 확장이 가능하다면 유일하게 확장된다는 것을 알 수 있다. 역으로 (1.7)로부터 정의되는 $\mathbb{C}_w$의 유리형 함수 $f_w(w)$와 $f_z(z)$를 잘 겹쳐서 붙히면 $\mathbb{P}^1$ 전체에서 정의된 유리형 함수가 만들어진다. 이렇게 해서 유일한 확장을 찾았다. f가 $\mathbb{C}_z$ 안에서 갖는 영점과 극은 $f_z(z) = \frac{z}{(z-1)^3}$가 $\mathbb{C}_z$ 안에서 갖는 극과 영점이다. 식을 보면 알 수 있듯이 그것들은 $z = 0$ (위수 1의 영점)과 $z = 1$ (위수 3의 극)이다. $\mathbb{C}_z$에 속하지 않는 $\mathbb{P}^1$의 점은 ∞, 즉 $\mathbb{C}_w$의 원점뿐이다. $w = 0$에서 f의 영점, 극에 대해 조사해 보자. 이것은 $w = 0$에서 $f_w(w)$의 영점, 극을 알아보는 것과 같다. (1.7)을 보면 알 수 있듯이 $w = 0$은 $f_w(w)$의 위수 2인 영이다. 이상을 종합해 보면

f는 $[1:0]$ $(z=\infty)$에서 위수 2인 영점, $[0:1]$ $(z=0)$에서 위수 1인 영점, $[1:1]$ $(z=1)$에서 위수 3인 극을 갖는다. □

문제 1.5

(1) 다음 두 개의 유리형 함수를 겹치면 $\mathbb{P}^1 = \mathbb{C}_z \cup \mathbb{C}_w$에서 정의된 유리형 함수 f를 결정한다고 한다. 상수 a, b, c의 값을 구하시오. $f_z(z) = \frac{z+1}{z-2}$, $f_w(w) = \frac{aw+b}{cw+1}$.

(2) $\mathbb{C}_z$에서 정의된 유리형 함수 $f_z(z) = \frac{z^2+1}{(z^3-1)}$, $g_z(z) = z^4 - 1$은 각각 유일하게 $\mathbb{P}^1$에서 f, g로 확장되는 것을 증명하고 f, g의 영점, 극을 위수와 함께 구하여라.

(3) $\mathbb{C}_z$에서 정의된 정칙함수 $h_z(z) = e^z$는 $\mathbb{P}^1$에서 유리형 함수로 확장이 가능한가?

V를 $\mathbb{P}^1$의 공집합이 아닌 열린 집합이라고 하자. V에서 정의된 정칙함수의 전체집합을 $\mathcal{O}_{\mathbb{P}^1}(V)$, 유리형 함수의 전체집합을 $\mathcal{M}_{\mathbb{P}^1}(V)$로 쓴다. 함수를 다룰 때 쓰는 통상적인 덧셈, 복소수 곱, 그리고 곱셈에 의해서 두 집합 모두 $\mathbb{C}$위의 선형공간이다. 게다가 가환환이기도 하다. 다시 말해 $\mathcal{O}_{\mathbb{P}^1}(V)$, $\mathcal{M}_{\mathbb{P}^1}(V)$은 모두 $\mathbb{C}$-대수이다.

명제 1.10

(1) $\mathbb{P}^1$ 위에서 정의되는 정칙함수는 상수뿐이다. 다시 말해, $\mathcal{O}_{\mathbb{P}^1}(\mathbb{P}^1) = \mathbb{C}$.

(2) z의 유리함수 (대역적으로 z의 두 개의 다항식의 몫으로 쓸 수 있는 함수)는 모두 $\mathbb{P}^1 = \mathbb{C}_z \cup \{\infty\}$에서 정의된 유리형 함수로 유일하게 확장된다. 이 확장으로 z의

유리함수를 $\mathbb{P}^1$의 유리형 함수로 볼 수 있다. 이때 $\mathbb{P}^1$의 유리형 함수 전체집합은 z의 유리함수 전체집합과 일치한다. 다시 말해, $\mathcal{M}_{\mathbb{P}^1}(\mathbb{P}^1) = \mathbb{C}(z)$.

증명 f를 $\mathbb{P}^1$에서 정의된 정칙함수라고 하자. f의 좌표 표시 $f_z(z)$는 $\mathbb{C}_z$에서 정의된 정칙함수이다. 따라서 $f_z(z)$는 $\mathbb{C}_z$ 전체에서 테일러 급수 전개가 가능하고 $f_z(z) = \sum_{k\geq 0} a_k z^k$로 쓸 수 있다. 마찬가지로 $f_w(w)$도 $\mathbb{C}_w$ 전체에서 수렴하는 무한급수 $f_w(w) = \sum_{l\geq 0} b_l w^l$로 쓸 수 있다. 이것들은 겹치기 조건 (1.5)를 만족한다. 따라서 $\mathbb{C}_z \cap \mathbb{C}_w$에서는 $\sum_{l\geq 0} b_l w^l = \sum_{k\geq 0} a_k w^{-k}$를 만족한다. 이 등식의 양변에 w^n $(n \in \mathbb{Z})$을 곱해서 $w = 0$의 둘레에서 선적분을 함으로써 모든 $k, l \geq 1$에 대해서 $a_k = 0$, $a_l = 0$이 되는 것과 $a_0 = b_0$인 것을 알 수 있다. 따라서 f는 상수함수 a_0이다. 역으로 상수함수가 정칙인 것은 자명하다.

다음으로 (2)의 앞부분을 보이도록 한다. $f_z(z)$를 z의 유리함수라고 하자. 정의로부터 두 개의 다항식 $Q(z) \neq 0$, $P(z)$가 존재해서 $f_z(z)$는 대역적으로

$$f_z(z) = \frac{P(z)}{Q(z)}$$

로 쓸 수 있다. 예제 1.9에서처럼 f_z가 $\mathbb{P}^1$의 유리형 함수 f로 확장된다고 가정했을 때 f를 $\mathbb{C}_w$에서 표시할 경우 $f_w(w) = \frac{P(1/w)}{Q(1/w)}$일 수밖에 없다. $P(z), Q(z)$는 다항식이므로 우변은 w의 유리함수이다. 따라서 이 확장은 $\mathbb{P}^1$ 위에서 유리형 함수를 정의한다. 아래에서는 유리함수 $f_z(z)$와 이것의 유일하게 확장된 f를 같은 것으로 취급한다.

(2)의 나머지 부분을 증명하도록 하자. g를 $\mathbb{P}^1$에서 정의된 유리형 함수라고 하자. 정의로부터 g의 극 전체집합은 $\mathbb{P}^1$에서 이산집합이다. 다시 말해 $\mathbb{P}^1$의 각 점 P에 대해서 P의 근방 U_P를 충분히 작게 잡으면 U_P에는 P를 제외하고는 다른 극이 없다. $\mathbb{P}^1$은 콤팩트이므로 이로 인해 g의 극 전체집합은 유한집합이다.

$\mathbb{C}_z$ 안에 있는 g의 극 전체집합을 생각하는데 그것들을 $z = a_i$ $(1 \leq i \leq m)$이라고 하자. 또 a_i에서 g의 극의 위수를 n_i라고 하고

$$h := (z - a_1)^{n_1}(z - a_2)^{n_2} \cdots (z - a_m)^{n_m} g$$

라고 두자. 아래에서는 g가 $\mathbb{C}_z$에서 극을 갖지 않을 경우에는 $\prod_{i=1}^m (z - a_i)^{n_i} = 1$로 쓰기로 약속한다. g를 표현하는 식 $g_z(z)$의 a_i에서의 로랑전개를 생각해보면 h는 $\mathbb{C}_z$ 전체에서 정칙인 것을 알 수 있다. h를 $\mathbb{C}_z$에서 좌표 표시한 식을 $h_z(z)$라고 하자. $h_z(z)$는 $\mathbb{C}_z$ 전체에서 테일러 급수전개 $h_z(z) = \sum_{k\geq 0} c_k z^k$꼴로 쓸 수 있다. 함수를

만든 방식에 의해서

$$g_z(z) = \frac{\sum_{k\geq 0} c_k z^k}{(z-a_1)^{n_1}(z-a_2)^{n_2}\cdots(z-a_m)^{n_m}} \tag{1.8}$$

이다. g는 유리형 함수이므로 $g_w(w) = g_z(1/w)$는 w의 유리형 함수이다. $N := \sum_{i=1}^m n_i$로 놓고 $z = 1/w$를 (1.8)에 대입해서 계산하면

$$g_w(w) = \frac{\sum_{k\geq 0} c_k w^{N-k}}{(1-a_1w)^{n_1}(1-wa_2)^{n_2}\cdots(1-a_mw)^{n_m}}$$

를 얻는다. $g_w(w)$는 유리형 함수이므로 $\sum_{k\geq 0} c_k w^{N-k}$도 유리형 함수이다. 따라서 $w = 0$의 근방에서 이 함수는

$$\sum_{k\geq 0} c_k w^{N-k} = \frac{\sum_{l\geq 0} p_l w^l}{w^n} \tag{1.9}$$

와 같이 쓸 수 있다. 이때 (1)의 증명과 같은 방법으로 (1.9)의 양변을 비교함으로써 충분히 큰 k에 대해서 $c_k = 0$임을 보일 수 있다. (1.8)로부터 이때 $g_z(z)$는 유리함수이다. 이렇게 해서 증명을 마친다. □

문제 1.6 $[X_0, X_1]$을 $\mathbb{P}^1$의 동차좌표로 놓자. $F(X_0, X_1)$, $G(X_0, X_1)$ 모두 m차 동차다항식이라고 하자. 또 다항식으로서 $G(X_0, X_1) \neq 0$이라고 하자. 그러면 $F(X_0, X_1)/G(X_0, X_1)$는 $\mathbb{P}^1$에서 유리형 함수를 정의하는 것을 보여라. 역으로 $\mathbb{P}^1$에서 정의되는 유리형 함수는 항상 이런 꼴로 표현될 수 있음을 보여라.

문제 1.7 $\mathcal{O}_{\mathbb{P}^1}(V)$는 정역(integral domain)이며 $\mathcal{M}_{\mathbb{P}^1}(V)$는 체(field)인 것을 보여라. (힌트: V는 영역, 즉 연결되어 있다.)

주의 1.11 $\mathcal{O}_{\mathbb{P}^1}(V)$의 몫체(fraction field)는 $\mathcal{M}_{\mathbb{P}^1}(V)$의 부분체이지만 일반적으로 일치하지 않는다. 실제로 명제 1.10에 의해서 $\mathcal{O}_{\mathbb{P}^1}(\mathbb{P}^1) = \mathbb{C}$이다. 따라서 이것의 몫체도 $\mathbb{C}$(상수함수 전체)이다. 이것은 z의 유리함수 전체집합인 $\mathcal{M}_{\mathbb{P}^1}(\mathbb{P}^1)$보다 훨씬 작다. 정의로부터 유리형 함수 f는 각 점 $P \in V$의 근방 U_P를 충분히 작게 잡으면 U_P와 두 개의 정칙함수의 상 $f = h_P/g_P$ $(g_P, h_P \in \mathcal{O}_X(U_P))$꼴로 쓸 수 있지만 h_P, g_P는 V에서 대역적으로 항상 고를 수 있는 것이 아니기 때문이다.

1.7 $\mathbb{P}^1$에서 $\mathbb{P}^1$으로 가는 정칙사상과 $\mathbb{P}^1$의 등질성

$\mathbb{P}^1$에서 자기자신으로 가는 연속사상 $f : \mathbb{P}^1 \to \mathbb{P}^1$를 좌표 표시하는 방법에 대해서 생각해 보기로 한다. 헷갈리지 않도록 하기 위해 치역에 해당하는 $\mathbb{P}^1$의 비동차좌표 z, w를 여기서는 t, s로 쓰기로 하자. 즉, 치역의 $\mathbb{P}^1$은

$$\mathbb{P}^1 = \mathbb{C}_s \cup \mathbb{C}_t, \quad s = X_1/X_0, \quad t = X_0/X_1$$

로 두고 생각한다. 정의역에 해당되는 $\mathbb{P}^1$의 비동차좌표는 앞에서와 같이 z, w로 쓴다. 이렇게 약속을 하면 $\mathbb{P}^1$의 점 P의 상 $f(P)$는 $\mathbb{C}_s$ 또는 $\mathbb{C}_t$ 둘 중 적어도 하나에 속하게 된다. f는 연속이므로 $f(P)$가 $\mathbb{C}_t$에 속해있으면 P의 충분히 작은 근방 U_P에 대해서 $f(U_P) \subset \mathbb{C}_t$이다. 마찬가지로 $f(P)$가 $\mathbb{C}_s$에 속해 있으면 P의 충분히 작은 근방 U_P에 대해서 $f(U_P) \subset \mathbb{C}_s$이다. 한편, P는 $\mathbb{C}_z$ 또는 $\mathbb{C}_w$ 둘 중 적어도 하나에 속해 있다. 따라서 U_P는 P가 $\mathbb{C}_z$에 속해 있으면 $\mathbb{C}_z$에 포함된 것처럼 생각할 수 있고, P가 $\mathbb{C}_w$에 속해 있으면 $\mathbb{C}_w$에 포함된 것처럼 생각할 수 있다.

$P \in \mathbb{C}_z$이면서 동시에 $f(P) \in \mathbb{C}_t$라고 하자. 그러면 f를 U_P에 제한했을 때 얻는 $f|U_P$는 좌표 z, t를 써서 $t = f_{z,t}(z)$꼴로 쓸 수가 있다. 이 표시법에는 f에 의해서 z좌표값 $z(Q)$의 점 $Q \in U_P$는 t좌표값 $f_{z,t}(z(Q))$인 $\mathbb{C}_t$의 점으로 옮겨간다는 것, 다시 말해 식 $t(f(Q)) = f_{z,t}(z(P))$이 함축되어 있다. 이렇게 표시된 $f_{z,t}$는 좌표 z, t가 정해지면 f로부터 유일하게 결정되는 표시방법이다. f가 점 P에서 정칙이라는 것을 $f_{z,t}(z)$가 $z(P)$에서 정칙이라는 것으로 정의한다. 이렇게 정의하면 가능한 좌표의 선택법에 의존하지 않는다. 실제로 $f(P)$가 $\mathbb{C}_s$에 속해있으면 f의 P근방좌표 z, s를 써서 $s = f_{z,s}(z)$로도 표현가능하다. $s = 1/t$이므로 이때 $f_{z,s}(z) = \frac{1}{f_{z,t}(z)}$이고 $f_{z,s}$는 $z(P)$의 근방에서 정칙이다. 또 P가 $\mathbb{C}_w$에도 속해있을 경우 f는 P의 근방의 좌표 w, t를 써서 $t = f_{w,t}(w)$로도 표현 가능하다. $z = \frac{1}{w}$이므로 이때 $f_{w,t}(w) = f_{z,t}(1/w)$이고 $f_{w,t}$도 $w(P)$의 근방에서 정칙이기 때문이다. 이렇게 사상 f의 정칙성이 좌표를 이용해서 모순되지 않게 정의된다는 것을 알 수 있다. 28

f가 $\mathbb{P}^1$의 모든 점에서 정칙일 경우 f를 **정칙사상**이라고 부른다.

도움정리 1.12 z의 유리함수 $t = g(z)$는 $\mathbb{P}^1$로부터 자기자신으로 가는 정칙사상 $\tilde{g}$로 유일하게 확장된다. 다시 말해, z의 모든 유리함수는 $\mathbb{P}^1$로부터 자기자신으로 가는 정칙사상이라고 봐도 무방하다.

증명 $t = g(z)$가 $\mathbb{P}^1$에서 자기자신으로 가는 정칙사상 $\tilde{g} : \mathbb{P}^1 \to \mathbb{P}^1$로 확장되면 $\tilde{g}$의 좌표 표시는 모두 $t = g(z)$에 $s = 1/t$, $z = 1/w$를 대입해서 얻을 수 있다. 이 사실과 유리형 함수의 강성에 의해서 $\tilde{g}$가 존재할 경우 유일하다는 것을 알 수 있다. 역으로 함수 $t = g(1/w)$와 함수 $t = g(z)$는 겹치는 부분이 잘 포개져서 $\mathbb{P}^1 = \mathbb{C}_z \cup \mathbb{C}_w$에서 정의된 유리형 함수 $\tilde{g}$를 정의한다. $\tilde{g}$가 P에서 극을 갖는다고 해 보자. 그러면 $\tilde{g}(P) = \infty(= [1:0])$로 정의함으로써 $\tilde{g}$는 $\mathbb{P}^1$에서 자기자신으로 가는 연속사상이 된다. $P \in \mathbb{C}_z$일 경우 $\tilde{g}$는 P의 근방에서 좌표 s, z를 써서 $s = 1/g(z)$와 같이 표시된다. $1/g(z)$는 $z(P)$에서 정칙이다. 마찬가지로 $P \in \mathbb{C}_w$ 일 경우 $\tilde{g}$는 P의 근방에서 좌표 s, w를 써서 $s = 1/g(1/w)$로 표시된다. $1/g(1/w)$는 $w(P)$에서 역시 정칙이다. g의 극 이외의 점에서 $\tilde{g}$가 정칙이라는 사실은 자명하다. 이렇게 해서 $\tilde{g}$가 g의 유일한 확장임을 확인했다. □

문제 1.8 유리함수 $t = \frac{z^2-3z+2}{z^2+1}$를 확장해서 얻어지는 $\mathbb{P}^1$에서 자기자신으로 가는 정칙사상을 f라고 하자.

(1) f의 좌표 z, w, s, t에 관한 가능한 표시방법을 모두 구하여라.

(2) 점 $z = \infty$의 상 $f(\infty)$을 구하라. 또 점 $t = -1, 1, \infty$의 역상 $f^{-1}(-1)$, $f^{-1}(1)$, $f^{-1}(\infty)$를 구하여라.

문제 1.9 상수사상 $\infty(\mathbb{P}^1) \equiv \infty$를 제외하고 $\mathbb{P}^1$에서 자기자신으로 가는 정칙사상은 모두 유리형 함수로부터 도움정리 1.12의 방법으로 얻어지는 것을 보여라. 이 결과에 의하면 $\mathbb{P}^1$에서 자기자신으로 가는 정칙사상의 전체집합은 자연스럽게 동일시하는 방법에 의해서 $\mathbb{C}(z) \cup \{\infty\}$와 일치하는 것을 알 수 있다.

f, g를 $\mathbb{P}^1$에서 자기자신으로 가는 정칙사상이라고 하자. 사상의 정칙성은 합성에 관해서 닫혀있으므로 합성사상 $f \circ g$도 정칙이다. $f \circ g = id_{\mathbb{P}^1}$이며 $g \circ f = id_{\mathbb{P}^1}$인 g가 존재할 경우 f를 $\mathbb{P}^1$의 **자기동형사상**이라고 부른다. 이때 $g = f^{-1}$이다. 따라서 $\mathbb{P}^1$의 자기동형사상 f라는 것은 다름 아닌 그 역사상 f^{-1}도 정칙인 $\mathbb{P}^1$에서 자기자신으로 가는 전단사 정칙사상이다. 항등사상 $id_{\mathbb{P}^1}$은 당연히 자기동형사상이다. 따라서 $\mathbb{P}^1$의 자기동형사상 전체집합은 사상의 합성을 곱, $id_{\mathbb{P}^1}$을 단위원소, f의 역사상 f^{-1}을 f의 역원으로 갖는 군이 된다. 이 군을 $\mathbb{P}^1$의 **자기동형군**이라고 부르며 $\mathrm{Aut}(\mathbb{P}^1)$로 쓴다.

도움정리 1.13 $A \in GL(2, \mathbb{C})$라고 하자. 그러면 $p_A \in \mathrm{Aut}(\mathbb{P}^1)$이다. 또 $\mathbb{P}^1$의 임의의 두 점 P, Q에 대해서 $p_A(P) = Q$를 만족하는 가역행렬 $A \in GL(2, \mathbb{C})$이 존재한다. 여기서 p_A는 도움정리 1.4(3)에서 정의한 사상이다.

도움정리 1.13의 후반부의 성질을 $\mathbb{P}^1$의 **등질성**이라고한다. p_A와 그 역사상도 동차좌표 $[X_0, X_1]$의 동차 1차식으로 주어지는 대수적 사상이며 도움정리 1.13의 전반부에 의해서 $\mathbb{P}^1$에서 자기자신으로 가는 자기동형사상이다. 따라서 $\mathbb{P}^1$에서 임의로 선택한 두 점은 대수, 기하, 해석 어느 관점에서 바라봐도 $\mathbb{P}^1$안에서 동등한 역할을 한다는 것을 이 도움정리는 의미한다. 특히 $\mathbb{C}_z$에서 바라보면 특별했던 무한원점 ∞도 $\mathbb{P}^1$ 전체에서 보면 $\mathbb{C}_z$에 속하는 다른 점들과 다를 바 없는 일반적인 점이다. 등질성은 $\mathbb{P}^1$이 갖는 특별한 성질 중 하나이다.

증명 p_A와 역사상 p_A^{-1}은 1.7절의 비동차좌표 z, t의 1차식의 분수꼴로 표현될수 있는 연속사상이다. 따라서 도움정리 1.12에 의해서 p_A와 p_A^{-1}은 모두 $\mathbb{P}^1$에서 자기자신으로 가는 정칙사상이다. 이렇게 앞부분의 주장이 증명됐다. 뒷부분을 증명해보자. $P = [a_0 : a_1]$, $Q = [a'_0 : a'_1]$라고 하자. 이때 $\mathbb{C}^2$의 원소로서 $(a_0, a_1) \neq (0, 0)$, $(a'_0, a'_1) \neq (0, 0)$이다. 따라서 ${}^t(a_0, a_1)$를 ${}^t(a'_0, a'_1)$로 옮기는 가역행력 $A \in GL(2, \mathbb{C})$이 존재한다. 이 A에 대해서 $p_A(P) = Q$이다. □

문제 1.10 $\mathbb{P}^1$의 자기동형사상은 모두 $p_A \quad (A \in GL(2, \mathbb{C}))$ 꼴로 표현되는 것을 보여라. 또 $p_A = p_{A'}$일 경우 $A = cA'$ (c는 0이 아닌 상수)임을 보여라.

문제 1.11 $\mathbb{P}^1$의 서로 다른 세 점 P, Q, R이 주어져 있다. 이때 다음을 보여라.

(1) $p_A(P) = [0 : 1](= 0)$, $p_A(Q) = [1 : 1](= 1)$, $p_A(R) = [1 : 0](= \infty)$ (괄호안은 z에 의한 비동차좌표 표시) 를 만족하는 가역행렬 $A \in GL(2, \mathbb{C})$이 존재한다.

(2) $p_A(P) = P$, $p_A(Q) = Q$, $p_A(R) = R$이면 $p_A = id_{\mathbb{P}^1}$이다.

문제 1.12 $\mathbb{P}^1$의 두 개의 유한 부분집합 $\{P_1, \cdots, P_m\}$, $\{Q_1, \cdots, Q_n\}$가 주어져 있다. 이때 $p_A(\{P_1, \cdots, P_m\}) \cap \{Q_1, \cdots, Q_n\} = \emptyset$인 $A \in GL(2, \mathbb{C})$가 존재함을 보여라.

이 절을 마치기 전에 이때까지 언급해온 것들의 응용으로서 다음 명제를 증명한다. 이 명제는 이 책의 주제인 **리만-로흐의 정리**(정리 6.23)의 가장 간단한 경우이다.

명제 1.14 P_i $(1 \leq i \leq m)$을 $\mathbb{P}^1$의 서로 다른 m개의 점이라고 하자. P_i에서 극의 위수가 기껏해야 n_i이고 P_i $(1 \leq i \leq m)$ 이외에는 극을 갖지 않는 $\mathbb{P}^1$에서 정의된 유리형 함수의 전체집합

$$\Gamma\left(\mathbb{P}^1, \mathcal{O}_{\mathbb{P}^1}\left(\sum_{i=1}^{m} n_i P_i\right)\right)$$

은 함수의 자연스러운 덧셈과 복소수곱으로 정의되는 $\mathbb{C}$-선형공간이다. 또 이 공간의 차원은 다음과 같이 주어진다.

$$\dim_{\mathbb{C}} \Gamma\left(\mathbb{P}^1, \mathcal{O}_{\mathbb{P}^1}\left(\sum_{i=1}^{m} n_i P_i\right)\right) = 1 + \sum_{i=1}^{m} n_i.$$

증명 복소수체 $\mathbb{C}$ 위에서 선형공간이라는 것은 각 점 P_i에서 로랑 급수를 생각하면 자명한 사실이다. 차원을 계산해 보자. $N = \sum_{i=1}^{m} n_i$라고 하자. 필요하면 $\mathbb{P}^1 = \mathbb{C}_z \cup \{\infty\}$의 자기동형사상 p_A로 옮김으로써 P_i는 모두 $\mathbb{C}_z$에 포함된다고 생각해도 무방하다. $a_i = z(P_i)$라고 놓자. f를 $\Gamma(\mathbb{P}^1, \mathcal{O}_{\mathbb{P}^1}(\sum_{i=1}^{m} n_i P_i)) - \{0\}$의 원소라고 하자. 명제 1.10 (2)에 의해서 f는 z의 어떤 유리함수 $f(z)$를 유일하게 확장한 것이다. 이 $f(z)$는 a_i에서 기껏해야 위수가 n_i인 극밖에 갖지 못한다. 따라서 등식

$$g(z) = (z-a_1)^{n_1}(z-a_2)^{n_2}\cdots(z-a_m)^{n_m} f(z)$$

로 정해진 유리함수 $g(z)$는 $\mathbb{C}_z$ 전체에서 정칙이다. 특히 $g(z)$는 z의 다항식함수가 된다. 실제로 유리함수 $g(z)$를 기약분수식으로 표현했을 때 만약 분모가 1차 이상의 다항식일 경우 대수학의 기본정리 (따름정리 2.24)에 의해서 영점 $a \in \mathbb{C}_z$가 존재해서 $g(z)$는 a에서 극이 되버리기 때문이다. 따라서

$$f(z) = \frac{b_0 z^l + b_1 z^{l-1} + \cdots + b_l}{(z-a_1)^{n_1}(z-a_2)^{n_2}\cdots(z-a_m)^{n_m}}, \quad b_0 \neq 0 \tag{1.10}$$

로 쓸 수 있다. 한편, 가정에 의해서 f는 $z = \infty$ $(w = 0$의 점)에서는 극을 갖지 않는다. 좌표 w에 의한 f의 좌표 표시는 $z = 1/w$를 (1.10)에 대입해서 $N = \sum_{i=1}^{m} n_i$를 이용하면

$$\begin{aligned} f_w(w) &= \frac{b_0 w^{-l} + b_1 w^{-l+1} + \cdots + b_l}{(w^{-1}-a_1)^{n_1}(w^{-1}-a_2)^{n_2}\cdots(w^{-1}-a_m)^{n_m}} \\ &= w^{N-l}\frac{b_0 + b_1 w + \cdots + b_l w^l}{(1-a_1 w)^{n_1}(1-a_2 w)^{n_2}\cdots(1-a_m w)^{n_m}} \end{aligned}$$

와 같이 계산할 수 있다. 여기서

$$\frac{b_0 + b_1 w + \cdots + b_l w^l}{(1-a_1 w)^{n_1}(1-a_2 w)^{n_2}\cdots(1-a_m w)^{n_m}}$$

는 $w=0$에서 정칙이고 $b_0 \neq 0$이므로 $w=0$에서의 값은 0이 아니다. 따라서 f가 $w=0$에서 극이 아니려면 $l \leq N$을 만족해야 한다. 역으로 $l \leq N$일 경우 (1.10)꼴로 쓸 수 있는 f는 원하는 조건을 만족한다는 것을 위의 계산을 다시 반복함으로써 알 수 있다. 따라서 $\Gamma(\mathbb{P}^1, \mathcal{O}_{\mathbb{P}^1}(\sum_{i=1}^m n_i P_i))$는 $(N+1)$개의 유리형 함수

$$f_k := \frac{z^k}{(z-a_1)^{n_1}(z-a_2)^{n_2}\cdots(z-a_m)^{n_m}}, \quad 0 \leq k \leq N$$

의 $\mathbb{C}$-계수의 1차결합으로 쓸 수 있는 함수의 전체집합이다. 또한 $f_k(z)$ $(0 \leq k \leq N)$들은 $\mathbb{P}^1$에서 정의된 유리함수로서 $\mathbb{C}$에서 일차독립이다. 이렇게 해서 $\langle f_k(z)\rangle_{k=0}^N$은 $\Gamma(\mathbb{P}^1, \mathcal{O}_{\mathbb{P}^1}(\sum_{i=1}^m n_i P_i))$의 기저를 이룬다. 기저를 이루는 원소의 개수가 선형공간의 차원이므로 이로부터 결과를 얻을 수 있다. □

문제 1.13

(1) $\mathbb{C}$에서 대역적으로 정칙인 함수의 전체집합이 이루는 $\mathbb{C}$-선형공간 $\Gamma(\mathbb{C}, \mathcal{O}_{\mathbb{C}}) = \mathcal{O}_{\mathbb{C}}(\mathbb{C})$은 유한차원이 아님을 증명하시오.

(2) ∞에서만 기껏해야 위수 n인 극을 갖는 $\mathbb{P}^1 = \mathbb{C}_z \cup \{\infty\}$에서 정의된 유리형 함수 전체집합이 구성하는 $\mathbb{C}$-선형공간 $\Gamma(\mathbb{P}^1, \mathcal{O}_{\mathbb{P}^1}(n[\infty]))$의 차원을 구하여라. 또 이 공간의 (제일 이해하기 쉽고 간단한) 기저 한 개를 찾으시오.

2

리만면과 정칙사상

일단, 이 책의 주제인 리만면 사이의 정칙사상을 정의한다. 이 정의와 관련해서 부수적으로 따라오는 몇 가지 기본적인 개념도 소개한다. 다음으로 리만면 사이에 정의되는 정칙사상의 국소적인 성질에 대해서도 살펴볼 것이다. 마지막으로 콤팩트 리만면 사이의 정칙사상이 우선적으로 만족해야 하는 대역적 성질인 정칙사상의 차수와 분지지수의 관계에 대해서도 살펴보려고 한다.

2.1 리만면의 정의와 부수적인 개념 몇 가지

z를 표준좌표로 갖는 복소평면을 $\mathbb{C}_z$로 쓴다. z는 $\mathbb{C}_z$의 각 점 $P = (a)$에 대해서 그것의 성분 a를 대응시키는 함수로 볼 수 있다. 통상적으로 점 P와 그것의 표준좌표 $z(P)$는 같은 것으로 취급한다.

정의 2.1

다음 조건 (1)~(4)를 만족하는 짝 $(X, \{\varphi_i : U_i \to \mathcal{U}_i\}_{i\in I})$을 위상공간 X를 받침공간으로 가지며 $\{\varphi_i : U_i \to \mathcal{U}_i\}_{i\in I}$를 **아틀라스**로 갖는 **리만면**이라고 부른다.

(1) X는 공집합이 아닌 제2가산공리를 만족하는 연결된 하우스도르프 공간이다.

(2) 각 $i \in I$에 대해서 U_i는 X의 공집합이 아닌 열린 집합이며 $X = \cup_{i\in I} U_i$를 만족한다. 즉, $\{U_i\}_{i\in I}$는 X의 열린 덮개이다.

(3) 각 $i \in I$에 대해서 $\mathcal{U}_i$는 $\mathbb{C}_{z_i}$의 열린 집합이며 $\varphi_i : U_i \to \mathcal{U}_i$는 위상동형사상이다.

(4) $U_i \cap U_j \neq \emptyset$인 임의의 $(i, j) \in I^2$에 대해서 $\mathcal{U}_{ij} := \varphi_j(U_i \cap U_j) \subset \mathcal{U}_j$로 정의하자. 이때 (3)으로부터 정의되는 사상 $\varphi_{ij} := \varphi_i \circ \varphi_j^{-1}|\mathcal{U}_{ij} : \mathcal{U}_{ij} \to \mathcal{U}_{ji}$

는 정칙사상이다.

아틀라스의 원소를 **좌표근방계**라고 부르고 종종 (φ_i, U_i)로 간략하게 쓴다.

(4)에서 정의한 φ_{ij}의 역사상은 φ_{ji}이므로 필연적으로 쌍정칙사상이다. 단순히 리만면 X라고 말할 때는 X가 받침공간이고 X의 아틀라스는 이미 주어져 있는 것으로 가정한다. 리만면의 점, 부분집합, 함수, 위상이라는 것은 받침공간 X의 원소, 부분집합, 함수, 위상을 말한다. 따라서 예를 들면, X의 점 P의 **근방**이라고 하는 것은 $P \in U$인 X의 열린 집합 U를 말한다. **콤팩트 리만면**이라는 것은 받침공간 X가 콤팩트인 리만면을 말한다. 또 리만면 X의 **영역**이라는 것은 위상공간 X에 의해 유도되는 상대위상으로서 연결된 X의 공집합이 아닌 열린 부분집합을 뜻한다. (3)에 의해서 임의의 리만면은 집합으로서 비가산 무한집합이다.

보기 2.2

(1) $\mathbb{C}$의 영역 U는 $\{id : U \to U\}$를 아틀라스로 갖는 리만면이다.

(2) 리만구면 $\mathbb{P}^1$은 도움정리 1.4 (2)에서 정의한 $(\varphi_0, U_0), (\varphi_1, U_1)$ 두 개의 원소로 이루어진 아틀라스를 갖는 콤팩트 리만면이다.

(3) 주어진 리만면 $X = (X, \{\varphi_i : U_i \to \mathcal{U}_i\}_{i\in I})$의 임의의 영역 U는 $\{(\varphi_i|U\cap U_i, U\cap U_i)\}$ (i는 $U\cap U_i \neq \emptyset$인 I의 원소에 해당된다)는 아틀라스로 갖는 리만면이 된다. 이렇게 해서 얻은 리만면 U를 X의 열린 리만면이라고 부른다.

다음 주의는 리만구면의 경우와 같다.

주의 2.3 $(X, \{\varphi_i : U_i \to \mathcal{U}_i\}_{i\in I})$을 리만면이라고 하자.

(1) 이 책에서 종종 위상동형사상 φ_i에 의한 대응 $U_i \ni P \leftrightarrow \varphi_i(P) \in \mathcal{U}_i$를 써서 U_i와 $\mathcal{U}_i$를 같은 것으로 취급한다. 그렇게 하면 $U_i = \mathcal{U}_i$는 $\mathbb{C}_{z_i}$의 열린 집합이고 X는 열린 부분집합 $U_{ij} = \mathcal{U}_{ij}$ 위에서 U_i들을 φ_{ij}에 의해서 쌍정칙적으로 포개서 얻어지는 공간 $X = \cup_{i\in I} U_i$이다. 또 X의 임의의 점 P에 대해서 $P \in U_i$인 U_i를 취함으로써 P를 U_i에서는 $z_i(P)$로 좌표 표시가 가능하다. 게다가 U_i에 속하는 X의 점 P와 이 점의 표준좌표값 $z_i(P)$는 일대일 대응관계이다. 여기서 $z_i(P)$는 $\varphi_i(P)$의 표준좌표값이다. 이렇게 $U_i = \mathcal{U}_i$를 같은 것으로 취급하면 좌표근방계 (φ_i, U_i)는 U_i와 여기서 사용되는 표준좌표 z_i와의 한 쌍 (z_i, U_i)으로도 볼 수

있다. $P \in U_i \cap U_j$일 경우 $P \in U_i$로 보고 좌표 z_i로 표시하면 $z_i(P)$로 나타나고 $P \in U_j$로 보고 좌표 z_j로 표시하면 $z_j(P)$로 나타난다. 변환함수 φ_{ij}는 이 두 개의 표현을 연결지어주는 역할을 하는 것이다. $z_i = \varphi_{ij}(z_j)$. 이 말은 모든 $P \in U_i \cap U_j$에 대해서 관계식 $z_i(P) = \varphi_{ij}(z_j(P))$을 만족한다는 뜻이다. 정의 2.1의 조건 (4)는 함수 $z_i = \varphi_{ij}(z_j)$가 z_j에 대한 정칙함수라는 것을 의미한다.

(2) $f : X \to A$를 X에서 A로 가는 사상이라고 하자. f를 U_i에 제한한 $f|U_i$는 좌표 z_i를 써서 $f|U_i = f_i(z_i)$꼴로 유일하게 표현된다. 이 f_i를 f의 좌표근방계 (z_i, U_i)에서 표현되는 좌표 표시라고 부른다. 이 등식은 $P \in U_i$일 경우 $f(P) = f_i(z_i(P))$인 것을 뜻한다. U_{ij}에서 f는 $f_i(z_i), f_j(z_j)$와 같이 두 방식으로 표현된다. $P \in U_{ij}$일 경우 $z_i(P) = \varphi_{ij}(z_j(P))$이므로 이 두 표현방식은 관계식

$$f(P) = f_j(z_j(P)) = f_i(z_i(P)) = f_i(\varphi_{ij}(z_j(P)))$$

을 만족한다. 즉, U_{ij}에서는 $f = f_j(z_j) = f_i(z_i) = f_i(z_{ij}(z_j))$를 만족한다. 역으로 (z_i, U_i)에서는 $f_j(z_j) = f_i(\varphi_{ij}(z_j))$를 만족할 경우 이것들을 포개서 $f|U_i = f_i(z_i)$를 만족하는 X에서 A로 가는 사상 $f : X \to A$를 얻을 수 있다.

(3) Y를 또 다른 리만면이라고 하자. (1)에서 동일시한 것처럼 Y의 좌표근방계 (w_j, V_j)는 $\mathbb{C}_{w_j}$의 열린 집합과 이 집합의 표준좌표로 이루어진 쌍이다. $f : X \to Y$를 X에서 Y로 가는 연속사상이라고 해 보자. P는 X의 점이고 $Q = f(P)$라고 두자. 그러면 P의 근방 U_P와 $i \in I$, $j \in J$를 $U_P \subset U_i$, $f(U_P) \subset V_j$를 만족시키도록 잡을 수 있다. 이때 U_P에서 f의 좌표 z_i, w_j를 써서 $w_j = f_{ij}(z_i)$의 꼴로 유일하게 좌표 표시할 수 있다. 이것이 의미하는 바는 U_P의 점 P'에 대해서 $w_j(f(P')) = f_{ij}(z_j(P'))$이라는 것이고 다시 말해 P'의 상은 w_j의 좌표값이 $f_{ij}(z_i(P'))$이 V_j의 점이라는 것이다.

정의 2.4

X, Y를 리만면이라고 하자. $f : X \to Y$를 X에서 Y로 가는 연속사상이라고 하자. P를 X의 점이라고 하자. $P, f(P)$의 근방에서 어떤 좌표 표시 $w_j = f_{ij}(z_i)$가 $z_i(P)$에서 정칙일 경우 f는 점 P에서 정칙이라고 말한다. f가 모든 점에서

정칙일 경우 f를 **정칙사상**이라고 부른다. 또 $\mathbb{C}$로 가는 정칙사상을 **정칙함수**라고 부른다. U를 X의 공집합이 아닌 열린 부분집합이라고 하자. U에서 함수 f는 U의 각 연결성분에서 정칙일 경우 U에서 정의된 정칙함수라고 부른다. 여기서 리만면의 영역은 보기 2.2에서 주어진 열린 리만면의 조건을 만족한다.

주의 **2.5**

(1) 정의로부터 사상의 정칙성은 각 점의 근방에서 국소적으로 판단할 수 있는 조건이다.

(2) 변환함수의 정칙성 (정의 2.1 (4))과 정칙함수의 합성에 대해서 닫혀있는 성질 때문에 $f : X \to Y$가 P에서 정칙일 경우 $P, f(P)$에 속하는 임의의 좌표근방계를 이용한 f의 좌표 표시도 P에서 정칙이다. 즉, 정칙성은 좌표근방계의 선택에 의존하지 않는다. 따라서 이 성질을 확인하기 위해서는 편리한 좌표근방계를 고르면 되고, 이렇게 확인된 정칙성을 응용하기 위해서는 다루기 편리한 좌표근방계로 다시 바꿔도 된다.

(3) 정의로부터 좌표함수 z_i는 U_i에서 정칙함수이다.

정의 **2.6**

X, Y를 리만면이라고 하자. $f : X \to Y$를 정칙사상이라고 하자. $g \circ f = id_X$ 이면서 $f \circ g = id_Y$가 되는 정칙사상 $g : Y \to X$가 존재할 경우 f를 **쌍정칙사상**이라고 부른다. 또 X에서 Y로 가는 쌍정칙 사상이 존재할 경우 X와 Y를 **동형** 또는 **쌍정칙**이라고 부른다.

문제 **2.1** X, Y, Z를 리만면이라고 하자. 정의를 이용해서 다음을 증명하라.

(1) 항등사상 $id_X : X \to X$는 쌍정칙 사상이다.

(2) $f : X \to Y$, $g : Y \to Z$가 모두 정칙사상일 경우 합성 사상 $g \circ f : X \to Z$도 정칙사상이다. 또, f, g가 모두 쌍정칙 사상일 경우 역사상 $f^{-1} : Y \to X$ 및 합성사상 $g \circ f : X \to Z$ 도 역시 쌍정칙 사상이다.

(3) $\{f : X \to X \mid f$는 쌍정칙 사상$\}$를 리만면 X에서 자기자신으로 가는 쌍정칙 사상 전체집합이라고 하자. 그러면 이 집합은 사상의 합성을 곱으로 갖는 곱셈군이다. (이 군을 리만면 X의 자기동형군이라고 부르며 $\mathrm{Aut}(X)$로 쓴다. 또 $\mathrm{Aut}(X)$의 원소 f를 X의 자기동형사상이라고 부른다.)

문제 2.2 X, Y를 리만면이라고 하자. X의 공집합이 아닌 열린 집합 U에 대해서 $\mathcal{O}_X(U)$를 U에서 정의된 정칙함수의 전체집합이라고 하자. 자연스럽게 덧셈, 곱셈, 복소수곱에 의해서 $\mathcal{O}_X(U)$는 $\mathbb{C}$-대수이다. $f : X \to Y$를 위상동형사상이라고 하자. f에 대해서 다음 두 조건이 동치임을 보여라.

(1) f는 쌍정칙 사상이다.

(2) Y의 임의의 공집합이 아닌 열린 집합 V에 대해서 당김 사상 $f^* : \mathcal{O}_Y(V) \to \mathcal{O}_X(f^{-1}(V)); g \mapsto g \circ f|f^{-1}(V)$이 정의되고 게다가 f^*는 $\mathbb{C}$-대수로서 동형사상이다.

정의 2.7

$(X, \{(\varphi_i : U_i \to \mathcal{U}_i\}_{i\in I})$를 리만면이라고 하자. 다음 조건 $(*)$을 만족하는 공집합이 아닌 열린 집합 U_*에서 $\mathbb{C}$로 가는 열린 집합 $\mathcal{U}_*$로 가는 위상동형사상 $\varphi_* : U_* \to \mathcal{U}_*$ 전체가 이루는 집합 $\{\varphi_* : U_* \to \mathcal{U}_*\}$ ($U_*, \mathcal{U}_*$도 바뀐다)을 리만면 $(X, \{(\varphi_i : U_i \to \mathcal{U}_i\}_{i\in I})$의 **극대 아틀라스**라고 부른다.

$(*)$ $U_* \cap U_i \neq \emptyset$인 임의의 $i \in I$에 대해서 $\mathcal{U}_{i*} := \varphi_*(U_i \cap U_*) \subset \mathcal{U}_*$, $\mathcal{U}_{*i} := \varphi_i(U_i \cap U_*) \subset \mathcal{U}_i$라 하면 $\varphi_{i*} := \varphi_i \circ \varphi_*^{-1}|\mathcal{U}_{i*} : \mathcal{U}_{i*} \to \mathcal{U}_{i*}$는 쌍정칙사상이 된다.

다음은 정의로부터 자명하지만 시사하는 바는 크다.

도움정리 2.8 (X, Σ)는 Σ를 아틀라스로 갖는 리만면이라고 하자. $\Sigma_{\max}$를 (X, Σ)의 극대 아틀라스라고 하자. 그러면

(1) $(X, \Sigma_{\max})$는 $\Sigma_{\max}$를 아틀라스로 갖는 리만면이다. 또, $\Sigma_{\max}$는 $\Sigma \subset \Sigma_{\max}$, $(\Sigma_{\max})_{\max} = \Sigma_{\max}$를 만족한다.

(2) $\Sigma' = \{(\varphi_j, U_j)\}_{i\in J}$를 $X = \cup_{j\in J} U_j$를 만족하는 $\Sigma_{\max}$의 부분집합이라고 하자. 이때 (X, Σ')도 리만면이다. 또 X의 항등사상 id_X는 (X, Σ), $(X, \Sigma_{\max})$,

(X, Σ') 사이의 쌍정칙사상이다. 특히 사상이나 함수의 정칙성을 확인하기 위해서 $\Sigma_{\max}, \Sigma, \Sigma'$ 중 어느 것을 이용해도 같은 결과를 얻는다. □

문제 2.3 정의를 이용해서 도움정리 2.8을 증명하라.

쌍정칙사상에 의한 리만면의 불변인 성질을 주로 다루는 이 책에서는 이제부터 두 개의 리만면 (X, Σ)와 $(X, \Sigma_{\max})$를 id_X로써 같은 것으로 취급한다. 따라서 $\Sigma_{\max}$의 원소는 모두 X의 **좌표근방계**이다. 좌표근방계에 얼마큼의 자유도가 생겼는지 살펴보도록 하자.

보기 2.9 X를 리만면이라고 하자. $\varphi : U \to \mathcal{U}$를 X의 좌표근방계라고 하자.

(1) 공집합이 아닌 열린 부분집합 $V \subset U$에 $\varphi : U \to \mathcal{U}$를 제한한 $\varphi|V : V \to \varphi(V)$도 X의 좌표근방계이다.

(2) 쌍정칙사상 $w : \mathcal{U} \to \mathcal{V} \subset \mathbb{C}$와의 합성 $w \circ \varphi : U \to \mathcal{V}$도 X의 좌표근방계이다.

(3) P를 X의 점이라고 하자. $\varphi : U \to \mathcal{U}$를 P가 속하는 좌표근방계라고 하자. 그러면

$$\varphi_P := \varphi - \varphi(P) : U \to \mathcal{U}' := \mathcal{U} - \varphi(P);\ Q \mapsto \varphi(Q) - \varphi(P)$$

는 $\varphi_P(P) = 0$을 만족하는 X의 좌표근방계이다.

정의 2.10

X를 리만면이라고 하고 P를 X의 점이라고 하자. $P \in U_P$이면서 $t_P(P) = 0$을 만족하는 좌표근방계 (t_P, U_P)를 점 P의 **국소 좌표근방계**, 또는 점 P의 **국소 좌표계**라고 부른다. 또 t_P를 P에서의 **국소 좌표**, U_P를 P에서의 **국소 좌표근방**이라고 부른다.

국소 좌표계는 정칙사상을 국소적으로 살펴볼 때 편리한 좌표계이다. 보기 2.9에 의해서 리만면의 임의의 점에 대해서 국소 좌표계가 존재한다.

도움정리 2.11 X를 리만면이라고 하고 P를 X의 점이라고 하자. 그리고 (t_P, U_P)를 P근방의 국소 좌표계라고 하자. 그러면 다음이 성립한다.

(1) $P \in V_P \subset U_P$를 만족하는 열린 집합 V_P로 제한한 $(t_P|V_P, V_P)$는 P의 국소 좌표계이다. 다시 말해, 국소 좌표근방은 원하는 만큼 작게 취해도 무방하다. 또 $w(0) = 0$을 만족하는 0 근방의 $V(\subset t_P(U_P))$에서 정의된 정칙사상 $w : V \to V'$과의 합성 $(w \circ t_P|t_P^{-1}(V), t_P^{-1}(V))$도 P 근방의 국소 좌표계이다.

(2) (s_P, V_P)도 P의 국소 좌표계라고 가정하자. 그러면 $P \in W_P \subset U_P \cap V_P$를 만족하는 열린 집합 W_P와 $u(P) \neq 0$를 만족하는 W_P에서 정의된 정칙함수 u가 존재해서 W_P에서 $s_P = u \cdot t_P$를 만족한다. 여기서 $\cdot$은 함수의 곱이다.

(3) 역으로 u를 $u(P) \neq 0$을 만족하는 P근방에서 정의된 정칙함수라고 하자. 이때 P의 어떤 근방 W_P에 대해서 $(u \cdot t_P|W_P, W_P)$는 P의 국소 좌표계이다.

증명 (1)은 다름 아닌 보기 2.9 (1),(2)이다. 이제부터는 P에서 충분히 작은 근방 W에서 생각하고 W는 필요할 경우 더 작은 것으로 바꿔나간다.

(2)를 보이도록 하자. s_P는 P근방에서 정칙이므로 국소 좌표 t_P의 정칙함수이다. 게다가 $s_P(P) = t_P(P) = 0$이다. 따라서 s_P는 t_P의 테일러 급수의 꼴로 쓸 수 있으며 상수항은 0이다. 이 테일러 급수 전개를

$$s_P = a_1 t_P + a_2 t_P^2 + \cdots = t_P(a_1 + a_2 t_P + \cdots) \tag{2.1}$$

라고 하자. 여기서 $\cdots$는 고차항의 합을 나타낸다. s_P와 t_P의 역할을 바꿔서

$$t_P = b_1 s_P + b_2 t_P^2 + \cdots \tag{2.2}$$

와 같은 테일러 급수 전개로 표현할 수도 있다. (2.1)을 (2.2)에 대입하면 $t_P = a_1 b_1 t_P + \cdots$을 얻는다. 급수전개의 유일성에 의해서 이때 $a_1 b_1 = 1$을 만족한다. 특히 $a_1 \neq 0$임을 확인할 수 있다. 따라서 (2.1)의 우변의 두 번째 항인 함수 $u := a_1 + a_2 t_P + \cdots$는 따름정리의 조건을 만족한다.

(3)을 보이자. 보기 2.2 (1)에 의해서 (t_P, U_P)를 $\mathbb{C}$의 표준좌표 t_P와 $0 \in \mathbb{C}$의 근방 U_P의 쌍으로 볼 수 있다. 그러면 $P = 0$이 되고 u는 0근방의 t_P의 정칙함수이다. 게다가 가정에 의해서 $u(0) \neq 0$이다. 따라서 복소평면영역에서 정칙함수의 역함수 정리에 의해서 $u \cdot t_P$는 $0 \in \mathbb{C}$의 충분히 작은 근방 W에서 $0 \in \mathbb{C}$의 근방 W'로가는 쌍정칙사상이다. 이렇게 해서 $(u \cdot t_P|W, W)$는 P의 국소 좌표근방계를 부여한다. □

주의 2.12

(1) 리만면 사이의 연속사상 $f : X \to Y$가 존재해서 $f(P) = Q$라고 하자. 도움정리 2.11(1)에 의해서 P, Q에서의 X, Y의 국소 좌표계 (t_P, U_P), (w_Q, U_Q)를 $f(U_P) \subset U_Q$가 되도록 잡을 수 있다. 필요하면 U_P를 $U_P \cap f^{-1}(U_Q)$로 바꿔서 생각해도 되기 때문이다. 이때 f는 U_P에서 $w_Q = f_{P,Q}(t_P)$ 꼴로 좌표 표시할 수 있다. 이렇게 해서 좌표 표시를 하는데 있어서 정의역을 축소시켜야 하는 번거움이 사라진다. 또 P에서 f가 정칙인 것은 $t_P = 0$에서 함수 $f_{P,Q}(t_P)$가 정칙인 것과 동치조건이다.

(2) X를 리만면이라고 하자. X의 점 P의 국소 좌표계 $t_P : U_P \to V_P$가 주어졌다고 하자. 필요할 경우 t_P에 상수를 곱해서 $c \cdot t_P (c \neq 0)$로 바꿔서 생각함으로써 $0 \in \Delta \subset V_P$가 되는 열린 단위원판 Δ를 취할 수 있다. 이때 $t_P | t_P^{-1}(\Delta) \to \Delta$도 또한 P의 국소 좌표계이다. 이렇게 해서 리만면 X의 각 점에 대해서 단위원판과 쌍정칙 국소 좌표근방을 갖는 국소 좌표계를 취할 수 있다. "리만면이란 단위원판을 쌍정칙으로 포개놓은 것이다"라는 말을 자주 들었을텐데 바로 여기서 나온 말이다.

마지막으로 하부구조격인 C^∞급 구조에 대해서 언급하고 이 장을 마치도록 하겠다.

주의 2.13

(1) 리만면의 정의 (1)~(4)중에서 (2)에 나오는 $\mathbb{C}$를 $\mathbb{R}^2$로 바꿔서 (4)의 정칙을 C^∞급으로 바꾼 조건을 만족하는 쌍 $(X, (\varphi_i : U_i \to \mathcal{U}_i)_{i \in I})$을 **실 2차원 C^∞급 다양체**라고 부른다. 나중에 보게 될 보기 2.2 ~ 정의 2.10은 '정칙'이라는 단어를 'C^∞급'으로 바꾼 다음 자명한 수정을 하면 모두 성립한다. 예를 들어, 실 2차원 C^∞급 다양체는 (x_i, y_i)를 표준 실 좌표로 갖는 $\mathbb{R}^2_{(x_i, y_i)}$의 열린 집합 U_i들을 열린 부분집합 U_{ij}에서 C^∞급 위상동형사상으로 포개서 만든 공간이다.

(2) $(X, \{(z_i, U_i)\}_{i \in I})$를 리만면이라고 하자. z_i를 $z_i = x_i + y_i\sqrt{-1}$와 같이 실수부 x_i와 허수부 y_i로 나눠쓰자. 또 대응 관계 $\mathbb{C}_{z_i} \ni a + b\sqrt{-1} \leftrightarrow (a, b) \in \mathbb{R}^2_{(x_i, y_i)}$에 의해서 $\mathbb{C}_{z_i}$와 $\mathbb{R}^2_{(x_i, y_i)}$를 동일시한다. 이때 $\{(x_i, y_i), U_i\}_{i \in I}$ 전체를 아틀라스로 생각하면 X는 실 2차원 C^∞급 다양체가 된다. 실제로 $U_i \cap U_j$에서의 변환함수 $z_i = \varphi_{ij}(z_j)$를 실수부와 허수부로 나눠서 $x_i = x_{ij}(x_j, y_j)$, $y_i = y_{ij}(x_j, y_j)$로 쓸

경우 x_{ij}, y_{ij}는 (x_j, y_j)의 실 C^∞급 함수가 되기 때문이다. 따라서 리만면은 실 2차원적인 물건이기도 하다. 이게 바로 '면'이라고 부르는 이유이다.

문제 2.4 대응관계 $\mathbb{C} \ni a+b\sqrt{-1} \leftrightarrow (a,b) \in \mathbb{R}^2$에서 $\mathbb{C} = \mathbb{R}^2$로 동일시한다. 이렇게 동일시함으로써 $A \in M_2(\mathbb{R})$에 의한 곱 ${}^t(a,b) \mapsto A^t(a,b)$를 정의하는 리만면에서 자기 자신으로 가는 사상을 m_A라 하자. m_A가 정칙사상이 되기 위한 필요충분조건은 어떤 실수 p, q가 존재해서 $A = \begin{pmatrix} p & -q \\ q & p \end{pmatrix}$로 쓸 수 있다는 것이다. 이 사실을 증명하고 이때 $\mathbb{C}$의 표준좌표에 의한 m_A의 좌표 표시는 $m_A = (p+q\sqrt{-1})z$인 것을 증명하시오.

문제 2.5 리만구면 $\mathbb{P}^1 = \mathbb{C}_z \cup \mathbb{C}_z$에 대해서

(1) 변환변수 $w = 1/z$를 z, w의 실수부와 허수부를 이용한 실좌표 $(x,y), (u,v)$의 변환변수로 표현하시오.

(2) 사상 $\alpha : \mathbb{P}^1 \to \mathbb{P}^1; [a : b] \mapsto [\overline{a} : \overline{b}]$가 정의되는 것을 보여라. 또 이 사상은 쌍정칙이 아닌 것을 보이고 C^∞급 사상인 것을 보여라. 단 $\overline{a}$는 켤레복소수를 나타낸다.

(3) 함수론에서 배우는 입체사영은 $\mathbb{P}^1$와 2차원 구면 S^2 사이의 C^∞급 위상동형사상임을 보여라.

(4) $\mathbb{P}^1$를 실 C^∞급 다양체로 봤을 때 극대아틀라스의 원소 중에서 리만면으로서의 극대아틀라스의 어느 원소로부터도 주의 2.13 (2)에서 언급한 방법으로는 얻지 못하는 원소의 예를 하나 드시오.

2.2 리만면 사이의 정칙사상의 성질

다음은 **정칙사상의 강성**이라고 불리는 정칙사상만 갖는 고유의 성질이다.

정리 2.14

X, Y를 리만면이라고 하자. f, g를 모두 X에서 Y로 가는 정칙사상이라고 하자. X의 어떤 공집합이 아닌 열린 집합 S위에서 $f = g$라고 하자. 이때 X의 전체에

서도 $f = g$를 만족한다. 특히 X의 어떤 공집합이 아닌 열린 집합 S위에서 f가 정칙, 즉 $f(S)$가 한 점일 경우 f는 X의 전체에서도 상수함수이다.

증명 $Z := \{a \in X \mid a$의 적당한 근방 W위에서 $f|W = g|W\}$라고 하자. $X = Z$를 증명하면 된다. 정의로부터 Z는 $S \subset Z$를 만족하는 X의 열린 집합이다. 특히 $Z \neq \emptyset$임을 알 수 있다. Z의 X에서의 폐포(closure)를 $\overline{Z}$라고 하자. Z의 정의로부터 $f|Z = g|Z$이다. Y는 하우스도르프공간이고 f, g는 연속이므로 이때 $f|\overline{Z} = g|\overline{Z}$이다. $\overline{Z}$의 점 P에 대해서 $f(P) = g(P) = Q$라고 하자. P, Q에서 X, Y의 극소좌표근방계 $(t, U), (s, V)$를 $f(U) \subset V$ 그리고 $g(U) \subset V$를 만족하도록 고를 수가 있다. 이 경우 극좌표 t, s를 이용해서 U위에서 f, g를 $s = f_P(t)$, $s = g_P(t)$의 꼴로 정칙함수 표현이 가능하다. $P \in \overline{Z}$이면서 Z는 열린 집합이므로 $Z \cap U$는 U의 공집합이 아닌 열린 집합이다. 또한 두 개의 정칙함수 $f_P(t), g_P(t)$는 $Z \cap U$위에서 일치한다. 따라서 복소평면의 역역에서 정칙함수의 강성에 의해서 f_P와 g_P는 U의 전체에서 일치한다. $P \in U$이므로 Z의 정의에 의해서 이때 $P \in Z$를 만족한다. $P \in \overline{Z}$의 임의의 점이라는 사실로부터 $Z \supset \overline{Z}$가 된다. 폐포의 정의에 의해서 $Z \subset \overline{Z}$이다. 따라서 $Z = \overline{Z}$임을 알 수 있다. 그러므로 Z는 X의 열려있으면서 동시에 닫혀있는 공집합이 아닌 부분집합이다. 리만면은 정의로부터 연결되어 있으므로 $Z = X$임을 알 수 있다. □

문제 2.6 A를 위상공간, B를 하우스도르프 공간이라고 하자.

(1) $B \times B$에는 직적위상(direct product topology)을 도입한다. $\Delta := \{(b, b) | b \in B\}$는 $B \times B$의 닫힌 집합임을 보여라.

(2) $f : A \to B$, $g : A \to B$가 모두 연속일 경우 $\{a \in A | f(a) = g(a)\}$는 A의 닫힌 집합임을 보여라.

도움정리 2.15 P를 리만면 X의 점이라고 하자. U를 P의 근방이라고 하자. (1)에서 f는 U위에서 정칙함수, (2)에서는 f를 $U - \{P\}$위에서 정칙함수라고 하자. (t, U_t), (s, U_s)를 P에서의 서로 다른 국소 좌표근방계라고 하자. $f_t(t)$, $f_s(s)$를 각각의 f의 (t, U_t), (s, U_s)에 관한 좌표 표시라고 하자. 이때

(1) 0이 $f_t(t)$의 위수가 m인 영점일 경우 0은 $f_s(s)$의 위수가 m인 영점이다.

(2) 0이 $f_t(t)$의 위수가 m인 극일 경우 0은 $f_s(s)$의 위수가 m인 극이다.

(1)의 경우 f는 P에서 **위수 m인 영점**을 갖는다고 말하고 (2)의 경우 f는 P에서 **위수 m인 극**을 갖는다고 말한다.

증명 도움정리 2.11에 의해서 P의 근방에서 $s = u(t) \cdot t$, $u(0) \neq 0$로 쓸 수 있다. $f_s(s)$을 로랑 급수로 전개한 식에 이 식을 대입한 다음 $u(t)$를 $t = 0$에서 테일러 급수로 전개한 식 $u(t) = a_0 + a_1 t + \cdots$을 대입하고 t의 오름차순으로 나열하면 $f_t(t)$의 $t = 0$ 근방에서 전개된 로랑 급수를 얻는다. 게다가 $a_0 \neq 0$을 만족한다. 따라서 $f_s(s)$의 $s = 0$에서의 로랑 급수 전개식이 s^m항으로부터 시작될 경우 위에서 구한 방식에 따르면 $f_t(t)$를 $t = 0$에서 로랑 급수로 전개해서 얻은 식도 t^m부터 시작된다는 것을 알 수 있다. 이렇게 도움정리의 주장을 증명할 수 있다. (자세한 계산은 각자 해볼 것.) □

정의 2.16

X를 리만면이라고 하자. U를 X의 영역이라고 하자.

(1) R을 U의 어떤 이산 부분집합이라고 하자. R의 각 점에서 오로지 극만 갖고 $U - R$에서는 정칙인 함수를 **U에서 정의된 유리형 함수**라고 부른다.

(2) f를 U에서 정의된 항등적으로 0이 아닌 유리형 함수라고 하자. P를 U의 점이라고 하자. **f가 P에서 갖는 위수** $\text{ord}_P(f)$를 f가 P에서 갖는 영점의 위수에 적당한 부호를 부여한 것으로 정의한다. 무슨 말이냐면, P가 f의 위수 m인 영점일 경우에는 그냥 $\text{ord}_P(f) = m$으로 정의하고 P가 f의 위수 m인 극일 경우 그 극은 $-m$을 위수로 갖는 영점으로 간주하고 $\text{ord}_P(f) = -m$으로 정의한다. 또 P가 f의 영점도 극도 아닌 경우에는 $\text{ord}_P(f) = 0$으로 정의한다.

정의로부터 $\text{ord}_P(f) = m$인 것과 P에서의 국소 좌표 t_P에 관한 f의 로랑 급수 전개식이 t^m으로부터 시작된다는 것은 동치조건이다. U에서 어떤 함수가 정칙이라고 하는 것은 U의 각 점 P에서 $\text{ord}_P(f) \geq 0$을 만족하는 유리형 함수를 말한다.

한편 $\mathbb{P}^1$의 경우와 마찬가지로 X의 유리형 함수는 엄밀하게는 X에서 정의되는 함수가 아니다. 왜냐하면 극에서 함수값이 정의되지 않기 때문이다. 다음 도움정리는 이런 불편한 상황을 해소해줄 뿐만 아니라 발상의 전환 차원에서도 아주 중요하다. 유리형 함수를 $\mathbb{P}^1$로 가는 정칙사상으로 생각함으로써 X의 기하학을 $\mathbb{P}^1$의 기하학과 연결해서 연구하는 것을 가능케 하기 때문이다.

도움정리 2.17 리만면 X에서 정의된 유리형 함수는 X에서 리만구면 $\mathbb{P}^1$으로 가는 정칙사상으로 유일하게 확장된다. 특히 어떤 공집합이 아닌 열린 집합에서 일치하는 두 개의 대역적 유리형 함수는 X 전체에서도 일치한다.

증명 f를 X에서 정의된 유리형 함수라고 하자. $\tilde{f} : X \to \mathbb{P}^1; P \mapsto [f(P) : 1]$로 놓자. $\tilde{f}$는 f의 극이 되는 점 이외에서 정칙이다. P는 f의 위수 m인 극이라고 하자. 이때 P에서의 국소 좌표계 (t, U)를 이용해서 f의 좌표 표시를 하면 f는 $U - \{P\}$ 위에서 $f_P(t) = t^{-m}u(t)$꼴로 쓸 수 있다. 여기서 u는 $u(0) \neq 0$를 만족하는 정칙함수이다. 또 필요할 경우 U를 P의 더 작은 근방으로 바꿔줌으로써 $U - \{P\}$에서 $[t^{-m}u(t) : 1] = [1 : t^m/u(t)]$으로 쓸 수 있다. 여기서 $t^n/u(t)$는 U에서 정칙이고 P에서 함수값이 0이다. 따라서 $\tilde{f}(P) = [1 : 0] = (\infty)$로 정의를 함으로써 $\tilde{f}$는 P에서도 정칙이다. R을 f의 극 전체집합이라고 하자. $\tilde{f}$는 $f|X - R : X - R \to \mathbb{C}_z \subset \mathbb{P}^1$를 연속적으로 확장한 것이다. 게다가 $\overline{X - R} = X$임을 알 수 있다. 따라서 f를 정칙사상으로 확장한 것은 f로부터 유일하게 정의된다. 이렇게 전반부의 주장을 얻을 수 있다. 후반부의 주장은 전반부와 정리 2.14를 이용하면 보일 수 있다. □

이 책에서는 위의 도움정리를 최대한으로 활용해서 유리형 함수를 $\mathbb{P}^1$으로 가는 정칙사상으로 취급한다. 다시 말해, f와 f의 유일한 확장 $\tilde{f}$를 같은 것으로 취급한다.

문제 2.7 연속함수 $f : \mathbb{C}^2_{(x,y)} - (x = 0) \to \mathbb{C}; (a, b) \mapsto b/a$는 $\mathbb{C}^2$ 전체로부터 $\mathbb{P}^1$으로 가는 연속사상으로 확장이 가능한가?

정칙사상의 국소적 구조는 다음처럼 아주 간명하다.

정리 2.18

X, Y를 리만면이라고 하자. $f : X \to Y$를 상수가 아닌 정칙사상이라고 하자. 그리고 X의 점 P에 대해서 $f(P) = Q$라고 하자. 이때

(1) f의 좌표 표시가 $s = t^n$ (n은 양의 정수) 꼴로 나타나는 P, Q의 국소 좌표계

$$t : U_P \to \Delta_P, s : V_Q \to \Delta_Q, \quad \Delta_P, \Delta_Q \text{는 열린 단위 원판}$$

가 존재한다. 다시 말해서, 리만면에서 다른 리만면으로 가는 정칙사상은 국소적으로는 열린 단위 원판 사이의 n중 사상 $\Delta \to \Delta; z \mapsto z^n$과 같은 모양을 하고 있다. 특히 f는 열린 사상이다.

(2) P, Q에서 또 다른 국소 좌표계에 의한 f의 좌표 표시가 $w = z^m$의 꼴로 나타날 경우 $m = n$이 성립한다. 즉, (1)의 정수 n은 $f : X \to Y$와 $P \in X$로부터 유일하게 결정된다.

증명 P, Q에서의 국소 좌표 T, S를 고정한다. f는 P의 근방에서 $S = f_T(T)$, $f_T(0) = 0$와 같이 정칙사상으로 표현할 수 있다. 아래서 필요할 경우 P의 국소 좌표근방은 더 작게 잡아나가도록 한다. 가정과 정칙사상의 강성 (정리 2.14)에 의해서 $f_T(T) \not\equiv 0$이다. f_T를 T에 대한 테일러 급수로 전개했을 때 계수가 0이 아닌 가장 낮은 차수를 갖는 항을 cT^n $(c \neq 0)$이라고 해 보자. 그러면 S는 T의 함수로서

$$S = f_T(T) = T^n U(T),\ U(0) \neq 0$$

와 같이 쓸 수 있다. 여기서 n은 양의 정수이다. $|T|$가 충분히 작을 경우 $U(T)$의 모든 값은 모두 $U(0)$을 포함하면서 0을 포함하지 않는 $\mathbb{C}$의 적당한 반평면에 포함된다. 따라서 $U(T)$의 n승근의 편각을 한 개의 값만 가지게 하면서 연속되게 지정할 수 있다. 이렇게 $U(T)^{1/n}$ (중 한 개) 를 정칙이면서 유일한 값만 갖는 연속함수로 정의할 수가 있다. $t = TU(T)^{1/n}$로 놓으면 $U(0)^{1/n} \neq 0$을 만족하므로 t도 P의 국소 좌표가 된다. 이 t와 $s = S$에 관한 f의 좌표 표시는 $s = t^n$이다. 또 사상 $t \mapsto t^n$은 원점을 중심으로 하는 반경 r의 열린 원판을 원점을 중심으로 하는 반경 r^n의 열린 원판으로 변환한다. 열린 단위 원판이 되기위해서는 $t(P) = 0$을 중심으로하는 충분히 작은 열린 원판에 t의 범위를 제한한 후 반경이 1이 되도록 t의 적당한 정수배수를 취하면 된다.

(2)는 기하학적 의미, 즉 P의 주변을 한바퀴 도는 원둘레를 f로 보낸 상은 Q의 주변을 n바퀴도는 원둘레가 된다는 것을 생각해보면 자명하다. 여기서 구체적인 식을 써서 한번 더 검증해 보자. s, w는 Q에서의 국소 좌표이므로 w는 s를 써서

$$w = a_1 s + a_2 s^2 + \cdots,\ \ a_1 \neq 0$$

($\cdots$는 더 큰 차수의 항을 생략한 것이다)의 꼴로 테일러 급수로 전개할 수 있다. 이

식에 $s = t^n$ 을 대입하면 $w = a_1t^n + a_2t^{2n} + \cdots$ 을 얻는다. 한편 z도 t를 써서 $z = b_1t + b_2t^2 + \cdots$, $b_1 \neq 0$와 같이 테일러 급수로 전개할 수 있다. 이 두 식을 $w = z^m$ 에 대입해서 등식

$$a_1t^n + a_2t^{2n} + \cdots = b_1^m t^m + \cdots$$

를 얻는다. 테일러 급수 전개의 유일성으로부터 $n = m$을 얻는다. □

주의 2.19 이 증명으로부터 (1)과 같은 모양이 되게 하는 국소 좌표근방 U_P, V_Q를 P, Q의 처음 주어진 국소 좌표계의 국소 좌표근방 U, V에 각각 포함되도록 고를 수 있다는 것도 알 수 있다.

정의 2.20

정리 2.18에서 유일하게 정의된 양의 정수 n을 P에 대한 f의 **분지지수**(ramification index)라고 부르며 종종 e_P로 쓴다. 또, $e_P > 1$가 되는 점 P를 f의 **분지점**(ramification point)이라고 부른다. 더 나아가 분지점 P의 상 $f(P)$까지도 f의 **분지점**(branched point)이라고 부르기도 한다.

주의 2.21 정리 2.18에서 쓴 기호를 이어서 사용한다. n중 사상의 구조로부터 P의 충분히 작은 열린 근방 안에서는 P 이외의 분지점은 없다. 따라서 f의 분지점들의 전체 집합은 이산 부분집합이다.

2.3 콤팩트 리만면에서 정의된 정칙사상

이 절에서는 콤팩트 리만면에서 정의되는 정칙사상에 대해서 논한다. 콤팩트성은 정의로부터 유한성에 관한 조건이다. 콤팩트 공간에서는 '성가시고 안 좋은 것'을 무한히 먼 곳 또는 가장자리로 멀리 치워버리고 무시한 채 어떻게든 말의 앞뒤가 맞게 논의를 진행하려고 해도 그 무한히 먼 곳 또는 가장자리 또한 공간의 평범한 한 점이 되어 돌아온다. 그래서 이런 논의의 진행이 쉽게 되지 않는 만만치 않은 공간이기도 하다. 또한 이런 이유 때문에 오히려 기이한 일이 발생하기 어려운 공간이기도 하고 동시에

콤팩트가 아닌 공간이 갖지 않는 비상한 아름다움을 지닌 공간이기도 하다. 이것이 필자가 콤팩트 공간에 대해 갖고 있는 막연한 느낌이다. 하지만 증명에 있어서는 이런 느낌에 의존하기보다는 콤팩트의 정의 'X의 임의의 열린 덮개 $X = \cup_{i \in I} U_i$에 대해서 I의 유한개의 원소 $i = 1, 2, \cdots, n$가 존재해서 $X = U_1 \cup U_2 \cup \cdots \cup U_n$이 성립한다.' 에만 의존해서 논의를 진행하는 것이 훨씬 깔끔한 경우가 많다.

문제 2.8 콤팩트 집합의 이산 부분집합은 유한집합임을 보여라. 단 위상공간 X의 부분집합 R이 이산 부분집합이라는 것은 R의 임의의 점 P에 대해서 $R \cap U_P \subset \{P\}$이 P의 근방 U_P가 존재하는 것을 말한다.

문제 2.9 A, B는 위상공간이며 $f : A \to B$를 연속사상이라 하자. 다음을 보이시오.

(1) A가 콤팩트일 경우 B에 정의되는 유도된 위상으로 $f(A)$도 콤팩트이다.

(2) A가 콤팩트이고 B가 하우스도르프일 경우 $f(A)$는 B의 닫힌 집합이다.

(3) A가 콤팩트이고 B가 하우스도르프일 경우 f가 전단사이면 f는 위상동형사상이다.

문제 2.10 X를 제 2 가산공리를 만족하는 공집합이 아닌 하우스도르프 공간이라고 하자. $\{x_n\}_{n \geq 1}$를 X의 수열이라고 하자. 또 x를 X의 점이라고 하자. 임의의 수 N에 대해서 x의 근방 U_N이 있어서 $n \geq N$일 경우 $x_n \in U_N$일 경우 이 수열 $\{x_n\}_{n \geq 1}$은 x에 수렴, 또는 x는 이 수열 $\{x_n\}_{n \geq 1}$의 극한이라고 말한다. 다음을 보이시오.

(1) 수열 $\{x_n\}_{n \geq 1}$의 극한은 기껏해야 한 점밖에 없다.

(2) X가 콤팩트일 필요충분조건은 X의 임의의 수열이 수렴하는 부분수열을 갖는 것이다.

다음은 중요한 정리이다.

정리 2.22

X를 콤팩트 리만면이라고 하자. $f : X \to Y$을 X에서 리만면 Y로 가는 정칙사상이라고 하자. 그러면 f는 상수사상 또는 전사가 된다. 또 Y가 콤팩트가 아닐 경우 f는 상수사상이 된다.

증명 f가 상수사상이 아니라고 가정해 보자. 그러면 정리 2.18로부터 f는 열린 사상이다. 위상공간 X에서는 X자신이 열린 집합이므로 $f(X)$는 Y의 열린 집합이 된다. 한편 X는 콤팩트이고 f는 연속이므로 $f(X)$는 콤팩트이다. 리만면의 정의로부터 Y는 하우스도르프 공간이기 때문에 콤팩트 부분집합 $f(X)$는 Y의 닫힌 집합이다. 따라서 $f(X)$는 Y의 열린 그리고 닫힌 부분집합이다. 리만면의 정의로부터 Y는 연결되어 있다. 따라서 $f(X) = Y$임을 알 수 있다. 즉, f는 전사이다. 이때 $Y = f(X)$는 콤팩트이다. 대우를 생각해보면 Y가 콤팩트가 아니라면 f는 상수사상이다. □

따름정리 2.23 콤팩트 리만면에서 정의되는 대역적 정칙함수 f는 상수함수이다.

증명 f는 콤팩트가 아닌 리만면 $\mathbb{C}$로 향하는 정칙사상이기 때문이다. □

따름정리 2.24 **(대수학의 기본정리)** 복소수 계수를 갖는 n차 다항식

$$a_0z^n + a_1z^{n-1} + \cdots + a_n = 0, \quad a_0 \neq 0 \tag{2.3}$$

은 복소수해를 갖는다. 단, $n \geq 1$.

증명 $f_z(z) := a_0z^n + a_1z^{n-1} + \cdots + a_n$라고 두자. 도움정리 1.12에 의해서 $f_z(z)$는 유일하게 $\mathbb{P}^1 = \mathbb{C}_z \cup \mathbb{C}_w$에서 자기 자신으로 가는 정칙사상으로 확장된다. 이때 w를 써서 f를 좌표 표시하면

$$f_w(w) = \frac{a_nw^n + \cdots + a_0}{w^n}$$

이다. 조건 $n \geq 1$, $a_0 \neq 0$과 이 표현으로부터 $f(\infty) = f_w(0) = \infty$임을 알 수 있다. 또 $f(0) = f_z(0) = a_n \neq \infty$이다. 특히 f는 상수함수가 아니다. 따라서 정리 2.22에 의해서 f는 전사이다. 그러므로 $f(a) = 0$이 되는 $a \in \mathbb{P}^1$가 존재한다. $f(\infty) = \infty$이므로 $a \neq \infty$, 즉 $a \in \mathbb{C}_z$이다. 따라서 a는 방정식 (2.3)의 복소수 근 중 하나이다. (이 증명에서는 귀류법을 사용하지 않는다.) □

문제 2.11 $f(z) \in \mathbb{C}[z]$라고 하자. 단, $n := \deg f(z) \geq 1$이라고 가정한다.

(1) $\alpha \in \mathbb{C}$라고 하자. $f(\alpha) = 0$인 것과 다항식으로서 $f(z)$가 $(z - \alpha)$로 나누어떨어지는 것이 동치임을 밝히시오.

(2) (1)의 결과와 대수학의 기본정리를 써서 $f(z)$는 $\mathbb{C}[z]$ 안에서

$$f(z) = a_0(z-\alpha_1)^{n_1}(x-\alpha_2)^{n_2}\cdots(z-\alpha_k)^{n_k}$$

$(0 \neq a_0 \in \mathbb{C}, \alpha_i \in \mathbb{C}, \alpha_i \neq \alpha_j\ (i \neq j), \sum_{i=1}^{k} n_i = n)$ 꼴로 인수분해되는 것을 보여라. 또 $a_0, k, \{(\alpha_i, n_i)\}$는 $f(z)$로부터 유일하게 결정되는 것을 보여라.

다음으로 콤팩트 리만면 사이의 사상 $f : X \to Y$를 '아래서부터 위'로 바라보도록 해보자. Y의 점 Q에 대한 역상 $f^{-1}(Q) := \{P \in X \mid f(P) = Q\}$을 Q의 화이버(fiber)라고 부른다. f가 상수사상이 아닐 경우 f가 자명하지 않다고 말한다.

도움정리 2.25 $f : X \to Y$를 콤팩트 리만면 X로부터 콤팩트 리만면 Y로 가는 자명하지 않은 정칙사상이라고 하자. 이때 다음이 성립한다.

(1) Y의 임의의 점 Q에 대해서 화이버 $f^{-1}(Q)$는 공집합이 아닌 유한집합이다.

(2) f의 분지점은 기껏해야 유한개이다.

증명 일단 (1)부터 증명하도록 한다. $Q \in Y$라고 하자. 각 점 $P \in X$에서 국소 좌표계 $t_P : U_P \to \Delta_P$와 $f(P) \in Y$의 국소 좌표계 $s_{f(P)} : V_{f(P)} \to \Delta_{f(P)}$를 f의 좌표 표시가 $s_{f(P)} = t_P^{e_P}$가 되도록 잡는다. 이때 $f^{-1}(Q) \cap U_P$는 기껏해야 e_P개의 원소를 갖는 유한집합이다. 또한 $X = \cup_{P \in X} U_P$이다. X는 콤팩트이므로 이때 유한 개의 $P_i (i = 1, \cdots, n)$가 있어서 $X = \cup_{1 \le i \le n} U_{P_i}$이다. 따라서 $f^{-1}(Q)$은 기껏해야 $\sum_{i=1}^{n} e_{P_i}$개의 원소를 갖는 유한집합이다. 하지만 정리 2.22로부터 f는 전사이므로 $f^{-1}(Q)$는 공집합이 아니다. (2)가 성립하는 것은 분지점 집합이 콤팩트집합 X의 이산 부분집합이기 때문이다. □

다음 정리는 국소적으로 결정되는 분지지수와 대역적 개념인 사상의 차수를 연결해 주는 중요한 결과이다.

정리 2.26

$f : X \to Y$를 콤팩트 리만면 X에서 콤팩트 리만면 Y로 가는 자명하지 않은 정칙사상이라고 하자. 이때 다음이 성립한다.

(1) Q를 Y의 점이라고 하자. 화이버 $f^{-1}(Q)$의 모든 점에 걸쳐서 f의 분지 지수의 합 $d(Q)$는 점 Q에 의존하지 않는 상수이다. 다시 말해 $f^{-1}(Q) =$

$\{P_1, \cdots, P_n\}$로 놓고 P_i에 대한 f의 분지지수를 e_{P_i} 라고 둘 경우 합 $d(Q) := \sum_{i=1}^{n} e_{P_i}$는 점 Q에 의존하지 않는다. 이렇게 정의되는 수 $d(Q)$를 $\deg f$로 쓴다.

(2) 유한개의 점을 제외하고 점 $Q \in Y$에 대한 화이버 $f^{-1}(Q)$는 정확히 $\deg f$ 개의 점으로 이루어져 있다. 좀 더 상세히 기술하면 f의 분지점 전체의 집합을 R이라고 하면 정의 2.27의 기호를 써서 $f^{-1}(Q)$는 $Q \notin f(R)$인 $Q \in Y$에 대해서는 정확히 $\deg f$개의 점으로 이루어져 있으며 $Q \in f(R)$인 Q에 대해서는 기껏해야 $\deg f$개의 점으로 이루어져 있다.

정의 2.27

위와 같이 정의된 $d(Q)$를 f의 **사상도** 또는 **(덮개) 차수**라고 부르며 $\deg f$로 쓴다. 또 $d = \deg f$일 경우 f를 d**중 덮개사상**이라고 말한다.

정리 2.26의 증명 우선 (1)을 보이도록 한다. 함수 $d : Y \to \mathbb{Z}; Q \mapsto d(Q)$를 생각하도록 하자. 이 함수 d가 상수함수인 것을 보이는게 목표이다. 그러기 위해서는 Y의 각 점 Q에 대해서 그 근방 W를 정당히 취하면 $d|W$가 상수함수가 되는 사실(국소적인 성질)을 보이면 된다. 왜냐하면 국소적으로 상수인 것을 알면 각 $n \in \mathbb{Z}$에 대해서 $d^{-1}(n)$는 Y의 열린 함수가 된다. 한편 $Y = \cup_{n \in \mathbb{Z}} d^{-1}(n)$, $d^{-1}(n) \cap d^{-1}(m) = \emptyset$ $(n \neq m)$이다. Y의 연결성으로부터 이때 한 개의 n_0를 제외하고 $d^{-1}(n)$는 모두 공집합이 되며 이는 $d(Q) \equiv n_0$가 되는 것을 뜻하기 때문이다. 이렇게 위상적인 조건인 연결성을 매개해서 원래 보여야 하는 대역적으로 상수가 되는 성질을 좀 더 알아보기 쉬운 국소적인 문제로 귀착시킬 수가 있다.

Y의 임의의 점 Q를 선택해서 고정한다. d가 Q근방에서 국소적으로 상수임을 보이려고 한다. 도움정리 2.25에 의해서 $f^{-1}(Q)$는 공집합이 아니다. $f^{-1}(Q) = \{P_1, \cdots, P_n\}$라고 해 보자. P_i에서 f의 분지지수를 e_i라고 하자. P_i들은 서로 다른 유한개의 점이며 X는 하우스도르프 공간이므로 P_i의 근방 U_i'을 $U_i' \cap U_j' = \emptyset$ $(i \neq j)$가 되도록 잡을 수 있다. 게다가 U_i'안에 좌표근방이 포함되는 P_i의 국소 좌표계 (t_i, U_i)와 $Q = f(P_i)$의 국소 좌표계 (s_i, V_i)를 f의 좌표 표시가 $s_i = t_i^{e_i}$가 되도록 잡을 수 있다. $V := \cap_{i=1}^{n} V_i = \cap_{i=1}^{n} f(U_i)$로 놓자. V는 $Q \in V$를 만족하는 Y의 열린 집합이다. (여기서 일반적으로는 $f^{-1}(V)$는 $\cup_{i=1}^{n} U_i$에 포함되지 않는 것에 주의하자.) $\cup_{i=1}^{n} U_i$는 X의

열린 집합이므로 여집합 $C = X - \cup_{i=1}^n U_i$는 X의 닫힌 집합이다. X는 콤팩트이므로 C도 콤팩트이다. f는 연속함수이므로 $f(C)$도 콤팩트이다. Y는 하우스도르프 공간이므로 $f(C)$는 Y의 닫힌 집합이기도 하다. 또 $f^{-1}(Q) = \{P_1, \cdots, P_n\} \subset \cup_{i=1}^n U_i$, $(\cup_{i=1}^n U_i) \cap C = \emptyset$이므로 $Q \notin f(C)$이다. 따라서 $W := V - f(C)$로 놓을 경우 W는 Q의 근방이다. Q를 중심으로 갖는 열린 원판 Δ를 W에 포함되도록 잡는다. $\Delta_i = f^{-1}(\Delta) \cap U_i$로 놓자. 이때 $f^{-1}(\Delta) = \cup_{i=1}^n \Delta_i$이다. 또 $\Delta_i (\subset U_i)$들은 $P_i \in \Delta_i$이고 서로 교차하지 않는 열린 집합이다. 또 Δ는 정의한 방식에 의해서 $f(\Delta_i) = f(f^{-1}(\Delta) \cap U_i) = \Delta$를 만족한다. 따라서 t_i, s_i를 각각 Δ_i, Δ에 제한함으로써 P_i, Q에서의 국소 좌표 (t_i, Δ_i), (s_i, Δ)를 얻을 수 있다. f를 (t_i, Δ_i), (s_i, Δ)에서 좌표 표시하면 $s_i = t_i^{e_i}$를 만족한다. 그러므로 $Q' \in \Delta - \{Q\}$의 역상은 각 Δ_i 안에 e_i개씩 있다. $f^{-1}(\Delta) = \cup_{i=1}^n \Delta_i$이면서 $\Delta_i \cap \Delta_j = \emptyset$ $(i \neq j)$이므로 $f^{-1}(Q')$는 $\sum_{i=1}^n e_i$개의 점으로 이루어진다. 또한 국소 좌표 표시의 형태를 보면 $f^{-1}(Q')$의 각 점에서의 f의 분지지수는 1이다. 따라서 $d(Q') = \sum_{i=1}^n e_i = d(Q)$가 된다. 이렇게 해서 보이고자 한 d가 국소적으로 상수함수라는 사실을 확인했다. 도움정리 2.25에 의해서 f의 분지점은 기껏해야 유한개이다. 따라서 (2)는 (1)의 등식으로부터 얻을 수 있다. □

주의 2.28 이 증명에서 알 수 있듯이 콤팩트 리만면 사이의 자명하지 않은 정칙사상 $f : X \to Y$는 아래(Y)에서 위(X)를 위로 바라봐도 다음과 같이 간단명료한 구조를 갖는다. Q가 분지점의 상이 아니면 $Q \in Y$을 중심으로 하는 열린 원판 Δ를 충분히 작게 잡으면 역상 $f^{-1}(\Delta)$은 $f^{-1}(\Delta) = \Delta_1 \cup \cdots \cup \Delta_d$와 같이 서로 교차하지 않는 $d := \deg f$장의 열린 원판으로 갈라지고 각 $f|\Delta_i : \Delta_i \to \Delta$는 쌍정칙이다. 또한 Q가 분지점의 상일 경우도 역시 역상은 $f^{-1}(\Delta) = \Delta_1 \cup \cdots \cup \Delta_{d'}$와 같이 서로 교차하지 않는 열린 원판 d'장으로 갈라진다. 이번에는 d'가 차수 이하인데 예를 들어 Δ_1의 중심이 분지지수 $e_1 \geq 2$의 분지점일 경우 $f|\Delta_1 : \Delta_1 \to \Delta$는 e_1중 사상이 된다.

따름정리 2.29 콤팩트 리만면 X에서 또 다른 콤팩트 리만면 Y로 가는 차수가 1인 정칙사상 f는 쌍정칙사상이다.

증명 정리 2.26 (1)로부터 차수가 1인 사상 f는 전사이고 분지점을 갖지 않는다. f가 전사인 사실로부터 f는 집합론적 역사상 f^{-1}를 갖는다. $P \in X$라고 하고 $Q = f(P)$

로 놓자. P는 f의 분지점이 아니므로 f를 P, Q에서 국소 좌표 표시하면 $s_Q = t_P$ 꼴이 된다. 이 등식을 거꾸로 $t_P = s_Q$로 생각해보면 이것은 f^{-1}의 국소 좌표 표시이다. 따라서 f^{-1}도 정칙이 되고 f는 쌍정칙이다. □

따름정리 2.30 f를 콤팩트 리만면 X에서 정의된 0이 아닌 유리형 함수라고 하자. 이때 $\sum_{P\in X} \mathrm{ord}_P(f) = 0$을 만족한다.

증명 f가 상수함수일 경우 좌변의 각 항은 0이 되서 등식은 성립한다. f가 상수함수가 아니라고 가정하자. f를 도움정리 2.17의 방법으로 정칙사상 $\tilde{f} : X \to \mathbb{P}^1$과 동일시한다. $\tilde{f}$는 전사이다. 또 f가 갖는 영점의 위수의 총합은 $\tilde{f}^{-1}(0)$의 점 전체에 대한 $\tilde{f}$의 분지지수의 총합과 같다. f가 갖는 극의 위수의 총합은 $\tilde{f}^{-1}(\infty)$의 점 전체에 대한 $\tilde{f}$의 분지지수의 총합과 같다. 정리 2.26로부터 이 합들은 $\deg \tilde{f}$와도 같다. 따라서 $\sum_{\mathbb{P}\in X} \mathrm{ord}_P(f) = \deg \tilde{f} - \deg \tilde{f} = 0$임을 알 수 있다. □

문제 2.12

(1) $f : \mathbb{P}^1 \to \mathbb{P}^1;\ [s : t] \mapsto [s^6 - t^6 : s^2t^4]$는 정칙사상임을 보이고 차수, 분지점과 분지지수를 모두 구하여라.

(2) 유리함수 $f(z) = \frac{(z-1)^4}{z^2+1}$를 자연스러운 방법으로 $\mathbb{P}^1$에서 $\mathbb{P}^1$으로 가는 정칙사상 $\tilde{f}$으로 생각하자. $\tilde{f}$의 차수, 분지점, 분지지수를 모두 구하여라.

문제 2.13 n차 다항식 $f(z) = a_0z^n + a_1z^{n-1} + \cdots + a_n \in \mathbb{C}[z]$가 자연스러운 방법으로 정의하는 $\mathbb{P}^1$에서 $\mathbb{P}^1$으로 가는 정칙사상을 $\tilde{f}$로 놓자. 단, $n \geq 1$, $a_0 \neq 0$이다. 복소수 α가 방정식 $f(z) = 0$의 중복도가 m인 해일 경우 이것을 $\tilde{f}$의 분지지수를 이용해서 재해석하시오. 또 방정식 $f(z) = 0$가 중복도를 포함해서 정확히 n개의 복소수해를 갖는다는 사실을 $\tilde{f}$의 차수와 분지지수의 관점으로 설명하시오.

3

리만면의 미분형식

리만면에서 정의되는 미분형식과 관련하여 앞으로 필요하게 될 기본적인 내용을 다룬다. 외미분, 끌어당기기(pull back), 적분 등의 기본적인 조작은 좌표의 선택에 의존하지 않는 내재적인 것이라는 사실과 이로 인해 실제로 계산할 때 편리한 좌표를 써서 계산을 해나가면 된다는 두 가지 사실을 염두에 둘 필요가 있다. 또 유리형 미분형식의 당김과 분지지수의 관계에 대해서도 언급할 것이다.

이 장에서는 항상 X를 리만면으로 고정해서 생각한다. 리만면은 주의 2.13에서 언급한 실수 아틀라스에 대한 실 2차원 C^∞급 다양체이다. X의 공집합이 아닌 열린 집합 U에서 정의된 C^∞급 함수 f라고 하는 것은 $V \subset U$인 좌표근방계 (z, V)에 대해서 $f|V$가 그 실 좌표 (x, y)의 함수로서 C^∞급인 U에서 정의된 복소수 함수를 말한다.

3.1 복소 접벡터공간과 여접벡터공간

P를 X의 점이라고 하자. 이 절에서는 X 및 P를 고정해서 생각한다. f를 P의 근방에서 정의된 복소수값을 취하는 C^∞급 함수라고 하자. f의 정의역을 정확히 명시하고 싶을 경우 (f, V)처럼 정의역과 같이 쌍으로 표시하도록 한다. P의 근방에서 정의된 C^∞급 함수와 그것의 정의역의 쌍 전체의 집합을 여기서는 $\mathcal{A}$라고 쓰도록 한다. $\mathcal{A}$의 두 개의 원소 (f_1, U_1), (f_2, U_2)는 P의 어떤 근방 $V \subset U_1 \cap U_2$이 존재해서 $f_1|V = f_2|V$를 만족할 때 동치인 것으로 정의한다. 이것은 당연히 동치관계이다. 이 동치관계에 의한 $\mathcal{A}$의 몫집합을 $\mathcal{A}^0_{X,P}$로 쓴다. $\mathcal{A}^0_{X,P}$의 원소를 P에서의 **C^∞급 함수의 싹**이라고 부른다. $\mathcal{A}^0_{X,P}$의 원소는 P의 근방에서 정의된 C^∞급 함수를 대표원소로 취할 수 있다. P의 근방에서 정의된 C^∞급 함수 f를 포함하는 $\mathcal{A}^0_{X,P}$의 원소를 $[f]$로 표시한다. $\mathcal{A}^0_{X,P}$는 함수의 자연스러운 연산에 의한 $\mathbb{C}$-대수이다. 여기서 쓰는 표기법은 제 5장의 표기법을 그대로 따른다.

정의 3.1

(1) 다음 조건을 만족하는 $\mathcal{A}^0_{X,P}$에서 $\mathbb{C}$로 가는 사상 $v : \mathcal{A}^0_{X,P} \to \mathbb{C}$를 P에서 정의된 **미분작용소**라고 부른다.

임의의 $f, g \in \mathcal{A}^0_{X,P}$와 임의의 $a, b \in \mathbb{C}$에 대해서

$$v(af + bg) = av(f) + bv(g), \quad v(fg) = f(P)v(g) + v(f)g(P)$$

를 만족한다. 여기서 f, g는 $\mathcal{A}^0_{X,P}$의 임의의 원소이며 a, b는 각각의 복소수 값을 취한다.

(2) 위에서 첫 번째 등식을 **미분작용소의 선형성**, 두 번째 등식을 **라이프니츠 법칙**이라고 부른다. 라이프니츠 법칙은 곱에 대한 미분법칙과 같은 꼴을 하고 있다.

(3) 이 책에서는 P에서 정의된 미분작용소 전체의 집합을 $\tilde{T}_X(P)$라고 쓰고 P에 대한 X의 **복소접벡터공간**이라고 부른다.

$\tilde{T}_X(P)$은 치역 $\mathbb{C}$의 통상적인 덧셈과 복소수의 스칼라곱으로 유도되는 덧셈과 복소수의 스칼라곱에 의한 $\mathbb{C}$-선형공간이다. $\tilde{T}_X(P)$는 X의 하부구조인 C^∞급 구조에만 의존하고 X의 복소구조에는 의존하지 않는다.

v를 $\tilde{T}_X(P)$의 원소라고 하자. $v([1]) = v([1][1]) = 1v([1]) + 1v([1])$에 의해서 $v([1]) = 0$이다. 따라서 상수함수 a에 대해서도 $v([a]) = v(a[1]) = av([1]) = 0$임을 알 수 있다.

(z, V)는 P를 포함하는 좌표근방계라고 하자. z를 실수부와 허수부로 나눠서 $z = x + \sqrt{-1}y$로 쓴다. $(x(P), y(P)) = (a, b)$로 놓자. P의 근방에서 정의된 C^∞급 함수는 실 좌표 (x, y)를 써서 $f(x, y)$ 꼴로 좌표 표시가 가능하다. $f(x, y)$는 (a, b)의 근방에서 C^∞급이다. P에서의 편미분

$$\left(\frac{\partial}{\partial x}\right)_P : f \mapsto \frac{\partial f}{\partial x}(a, b); \quad \left(\frac{\partial}{\partial y}\right)_P : f \mapsto \frac{\partial f}{\partial y}(a, b)$$

은 $\tilde{T}_X(P)$의 원소 하나를 결정한다. 점 P에서의 편미분은 국소적으로 결정되는 작업이며 심지어는 정의 3.1에 있는 선형성과 라이프니츠 법칙을 만족한다. 이제부터는 점 P와 P의 실 좌표값 (a, b)를 동일시하도록 한다.

도움정리 3.2 $\tilde{T}_X(P)$는 $\langle (\frac{\partial}{\partial x})_P, (\frac{\partial}{\partial y})_P \rangle$를 기저로 갖는 2차원 $\mathbb{C}$-벡터공간이다.

증명 x, y는 P의 근방에서 정의된 C^∞급 함수이다. 게다가

$$\left(\frac{\partial x}{\partial x}(P), \frac{\partial y}{\partial x}(P)\right) = (1,0), \quad \left(\frac{\partial x}{\partial y}(P), \frac{\partial y}{\partial y}(P)\right) = (0,1)$$

이다. 따라서 $(\frac{\partial}{\partial x})_P$와 $(\frac{\partial}{\partial y})_P$는 $\tilde{T}_X(P)$에서 1차독립이다. $v \in \tilde{T}_X(P)$이라고 하자. $A = v([x-a])$, $B = v([y-b])$로 놓는다. 물론 $A, B \in \mathbb{C}$이다. f를 P의 근방에서 C^∞급 함수라고 가정하자. 테일러의 정리에 의해서 $f(x,y)$는 $P = (a,b)$의 근방에서

$$\begin{aligned} f(x,y) &= f(P) + \tfrac{\partial f}{\partial x}(P)(x-a) + \tfrac{\partial f}{\partial y}(P)(y-b) + f_{11}(x-a)^2 \\ &\quad + f_{12}(x-a)(y-b) + f_{22}(y-b)^2 \end{aligned}$$

(f_{ij}는 C^∞급 함수) 의 꼴로 쓸 수가 있다. v의 선형성과 라이프니츠의 법칙을 이용해서 구체적으로 $v(f_{11}(x-a)^2)$와 같은 항을 계산하면

$$\begin{aligned} v([f]) &= \tfrac{\partial f}{\partial x}(P)v([x-a]) + \tfrac{\partial f}{\partial y}(P)v([y-b]) \\ &= \left(A\left(\tfrac{\partial}{\partial x}\right)_P + B\left(\tfrac{\partial}{\partial y}\right)_P\right)([f]) \end{aligned}$$

를 얻는다. 이 등식은 $\tilde{T}_X(P)$의 원소로서 $v = A(\frac{\partial}{\partial x})_P + B(\frac{\partial}{\partial y})_P$인 것을 뜻한다. 따라서 $\tilde{T}_X(P)$는 $(\frac{\partial}{\partial x})_P$와 $(\frac{\partial}{\partial y})_P$로 생성된다. 이상으로부터 $\langle (\frac{\partial}{\partial x})_P, (\frac{\partial}{\partial y})_P \rangle$는 $\tilde{T}_X(P)$의 기저가 된다. □

문제 3.1 (z, U)는 P를 포함하는 좌표근방계라고 하자. $\mathcal{A}^0_{X,P}$의 경우와 마찬가지로 P에서 정의된 정칙함수의 싹 및 P에서 정칙인 함수의 싹 전체로 만들어지는 $\mathbb{C}$-대수 $\mathcal{O}_{X,P}$를 정의할 수 있다. (자세한 내용은 제5장 참조할 것.) $\mathcal{T}_X(P)$를 $\mathcal{O}_{X,P}$ 위에서 정의되는 미분작용소로 이루어진 선형공간, 즉 선형성과 라이프니츠 법칙을 만족하는 $\mathcal{O}_{X,P}$에서 $\mathbb{C}$로 가는 사상 전체로 생성된 선형공간이라고 하자. 이때 $\mathcal{T}_X(P)$는 $(\frac{d}{dz})_P$를 기저로 갖는 1차원 선형공간임을 보여라. 단, (z, U)는 P를 포함하는 좌표근방계, $(\frac{d}{dz})_P$는 P의 근방에서 정의된 정칙함수를 P에서의 복소미분 $f \mapsto \frac{df}{dz}(P)$으로 보내는 $\mathcal{T}_X(P)$의 원소이다.

정의 3.3

$\tilde{T}_X(P)$의 쌍대공간 $\tilde{T}_X^*(P) := \mathrm{Hom}_{\mathbb{C}}(\tilde{T}_X(P), \mathbb{C})$을 P에 대한 X의 여접(cotangent) 벡터공간이라고 부른다.

$\tilde{T}_X^*(P)$는 $\tilde{T}_X(P)$에서 $\mathbb{C}$로 가는 선형사상 전체로 이루어진 집합이며 치역 $\mathbb{C}$의 덧셈과 복소수 스칼라곱으로부터 유도되는 자연스러운 선형공간이다. $\tilde{T}_X^*(P)$도 X의 하부구조인 C^∞급 구조에만 의존하고 X의 복소구조에 의존하지 않는 공간이다.

문제 3.2 V를 유한차원의 $\mathbb{C}$-선형공간이라고 하자. $V^* = \mathrm{Hom}_{\mathbb{C}}(V, \mathbb{C})$를 V에서 $\mathbb{C}$로 가는 선형사상 전체로 이루어진 $\mathbb{C}$-선형공간이라고 하자. 아래에서는 $V \neq \{0\}$라고 가정한다. $\langle v_j \rangle_{j=1}^n$를 V의 기저라고 하자.

(1) i를 $1 \leq i \leq n$을 만족하는 정수라고 하자. $v_i^*(v_j) = \delta_{ij}$ ($1 \leq \forall j \leq n$, δ_{ij}는 크로네커 델타함수)인 V^*의 원소 v_i^*가 유일하게 존재함을 보여라.

(2) $\langle v_i^* \rangle_{i=1}^n$는 V^*의 기저임을 보여라. 특히 $\dim V = \dim V^*$이다.

(3) 사상 $\iota : V \to (V^*)^*; v \mapsto (V^* \ni u \mapsto u(v)) \in \mathbb{C})$는 선형동형 사상임을 보여라.

V^*를 V의 **쌍대공간**이라고 부른다. 여기서 만든 V^*의 기저 $\langle v_i^* \rangle_{i=1}^n$를 V의 기저 $\langle v_j \rangle_{j=1}^n$의 **쌍대기저**라고 부른다. 사상 ι로 V와 $(V^*)^*$를 동일시하면 V는 V^*의 쌍대공간이며 $\langle v_j \rangle_{j=1}^n$는 $\langle v_i^* \rangle_{i=1}^n$의 쌍대기저이다. 더욱이 $V = \{0\}$인 경우는 $V^* = \{0\}$이다.

$\langle (dx)_P, (dy)_P \rangle$를 $\tilde{T}_X(P)$의 기저 $\langle (\frac{\partial}{\partial x})_P, (\frac{\partial}{\partial y})_P \rangle$의 쌍대기저라고 하자. 다시 말해, $(dx)_P$, $(dy)_P$는 각각 $(((dx)_P((\frac{\partial}{\partial x})_P)$, $(dx)_P((\frac{\partial}{\partial y})_P)) = (1, 0)$, $(((dy)_P((\frac{\partial}{\partial x})_P)$, $(dy)_P((\frac{\partial}{\partial y})_P)) = (0, 1)$에 의해서 유일하게 결정되는 $\tilde{T}_X^*(P)$의 원소이며 $\langle (dx)_P, (dy)_P \rangle$는 $\tilde{T}_X^*(P)$의 기저가 된다.

u를 $\tilde{T}_X^*(P)$의 원소라고 하자. 다음 등식이 성립한다.

$$u = u\left(\left(\frac{\partial}{\partial x}\right)_P\right)(dx)_P + u\left(\left(\frac{\partial}{\partial y}\right)_P\right)(dy)_P.$$

$\tilde{T}_X^*(P)$의 기저 $\langle (\frac{\partial}{\partial x})_P, (\frac{\partial}{\partial y})_P \rangle$의 상이 좌변과 우변이 일치하기 때문이다.

정의 3.4

f를 P의 근방에서 정의된 C^∞급 함수라고 하자. f의 사상

$$\tilde{T}_X(P) \to \mathbb{C};\ \ v \mapsto v([f])$$

를 고정하자. 이 사상을 $(df)_P$로 쓰고 P에서 정의된 f의 **외미분** 또는 **전미분**이라고 부른다.

$\tilde{T}_X(P)$의 선형성과 $\tilde{T}_X^*(P)$의 정의로부터 $(df)_P \in \tilde{T}_X^*(P)$이다.

도움정리 3.5 정의 3.4에서와 같이 f를 P의 근방에서 정의된 C^∞급 함수라고 하자. 이때 다음 등식이 성립한다.

$$(df)_P = \frac{\partial f}{\partial x}(P)(dx)_P + \frac{\partial f}{dy}(P)(dy)_P.$$

증명 정의로부터 $(df)_P((\frac{\partial}{\partial x})_P) = \frac{\partial f}{\partial x}(P)$, $(df)_P((\frac{\partial}{\partial y})_P) = \frac{\partial f}{\partial y}(P)$ 이기 때문이다.
□

(z, V)를 P가 속한 좌표근방계라고 하자. $z = x + \sqrt{-1}y$는 V에서 정의된 C^∞급 함수이다. V에서 정의된 함수 $\overline{z}$를 $\overline{z}(Q) = \overline{z(Q)}$ $(Q \in V)$로 고정한다. $\overline{z} = x - \sqrt{-1}y$이며 $\overline{z}$도 V에서 정의된 C^∞급 함수이다.

따름정리 3.6 $\langle (dz)_P, (d\overline{z})_P\rangle$는 $\tilde{T}_X^*(P)$의 기저를 이룬다. $\langle (\frac{\partial}{\partial z})_P, (\frac{\partial}{\partial \overline{z}})_P\rangle$가 이 기저의 쌍대기저이다. 여기서 $(\frac{\partial}{\partial z})_P, (\frac{\partial}{\partial \overline{z}})_P$는 각각 다음과 같이 정의되는 $\tilde{T}_X(P)$의 원소이다.

$$\left(\frac{\partial}{\partial z}\right)_P = \frac{1}{2}\left(\left(\frac{\partial}{\partial x}\right)_P - \sqrt{-1}\left(\frac{\partial}{\partial y}\right)_P\right),$$

$$\left(\frac{\partial}{\partial \overline{z}}\right)_P = \frac{1}{2}\left(\left(\frac{\partial}{\partial x}\right)_P + \sqrt{-1}\left(\frac{\partial}{\partial y}\right)_P\right).$$

증명 도움정리 3.5를 $z = x + \sqrt{-1}y, \overline{z} = x - \sqrt{-1}y$에 적용하면 $(dz)_P = (dx)_P + \sqrt{-1}(dy)_P$, $(d\overline{z})_P = (dx)_P - \sqrt{-1}(dy)_P$임을 알 수 있다. 이것을 $(dx)_P$, $(dy)_P$에 대해서 푸는 것이 가능하다. 구체적으로는 $(dx)_P = ((dz)_P + (d\overline{z})_P)/2$, $(dy)_P =$

$((dz)_P-(d\overline{z})_P)/(2\sqrt{-1})$ 이다. 따라서 정의 3.4에 의해서 앞부분의 결론을 얻을 수 있다. 정의대로 계산해보면 $(dz)_P((\frac{\partial}{\partial z})_P) = (d\overline{z})_P((\frac{\partial}{\partial \overline{z}})_P) = 1$, $(dz)_P((\frac{\partial}{\partial \overline{z}})_P) = (d\overline{z})_P((\frac{\partial}{\partial z})_P) = 0$ 인 것을 확인할 수 있다. 이것으로 후반부의 주장을 얻는다. □

리만면에서 좌표의 변환함수는 정칙이다. 그러므로 기저 $\langle (dz)_P, (d\overline{z})_P\rangle$ 는 기저 $\langle (dx)_P, (dy)_P\rangle$ 보다도 좌표근방계 (z, V) 들의 변환과 더 좋은 궁합을 보이는 경향이 있다.

도움정리 3.7 (z, V), (w, W) 를 P 가 속한 X 의 좌표근방계라고 하자. 다음 식이 성립한다.

$$(dw)_P = \frac{dw}{dz}(P)(dz)_P,\quad (d\overline{w})_P = \overline{\left(\frac{dw}{dz}(P)\right)}(d\overline{z})_P.$$

여기서 $\frac{dw}{dz}$ 는 $V\cap W$ 에서 정의된 w 를 z 의 함수 $w = w(z)$ 로 간주하고 미분한 것이다.

증명 w 는 P 의 근방에서 z 의 정칙함수이다. z, w 의 실 좌표 분해를 $z = x+\sqrt{-1}y$, $w = u+\sqrt{-1}v$ 로 둔다. 기저 $\langle (\frac{\partial}{\partial x})_P, (\frac{\partial}{\partial y})_P\rangle$ 의 상이 양변에서 일치하는 것을 확인하면 된다. 아래 식들이 성립한다.

$$\frac{dw}{dz}(P)(dz)_P\left(\left(\frac{\partial}{\partial x}\right)_P\right) = \frac{dw}{dz}(P),$$

$$\frac{dw}{dz}(P)(dz)_P\left(\left(\frac{\partial}{\partial y}\right)_P\right) = \sqrt{-1}\frac{dw}{dz}(P),$$

$$\overline{\left(\frac{dw}{dz}(P)\right)}(d\overline{z})_P\left(\left(\frac{\partial}{\partial x}\right)_P\right) = \overline{\left(\frac{dw}{dz}(P)\right)},$$

$$\overline{\left(\frac{dw}{dz}(P)\right)}(d\overline{z}))_P\left(\left(\frac{\partial}{\partial y}\right)_P\right) = -\sqrt{-1}\overline{\frac{dw}{dz}(P)};$$

$$(dw)_P\left(\left(\frac{\partial}{\partial x}\right)_P\right) = \frac{\partial u}{\partial x}(P)+\sqrt{-1}\frac{\partial v}{\partial x}(P),$$

$$(dw)_P\left(\left(\frac{\partial}{\partial y}\right)_P\right) = \frac{\partial u}{\partial y}(P)+\sqrt{-1}\frac{\partial v}{\partial y}(P),$$

$$(d\overline{w})_P\left(\left(\frac{\partial}{\partial x}\right)_P\right) = \frac{\partial u}{\partial x}(P)-\sqrt{-1}\frac{\partial v}{\partial x}(P),$$

$$(d\overline{w})_P\left(\left(\frac{\partial}{\partial y}\right)_P\right) = \frac{\partial u}{\partial y}(P)-\sqrt{-1}\frac{\partial v}{\partial y}(P).$$

P의 근방에서 w는 z의 정칙함수이므로 코시-리만 관계식

$$\frac{dw}{dz} = \frac{\partial u}{\partial x} + \sqrt{-1}\frac{\partial v}{\partial x} = \frac{\partial v}{\partial y} - \sqrt{-1}\frac{\partial u}{\partial y}$$

이 성립한다. 이 관계식을 이용해서 비교해보면 원하는 결론을 얻을 수 있다. □

여기서 좌표변환은 쌍정칙이므로 $\frac{dw}{dz}$는 $V \cap W$ 위에서 정칙함수이며 $V \cap W$의 임의의 점 P에 대해서 $\frac{dw}{dz}(P) \neq 0$이다.

$(dz)_P$가 생성하는 $\tilde{T}^*_X(P)$의 선형부분공간, $(d\bar{z})_P$가 생성하는 $\tilde{T}^*_X(P)$의 선형부분공간을 각각 $T^*_X(P)$, $\overline{T}^*_X(P)$로 쓴다. 그러면 $\tilde{T}^*_X(P) = T^*_X(P) \oplus \overline{T}^*_X(P)$이다. 도움정리 3.7에 의해서 (w, W)가 P를 포함하는 또 다른 좌표근방계라고 해도 $T^*_X(P)$는 역시 $(dw)_P$로 생성되는 부분공간이며 $\overline{T}^*_X$는 $(d\bar{w})_P$로 생성되는 부분공간인 것을 알 수 있다. 쌍대공간으로 넘어가서 $(\frac{\partial}{\partial z})_P$, $(\frac{\partial}{\partial \bar{z}})_P$로 생성되는 $\tilde{T}_X(P)$의 부분공간을 $T_X(P)$, $\overline{T}_X(P)$로 쓴다. 그러면 $\tilde{T}_X(P) = T_X(P) \oplus \overline{T}_X(P)$이며 (w, W)가 P를 포함하는 또 다른 좌표근방계라고 해도 $T_X(P)$는 역시 $(\frac{\partial}{\partial w})_P$로 생성되는 부분공간이며 $\overline{T}_X$는 $(\frac{\partial}{\partial \bar{w}})_P$로 생성되는 부분공간이다. $T_X(P)$를 P에 대한 **정칙접벡터공간**이라고 부른다. $T_X(P)$는 X의 복소구조에 의존하는 공간이다.

문제 3.3 아래의 (1), (2)에서 f는 P의 근방에서 C^∞급 함수이다. 또 (3)에서는 문제 3.1의 기호를 따른다. 다음을 보여라.

(1) $(df)_P = \frac{\partial f}{\partial z}(P)(dz)_P + \frac{\partial f}{\partial \bar{z}}(d\bar{z})_P$이다. 단, $\frac{\partial f}{\partial z}(P)$, $\frac{\partial f}{\partial \bar{z}}(P)$는 각각 $[f]$를 $(\frac{\partial}{\partial z})_P$, $(\frac{\partial}{\partial \bar{z}})_P$로 보낸 상을 나타낸다.

(2) f가 P에서 정칙인 것은 $\frac{\partial f}{\partial \bar{z}}(P) = 0$인 것과 동치이다. 또 이 경우 $\frac{\partial f}{\partial z}(P)$는 복소미분 $\frac{df}{dz}(P)$와 일치한다. (힌트: 코시-리만의 관계식을 이용한 정칙성 판별법을 이용한다.)

(3) 사상 $\iota : T_X(P) \to \mathcal{T}_X(P);\ v \mapsto v|\mathcal{O}_{X,P}$가 정의되고 ι는 선형동형사상이 된다. 또 ι에 의한 $T_X(P)$의 기저 $(\frac{\partial}{\partial z})_P$의 상은 $(\frac{d}{dz})_P$이다. (이 ι를 이용해서 $T_X(P)$와 $\mathcal{T}_X(P)$를 동일시한다.)

3.2 미분 1형식

이 절에서는 X의 공집합이 아닌 열린 부분집합 U를 고정하고 생각한다. U 위에서 정의된 C^∞급 함수 전체가 이루는 $\mathbb{C}$-대수를 $\mathcal{A}_X^0(U)$로 쓴다. 또 U에서 정의된 정칙함수 전체가 이루는 $\mathbb{C}$-대수를 $\mathcal{O}_X(U)$로 쓴다. 이 기호의 의미에 대해서는 제5장에서 더 명확해질 것이다. 사상 $\eta : U \to \coprod_{P \in U} \tilde{T}_X^*(P);\ P \mapsto \eta(P) \in \tilde{T}_X^*(P)$를 U에서 정의된 **미분 1형식**, 또는 단순히 **1형식**이라고 부른다. η를 U에서 정의된 1형식이라고 하자. (X, V)는 $V \subset U$을 만족하는 X의 좌표근방계라고 하자. P가 V의 점일 경우 $\langle (dz)_P, (d\bar{z})_P \rangle$는 $\tilde{T}_X^*(P)$의 기저이다. 따라서 $\eta(P)$는

$$\eta(P) = a(P)(dz)_P + b(P)(d\bar{z})_P \tag{3.1}$$

꼴로 유일하게 쓸 수 있다. 이 사실을 간단히

$$\eta|V = adz + bd\bar{z} \tag{3.2}$$

로 표현하고 η의 좌표근방계 (z, V)에 관한 좌표 표시라고 말한다. (3.2)는 V의 각 점에 대해서 (3.1)이 성립한다는 것을 뜻한다. 즉, (3.2)에서 a, b는 V의 각 점 P에 대해서 $\eta(P)$를 $(dz)_P, (d\bar{z})_P$의 1차결합으로 표현했을 때의 계수 $a(P), b(P)$를 대응시키는 복소수함수 $a : V \to \mathbb{C}; P \mapsto a(P)$, $b : V \to \mathbb{C}; P \mapsto b(P)$이며 $dz, d\bar{z}$는 $P \in U$에 대해서 $(dz)_P \in \tilde{T}_X^*(P), (d\bar{z})_P \in \tilde{T}_X^*(P)$를 대응시키는 V에서 정의된 1차형식 $dz : U \to \coprod_{P \in U} \tilde{T}_X^*(P); P \mapsto (dz)_P$, $d\bar{z} : U \to \coprod_{P \in U} \tilde{T}_X^*(P); P \mapsto (d\bar{z})_P$이다. (w, W)는 $W \subset U$를 만족하는 X의 또 다른 근방좌표계라고 하자. 이때 도움정리 3.7 또는 3.5에 의해서 간단명료한 다음 변환변칙이 성립한다.

도움정리 3.8

(1) $V \cap W$ 위에서 다음 등식이 성립한다. $dw = \frac{dw}{dz}dz, d\overline{w} = \overline{\frac{dw}{dz}}d\bar{z}$.

(2) $z = x + \sqrt{-1}y$, $w = u + \sqrt{-1}v$를 z, w의 실 좌표 분해라고 하자. 이때 $V \cap W$ 위에서 다음 등식이 성립한다.

$$du = \frac{\partial u}{\partial x}dx + \frac{\partial u}{\partial y}dy, \quad dv = \frac{\partial v}{\partial x}dx + \frac{\partial v}{\partial y}dy.$$

문제 3.4 제1장에서 설명한 바와 같이 $\mathbb{P}^1 = \mathbb{C}_z \cup \mathbb{C}_w$라고 하자. $z = x + \sqrt{-1}y$, $w = u + \sqrt{-1}v$라고 하자. $\mathbb{C}_z \cap \mathbb{C}_w$ 위에서 du, dv를 dx, dy를 써서 표현하시오.

정의-주의 3.9

η를 U에서 정의된 1형식이라고 하자. $(z_i, U_i)_{i\in I}$를 좌표근방계로 이루어진 U의 열린 덮개라고 하자. $\eta|U_i = a_i dz_i + b_i d\overline{z}_i$로 두자.

(1) 임의의 $i \in I$에 대해서 $a_i, b_i \in \mathcal{A}^0_X(U_i)$일 때 η를 U에서 정의된 C^∞**급 1형식**이라고 부른다. U에서 정의된 C^∞급 1형식 전체로 이루어진 집합을 $\mathcal{A}^1_X(U)$로 쓴다. $\mathcal{A}^1_X(U)$의 자연스러운 덧셈과 C^∞급 함수에 의한 자연스러운 곱셈에 의해서 $\mathcal{A}^0_X(U)$-모듈이다.

(2) η를 C^∞급 1형식이라고 하자. 임의의 $i \in I$에 대해서 $b_i = 0$인 경우 η를 U에서 정의된 C^∞**급** $(1,0)$**형식**이라고 한다. 이때 임의의 $i \in I$에 대해서 $a_i = 0$인 경우 η를 U에서 정의된 C^∞**급** $(0,1)$**형식**이라고 부른다. U에서 정의된 C^∞급 $(1,0)$형식 전체로 이루어진 집합, U에서 정의된 C^∞급 $(0,1)$형식 전체로 이루어진 집합을 각각 $\mathcal{A}^{1,0}_X(U)$, $\mathcal{A}^{0,1}_X(U)$로 쓴다. $\mathcal{A}^{1,0}_X(U)$, $\mathcal{A}^{0,1}_X(U)$은 모두 $\mathcal{A}^1_X(U)$의 $\mathcal{A}^0_X(U)$-모듈이 된다.

(3) 임의의 $i \in I$에 대해서 $b_i = 0$이면서 a_i가 정칙일 경우 η를 U에서 정의된 **정칙1형식**이라고 부른다. U에서 정의된 정칙1형식 전체로 이루어진 집합을 $\Omega^1_X(U)$로 쓴다. $\Omega^1_X(U)$는 자연스러운 덧셈과 정칙함수에 의한 자연스러운 곱셈에 의해서 $\mathcal{O}_X(U)$-모듈이다.

변환법칙 3.8 (1)에 의해서 $\mathcal{A}^0_X(U)$-모듈로서 직교분해(orthogonal decomposition) $\mathcal{A}^1_X(U) = \mathcal{A}^{1,0}_X(U) \oplus \mathcal{A}^{0,1}_X(U)$가 성립한다.

주의 3.10 정의-주의 3.9에서 도입한 기호를 그대로 이어서 쓴다.

(1) 변환법칙 3.8의 생김새와 좌표의 변환법칙이 정칙함수라는 사실로부터 위의 (1) ~ (3)에서 언급한 정의는 다음과 같은 의미로 좌표근방계의 선택에 의존하지 않는다 : η가 (1) ~ (3)에 의해서 정의된 형식일 경우 $V \subset U$를 만족하는 임의의 좌표근방계 (z, V)에 대해서도 좌표 표시 $\eta|V = adz + bd\overline{z}$는 (1) ~ (3)에서 (z_i, U_i)

들이 만족해야 하는 성질과 같은 성질을 만족한다. 예를 들면 η가 U에서 정의된 정칙1형식인 경우 $\eta|U_i = a_i dz_i$, $a_i \in \mathcal{O}_X(U_i)$로 쓸 수 있지만 이 경우 임의의 (z, V)에 대해서도 $\eta|V = adz$, $a \in \mathcal{O}_X(V)$라고 쓸 수 있다. 실제로 $V \cap U_i$의 등식 $\eta = a_i dz_i = a_i \frac{dz_i}{dz} dz$으로부터 $V \cap U_i$ 위에서 $a = a_i \frac{dz_i}{dz}$ 임을 알 수 있다. 게다가 $\frac{dz_i}{dz}$는 정칙이라서 a_i들의 정칙성에 의해서 a도 역시 정칙성을 만족하기 때문이다. 다른 세 가지 경우도 마찬가지이다.

(2) U_i에서 정의된 미분 1형식 $\eta_i = a_i dz_i + b_i d\bar{z}_i$가 주어져 있다고 하자. 여기서 i는 I의 각각의 원소를 취한다고 하자. 이때 $U_i \cap U_j \neq \emptyset$인 I^2의 임의의 원소 (i, j)에 대해서 $U_i \cap U_j$ 위에서 η_i와 η_j가 일치할 경우 이 η_i들을 잘 포개서 붙이면 $\eta|U_i = \eta_i$를 만족하는 U에서 정의된 미분 1형식 η를 유일하게 결정할 수 있다. 이렇게 만들어진 η를 η_i들을 겹쳐서 만든 미분1형식이라고 부른다. 정의로부터 η_i가 모두 정칙일 경우 위에서와 같이 만들어진 η도 물론 정칙이다.

(3) $\mathcal{A}_X^1(U)$는 X의 하부구조인 C^∞급 구조에만 의존하지만 $\mathcal{A}_X^{1,0}(U)$, $\mathcal{A}_X^{0,1}(U)$, $\mathcal{A}_X^1(U)$는 X의 복소구조에 의존하는 공간이다.

정의 3.11

U의 어떤 이산 부분집합 R이 존재해서 $V \subset U$를 만족하는 임의의 좌표근방계 (z, V)에 대해서 $V - R$위에서 $\eta|V = a(z)dz$, ($a(z)$는 $V \cap R$에서만 극을 갖는 V에서 정의된 유리형 함수)와 같이 표현가능한 $U - R$에서 정의된 1형식 η를 U에서 정의된 **유리형1형식**이라고 부른다.

유리형1형식은 R에서 극을 가질 수도 있다. 극이 되는 점에서 문자 그대로 1형식이 되는 것은 아니지만 그런 점에서도 z에 의해서 좌표 표시된 유리형 함수 $a(z)$가 대응되는 것과 같이 구체적 실체를 갖는 대상이다.

η는 정의 3.11에서 정의한 것과 같은 것이라고 하자. (w, W)도 $W \subset U$를 만족하는 좌표근방계라고 하자. 이때 $\eta|W - R = \alpha(w)dw$로 쓸 수 있다. $V \cap W - R$에서는 등식

$$adz = \alpha dw = \alpha \frac{dw}{dz} dz, \quad \text{즉} \quad a(z) = \alpha(w(z)) \frac{dw}{dz}$$

이 성립한다. 이로 인해 $\alpha(w)$는 $V \cap W$에서 정의된 유리형 함수이다. 이렇게 해서 주어진 형식이 유리형1형식인지 아닌지는 여부는 U를 덮는 한쌍의 좌표근방계로 주어지는 열린 덮개에 대해서만 확인하면 충분하다는 것을 알 수 있다. 또 $P \in V \cap W$가 극인지 아닌지의 여부 및 극의 위수는 a와 α에 대해서 일치한다. 영점에 대해서도 마찬가지이다.

정의 3.12

유리형1형식 η의 P에서의 위수를 P가 속해 있는 좌표근방계 (z, V)를 잡고 $\eta = a(z)dz$로 표현했을 때 $a(z)$의 P에서의 위수 $\mathrm{ord}_P(a(z))$로 정의하고 $\mathrm{ord}_P(\eta)$로 쓴다. 또 η가 리만면 X에서 정의된 0이 아닌 대역적 유리형1형식일 경우 $\mathrm{div}(\eta) := \sum_{P \in X} \mathrm{ord}_P(\eta)P$로 정의한다. (구체적인 예는 예제 3.13을 참조 바란다.)

앞서 언급한 내용으로부터 $\mathrm{ord}_P(\eta)$는 좌표근방계의 선택에 의존하지 않고 η와 P에 의해서만 결정되는 정수이다. U에서 정의된 정칙1형식은 U에서 극을 갖지 않는 U에서 정의된 유리형1형식에 지나지 않는다. 다시 말해 U의 각 점 P에서 $\mathrm{ord}_P(\eta) \geq 0$를 만족하는 U에서 정의된 유리형1형식이 바로 U에서 정의된 정칙1형식이다.

예제 3.13 $\mathbb{C}_z$에서 정의된 dz는 유일하게 $\mathbb{P}^1 = \mathbb{C}_z \cup \{\infty\}$에서 정의된 유리형1형식으로 확장되는 것을 보이고 그것의 영점 및 극의 위수를 구하여라.

풀이 $\mathbb{P}^1 = \mathbb{C}_z \cup \mathbb{C}_w$라고 하자. 만약 dz가 $\mathbb{P}^1$의 유리형1형식 ω로 확장된다고 가정하자. $\mathbb{C}_z \cap \mathbb{C}_w$에서 $\omega = dz = \frac{dz}{dw}dw = (\frac{dw^{-1}}{dw})dw = -w^{-2}dw$이다. $-w^{-2}dw$는 $\mathbb{C}_w$에서 정의된 유리형1형식으로 유일하게 확장된다. 역으로 어떻게 확장됐는지를 되새겨 보면 dz와 $-w^{-2}dw$는 $\mathbb{C}_z \cap \mathbb{C}_w$에서 포개서 붙일 경우 $\mathbb{P}^1$에서 정의된 유리형1형식이 결정된다. 따라서 확장된 ω는 존재할 뿐만 아니라 유일하다. ω의 생김새를 보면 $\infty(w = 0)$의 점에서만 위수 2인 극을 갖고 다른 극이나 영점은 갖지 않는 유리형1형식이다. □

문제 3.5 예제 3.13의 유리형1형식 ω를 고정하자. 이때 $\mathbb{P}^1$에서 정의된 임의의 유리형1형식은 $f\omega$ (f는 $\mathbb{P}^1$에서 정의된 대역적 유리형 함수)의 꼴로 쓸 수 있음을 보여라. 또 $\mathbb{P}^1$에서 정의된 대역적 정칙1형식은 0밖에 없음을 보여라.

3.3 미분 2형식

앞절과 마찬가지로 X의 공집합이 아닌 열린 집합 U를 고정해서 생각한다. 일단 2차원 $\mathbb{C}$-선형공간 V의 외적 $\wedge^2 V$에 대해서 짧게 설명하기로 한다.

정의 3.14

V를 2차원 $\mathbb{C}$-선형공간이라고 하자. V^2의 원소 (u,v)를 $e(u,v)$로 쓰고 $\tilde{V} := \oplus_{(u,v)\in V^2}\mathbb{C}e(u,v)$로 쓰기로 한다. 즉, $\tilde{V}$를 V^2의 원소 전체를 자유기저로 갖는 $\mathbb{C}$-선형공간으로 정의한다. (따라서 $\tilde{V}$는 무한차원이며 $V^{\oplus 2}$와는 다른 선형공간이다.) $\tilde{V}$의 부분집합

$$R := \{e(u,v)+e(v,u),\ e(a_1u_1+a_2u_2,v)-a_1e(u_1,v)-a_2e(u_2,v),\\ e(u,b_1v_1+b_2v_2)-b_1e(u,v_1)-b_2e(u,v_2) \mid u,u_i,v,v_i\in V,\ a_i,b_i\in\mathbb{C}\}$$

를 생각한다. R로 생성되는 $\tilde{V}$의 선형부분공간을 $\langle R\rangle$이라고 하자. 몫선형공간 $\tilde{V}/\langle R\rangle$를 $\wedge^2 V$로 쓰고 V의 **2계의 외적공간**이라고 부른다. 몫사상 $\pi:\tilde{V}\to\wedge^2 V$에 의한 $e(u,v)$의 상을 $u\wedge v$로 쓰고 V의 원소 u,v의 **외적**이라고 부른다.

정의에 의해서 $\wedge^2 V$의 원소는 모두 $\sum_i a_iu_i\wedge v_i$, $(a_i\in\mathbb{C}, u_i,v_i\in V)$의 꼴로 유한합으로 표현할 수 있다. 하지만 $\langle R\rangle$에 의한 몫을 취했기 때문에 표현방법이 유일하지는 않다. 다음 도움정리는 리만면의 미분2형식을 다룰 때 필요한 결과이다.

도움정리 3.15 V를 2차원 $\mathbb{C}$-선형공간이라고 하자. $\wedge^2 V$에서 다음 식들이 성립한다.

(1) $u\wedge v=-v\wedge u$. 특히 $u\wedge u=0$.

(2) $(a_1u_1+a_2u_2)\wedge v=a_1u_1\wedge v+a_2u_2\wedge v$,
$u\wedge(b_1v_1+b_2v_2)=b_1u\wedge v_1+b_2u\wedge v_2$.

(3) $\langle u, v\rangle$이 V의 기저일 경우 $u \wedge v$는 $\wedge^2 V$의 기저이기도 하다. 특히, $\dim_{\mathbb{C}} \wedge^2 V = 1$ 이다.

증명 π는 선형사상이며 동시에 정의로부터 $\pi(R) = \{0\}$을 만족하므로 (1),(2)는 명백하다. (3)을 보이도록 한다. 선형동형사상 $V \ni au + bv \leftrightarrow {}^t(a, b) \in \mathbb{C}^2$에 의해서 V와 $\mathbb{C}^2$를 동일시한다. 이때 V의 2개의 원소 u_1, u_2을 나열한 (u_1, u_2)는 2차 정사각행렬이므로 행렬식 $\det(u_1, u_2)$가 정해진다. 사상 $\det : \tilde{V} \to \mathbb{C}$; $\sum a_i e(u_i, v_i) \mapsto \sum a_i \det(u_i, v_i)$를 생각한다. $e(*, **)$는 $\tilde{V}$의 자유기저이므로 이것은 모순되지 않게 정의된 $\mathbb{C}$-선형사상이다. 행렬식의 교대성 및 이중 선형성에 의해서 $\det(R) = \{0\}$이다. 따라서 $\det(\langle R\rangle) = \{0\}$이 된다. 그러므로 det는 선형사상 $\overline{\det} : \wedge^2 V \to \mathbb{C}$을 정의한다. 정의로부터 $\overline{\det}(u \wedge v) = \det(u, v) = 1$이다. 따라서 $\wedge^2 V$의 원소로서 $u \wedge v \neq 0$이다. 한편, V의 원소 u_i, v_i들은 모두 u, v의 1차 결합으로 쓸 수 있다. 따라서 (1),(2)로부터 유한합 $\sum a_i e(u_i, v_i)$는 $u \wedge v$의 상수배수의 꼴이 된다. 이상으로부터 $u \wedge v$는 $\wedge^2 V$의 기저이다. □

사상 $\sigma : U \to \coprod_{P \in U} \wedge^2 \tilde{T}^*_X(P) : P \mapsto \sigma(P) \in \wedge^2 \tilde{T}^*_X(P)$를 U에서 정의된 **미분2형식** 또는 **2형식**이라고 부른다. (z, V)를 $V \subset U$을 만족하는 X의 좌표근방계라고 하자. $P \in U$인 경우 따름정리 3.6과 도움정리 3.15에 의해서 $\langle (dz)_P \wedge (d\bar{z})_P \rangle$는 $\wedge^2 \tilde{T}^*_X(P)$의 기저이다. 따라서 $\sigma(P)$는

$$\sigma(P) = a_i(P)(dz)_P \wedge (d\bar{z})_P \tag{3.3}$$

의 모양으로 유일하게 쓸수 있다. 따라서 1형식의 경우와 마찬가지로 2형식은 (z, V)를 이용해서 좌표 표시할 수 있다.

$$\sigma | V = a\, dz \wedge d\bar{z}. \tag{3.4}$$

여기서 a는 V의 각 점 P에 대해서 $\sigma(P)$의 $(dz)_P \wedge (d\bar{z})_P$의 계수를 대응시키는 복소수값을 취하는 함수이며 $dz \wedge d\bar{z}$는 각 점 $P \in U$에 대해서 $(dz)_P \wedge (d\bar{z})_P$를 대응시키는 V에서 정의된 2형식이다. (w, W)를 $W \subset U$을 만족하는 또 다른 좌표근방계라고 하자. 도움정리 3.7과 3.15 (2)에 의해서 다음과 같은 변환법칙이 성립한다.

도움정리 3.16 $V \cap W$ 위에서 $dw \wedge d\bar{w} = |\frac{dw}{dz}|^2 dz \wedge d\bar{z}$.

따름정리 3.17 z, w를 $z = x+\sqrt{-1}y$, $w = u+\sqrt{-1}v$와 같이 실수부와 허수부로 분해해서 생각하자. 이때 $V \cap W$에서 $du \wedge dv = \det \frac{\partial(u,v)}{\partial(x,y)} dx \wedge dy$가 성립한다. 여기서 $\frac{\partial(u,v)}{\partial(x,y)}$는 변수변환 $u = u(x,y)$, $v = v(x,y)$의 야코비안 행렬이다. 게다가 $\det \frac{\partial(u,v)}{\partial(x,y)} = |\frac{dw}{dz}|^2$이다. 특히 $W \cap V$의 점 P에서 $\det \frac{\partial(u,v)}{\partial(x,y)}(P) > 0$를 만족한다.

증명 $du = \frac{\partial u}{\partial x}dx + \frac{\partial u}{\partial y}dy$, $dv = \frac{\partial v}{\partial x}dx + \frac{\partial v}{\partial y}dy$를 $du \wedge dv$에 대입하면

$$du \wedge dv = \det \frac{\partial(u,v)}{\partial(x,y)} dx \wedge dy \tag{3.5}$$

를 얻는다. 한편, $dz \wedge d\bar{z} = (dx + \sqrt{-1}dy) \wedge (dx + \sqrt{-1}dy) = -2\sqrt{-1}dx \wedge dy$이다. 마찬가지로 $dw \wedge d\overline{w} = -2\sqrt{-1}du \wedge d$이다. 이것들을 도움정리 3.16의 식에 대입해서

$$du \wedge dv = \left|\frac{dw}{dz}\right|^2 dx \wedge dy \tag{3.6}$$

를 얻는다. $(dx)_P \wedge (dy)_P$가 $V \cap W$의 각 점에서 기저가 되는 사실을 염두에 두고 (3.5),(3.6)을 비교하면 $\det \frac{\partial(u,v)}{\partial(x,y)} = |\frac{dw}{dz}|^2$를 얻는다. □

정의 3.18

σ는 U에서 정의된 2형식이고 $(z_i, U_i)_{i \in I}$는 좌표근방계로 주어지는 U의 열린 덮개라고 하자. $\sigma|U_i = a_i dz_i \wedge d\bar{z}_i$로 놓자. 임의의 $i \in I$에 대해서 $a_i \in \mathcal{A}_X^0(U_i)$인 경우 σ를 C^∞**급 2형식**이라고 하자. U에서 정의된 C^∞급 2형식 전체집합을 $\mathcal{A}_X^2(U)$로 쓴다.

σ가 U에서 정의된 C^∞급 2형식일 경우 $V \subset U$을 만족하는 임의의 좌표근방계 (z, V)에 대해서 $\sigma|V = adz \wedge d\bar{z}$라고 쓰면 a도 V에서 정의된 C^∞급 함수가 된다. $\mathcal{A}_X^2(U)$는 2형식의 자연스러운 덧셈과 C^∞급 함수의 자연스러운 곱셈에 의해서 $\mathcal{A}_X^0(U)$-모듈이 된다. 또 $\mathcal{A}_X^2(U)$는 X의 하부 구조인 C^∞급 구조에만 의존하고 X의 복소구조와는 독립적이다.

3.4 미분형식의 외미분

앞절과 마찬가지로 X의 공집합이 아닌 부분집합 U를 고정한다. U는 $V \subset U$인 좌표근방계 (z, V)들로 덮인다.

정의-주의 3.19

$U = \cup_{i \in I}(z_i, V_i)$를 좌표근방계로 이루어진 열린 덮개라고 하자.

(1) $f \in \mathcal{A}_X^0(U)$라고 하자. $V \subset U$를 만족하는 임의의 좌표근방계 (z, V)가 주어질 경우 V에서 $df|V_i = \frac{\partial f}{\partial z_i}dz_i + \frac{\partial f}{\partial \bar{z}_i}d\bar{z}_i$를 만족하는 1형식 $df \in \mathcal{A}_X^1(U)$가 f로부터 유일하게 결정된다. df를 f의 **외미분**이라고 부른다. 유일성은 자명하고 존재성 및 모순되지 않게 결정되는 성질은 1형식의 변환법칙을 적용하면 확인할 수 있다. f가 정칙일 경우 df도 정칙이고 $df|V = \frac{df}{dz}dz$을 만족한다.

(2) $\eta \in \mathcal{A}_X^1(U)$라고 하자. $V \subset U$을 만족하는 임의의 좌표근방계 (z, V)에 대해서 $\eta|V = adz + bd\bar{z}$를 만족할 경우, $d\eta|V := da \wedge dz + db \wedge d\bar{z} = (\frac{\partial b}{\partial z} - \frac{\partial a}{\partial \bar{z}})dz \wedge d\bar{z}$인 2형식 $d\eta \in \mathcal{A}_X^2(U)$가 η로부터 유일하게 결정된다. 이 $d\eta$를 η의 외미분이라고 부른다. (1)과 마찬가지로 유일성은 자명하고 존재성 및 모순되지 않게 결정되는 성질은 1형식, 2형식의 변환법칙을 적용하면 확인할 수 있다.

(3) 사상 $d^0 : \mathcal{A}_X^0(U) \to \mathcal{A}_X^1(U);\ f \mapsto df$, $d^1 : \mathcal{A}_X^1(U) \to \mathcal{A}_X^2(U);\ \eta \mapsto d\eta$를 **외미분작용소**라고 부른다. $d^0(U), d^1(U)$는 둘다 $\mathbb{C}$-선형사상이다.

(4) d^0를 $\mathcal{A}_X^1(U) = \mathcal{A}_X^{1,0}(U) \oplus \mathcal{A}_X^{0,1}(U)$의 제1사영, 제2사영과 합성한 사상을 각각 $\partial, \bar{\partial}$로 쓴다. $f \in \mathcal{A}_X^0(U)$인 경우 $df = d^0 f = \partial f + \bar{\partial} f$, $\partial f \in \mathcal{A}_X^{1,0}(U)$, $\bar{\partial} f \in \mathcal{A}_X^{0,1}(U)$이다.

외적분 d는 X의 C^∞급 구조에만 의존하지만 $\partial, \bar{\partial}$은 X의 복소구조에도 의존한다.

문제 3.6

(1) (z, V)에서 정의된 C^∞급 1형식 $\eta = fdx + gdy$의 외적분 $d\eta$를 실 좌표 (x, y) $(z = x + \sqrt{-1}y)$를 써서 표시하시오.

(2) η가 정칙1형식인 경우 $d\eta = 0$임을 보여라. 또 $d\eta \neq 0$인 경우 (z, V)에서 정의된 C^∞급 $(1, 0)$형식 η의 예를 한 개 찾으시오.

(3) z를 $\mathbb{C}$의 표준좌표라고 하자. $\partial|z|^2$, $\overline{\partial}|z|^2$를 구하여라.

도움정리 3.20 $d^1 \circ d^0 = 0$이 성립한다. 이 등식을 좀 더 폼 나게 $d^2 = 0$와 같이 쓴다.

증명 $f \in \mathcal{A}^0_X(U)$라고 하자. 좌표근방계 (z, V)에서 계산을 하면

$$d(df)|V = \left(\frac{\partial^2 f}{\partial z \partial \overline{z}} - \frac{\partial^2 f}{\partial \overline{z} \partial z}\right) dz \wedge d\overline{z} = 0 dz \wedge d\overline{z} = 0$$

이다. U를 좌표근방계 (z, V)들로 덮는 것이 가능하기 때문에 이로부터 결론을 얻을 수 있다. □

정의-주의 3.21

(1) $Z^1_{\mathrm{DR}}(X) := \mathrm{Ker}(d^1 : \mathcal{A}^1_X(X) \to \mathcal{A}^2_X(X))$로 쓴다. $Z^1_{\mathrm{DR}}(X)$의 원소를 C^∞급 닫힌 1형식이라고 부른다.

(2) $B^1_{\mathrm{DR}}(X) := \mathrm{Im}(d^0 : \mathcal{A}^0_X(X) \to \mathcal{A}^1_X(X))$로 놓자. $B^1_{\mathrm{DR}}(X)$의 원소를 C^∞급 완전1형식이라고 부른다. $B^1_{\mathrm{DR}}(X) = \{df |\ f \in \mathcal{A}^0_X(X)\}$이다. 또 도움정리 3.20에 의해서 $B^1_{\mathrm{DR}}(X)$는 선형부분공간이 된다.

(3) 몫선형공간 $Z^1_{\mathrm{DR}}(X)/B^1_{\mathrm{DR}}(X)$를 X의 **1차 드람코호몰로지 군**이라고 부르며 $H^1_{\mathrm{DR}}(X, \mathbb{C})$으로 쓴다.

문제 3.7 X가 다음 (1),(2)에서와 같이 정의될 경우 $H^1_{\mathrm{DR}}(X, \mathbb{C})$의 기저를 각각 구하여라. 단, 선형공간 $\{0\}$의 기저는 $\emptyset$으로 정의한다.

(1) $X = \{z \in \mathbb{C} \mid |z| = 1\}$:

(2) $X = \{z \in \mathbb{C} \mid 1 < |z| < 2\}$.

$H^1_{\mathrm{DR}}(X, \mathbb{C})$는 X의 바탕에 깔린 C^∞급 다양체로서의 구조만으로 결정되는 공간이다. 특히 X가 콤팩트 리만면일 경우에는 $H^1_{\mathrm{DR}}(X, \mathbb{C})$는 X의 위상구조와 X의 복소구조를 연결해주는 역할을 하고 있다. 이것과 관련해서는 정리 7.11에서 더 자세히 다루도록 한다.

3.5 미분형식의 당김

$\varphi : X \to Y$를 리만면 X, Y 사이의 정칙사상이라고 하자. 또 U를 Y의 열린 집합이라고 하자. P를 $Q = \varphi(P) \in U$를 만족하는 X의 점이라고 하자. 정칙사상은 C^∞ 급이기도 하므로 함수를 끌어당기는 사상 $\varphi^* : \mathcal{A}^0_Y(U) \to \mathcal{A}^0_X(\varphi^{-1}(U)); f \mapsto f \circ \varphi$를 정의할 수 있다. φ^*는 $\mathbb{C}$-대수의 준동형사상이다. 사상 φ^*는 자연스럽게 사상 $\varphi^*_P : \mathcal{A}^0_{Y,Q} \to \mathcal{A}^0_{X,P}; [f] \mapsto [\varphi^*(f)]$를 유도한다. 따라서 사상 $\varphi_*(P) : \tilde{T}_X(P) \to \tilde{T}_Y(Q); v \mapsto ([f] \mapsto v([\varphi^* f]))$를 유도한다. $\varphi_*(P)$는 $\mathbb{C}$-선형사상이다. P가 속하는 좌표근방계 (z, V)와 Q가 속하는 좌표근방계 (w, W)를 $\varphi(V) \subset W$가 되도록 잡는다. $w = w(z)$를 φ의 좌표 표시라고 하자. 이 절에서는 위와 같은 설정으로 미분형식의 당김에 대해서 고찰한다.

도움정리 3.22 $\tilde{T}_X(P), \tilde{T}_Y(Q)$의 기저 $\langle (\frac{\partial}{\partial z})_P, (\frac{\partial}{\partial \overline{z}})_P \rangle$, $\langle (\frac{\partial}{\partial w})_Q, (\frac{\partial}{\partial \overline{w}})_Q \rangle$에 관한 $\varphi_*(P)$의 행렬표시는 다음과 같은 대각행렬로 주어진다.

$$\varphi_*(P)\left\langle \left(\frac{\partial}{\partial z}\right)_P, \left(\frac{\partial}{\partial \overline{z}}\right)_P \right\rangle = \left\langle \left(\frac{\partial}{\partial w}\right)_Q, \left(\frac{\partial}{\partial \overline{w}}\right)_Q \right\rangle \begin{pmatrix} \frac{dw}{dz} & 0 \\ 0 & \overline{\frac{dw}{dz}} \end{pmatrix}.$$

증명 $f = f(w, \overline{w})$는 Q의 근방에서 C^∞급 함수라고 하자. $\varphi^* f = f(w(z), \overline{w(z)})$이다. w는 z의 함수로서 정칙이므로 $\frac{\partial \overline{w}}{\partial z} = \frac{\partial w}{\partial \overline{z}} = 0$이다. 이 등식과 편미분법의 합성이 $\frac{\partial}{\partial z}$, $\frac{\partial}{\partial \overline{z}}$에도 형식적으로 적용된다는 사실을 이용해서 다음 등식을 얻는다.

$$(\frac{\partial}{\partial z})_P(\varphi^* f) = (\frac{\partial}{\partial z})_P(f(w(z), \overline{w(z)}))|P = \frac{dw}{dz}(P)\frac{\partial f}{\partial w}(Q).$$

이 식은 $\varphi_*(P)((\frac{\partial}{\partial z})_P) = \frac{dw}{dz}(P)\frac{\partial}{\partial w}(Q)$를 의미한다. 마찬가지로 $\varphi_*(P)((\frac{\partial}{\partial \overline{z}})_P) = \overline{\frac{dw}{dz}(P)}\frac{\partial}{\partial \overline{w}}(Q)$인 사실을 의미한다. 이 두 식으로부터 원하는 행렬표시를 얻을 수 있다. □

문제 3.8 $\varphi_*(P)$의 기저 $\langle (\frac{\partial}{\partial x})_P, (\frac{\partial}{\partial y})_P \rangle$, $\langle (\frac{\partial}{\partial u})_Q, (\frac{\partial}{\partial v})_Q \rangle$에 관한 행렬표시를 찾으시오. 여기서 (x, y), (u, v)는 각각 z, w를 $z = x + \sqrt{-1}y$, $w = u + \sqrt{-1}v$와 같이 실수부와 허수부로 분해했을 때 얻어지는 X, Y의 실 좌표이다.

문제 3.9 V, W를 유한차원 $\mathbb{C}$-선형공간이라고 하자. V^*, W^*를 각각 V, W의 쌍대공간이라고 하자. $\varphi : V \to W$라고 하자.

(1) ${}^t\varphi : W^* \to V^*; \eta \mapsto (v \mapsto \eta(\varphi(v)))$로 정의하자. ${}^t\varphi$는 잘 정의된(well-defined) 선형사상임을 보여라. 또 φ가 전사일 경우 ${}^t\varphi$는 단사이고 φ가 단사일 경우 ${}^t\varphi$가 전사임을 보여라.

(2) V, W의 기저 $\langle v_i \rangle_{i=1}^n, \langle w_j \rangle_{j=1}^m$에 관한 φ의 행렬표시가 행렬 A로 주어질 경우 쌍대기저 $\langle v_i^* \rangle_{i=1}^n, \langle w_j^* \rangle_{j=1}^m$에 관한 ${}^t\varphi$의 행렬표시는 A의 전치행렬 ${}^tA$로 주어지는 것을 보여라. ${}^t\varphi$를 φ의 **전치사상**이라고 부른다.

$\tilde{T}_Y^*(Q), \tilde{T}_X^*(P)$는 각각 $\tilde{T}_Y(Q), \tilde{T}_X(P)$의 쌍대공간이다. $\varphi_*(P)$는 전치사상

$$\varphi^*(P) := {}^t\varphi_*(P) : \tilde{T}_Y^*(Q) \to \tilde{T}_X^*(P);\ \eta \mapsto (v \mapsto \eta(\varphi_*(P)(v)))$$

를 유도한다. 이 사상을 **1형식의 당김 사상**이라고 부른다. 도움정리 3.22과 문제 3.9 (2)로부터 다음을 얻을 수 있다.

따름정리 3.23 $\tilde{T}_Y^*(Q), \tilde{T}_X^*(P)$의 기저 $\langle (dw)_Q, (d\overline{w})_Q \rangle, \langle (dz)_P, (d\overline{z})_P \rangle$에 관한 $\varphi^*(P)$의 행렬표시는 다음의 대각행렬로 주어진다.

$$\varphi^*(P)\langle (dw)_Q, (d\overline{w})_Q \rangle = \langle (dz)_P, (d\overline{z})_P \rangle \begin{pmatrix} \frac{dw}{dz}(P) & 0 \\ 0 & \overline{\frac{dw}{dz}(P)} \end{pmatrix}.$$

이와 같이 미분형식은 당김에 대해서 지극히 자연스러운 성질

$$\varphi^*(dw) = \frac{dw}{dz}dz,\ \varphi^*(d\overline{w}) = \overline{\left(\frac{dw}{dz}\right)}d\overline{z}$$

을 만족한다.

정의 3.24

$\eta \in \mathcal{A}_Y^1(U)$라고 하자. $\varphi^{-1}(U)$에서 정의된 1형식 $\varphi^*\eta$는

$$\varphi^{-1}(U) \ni P \mapsto \varphi^*(P)(\eta) \in \tilde{T}_X^*(P)$$

에 의해서 결정된다. 이 1형식을 η의 당김이라고 부르며 $\varphi^*\eta$로 쓴다.

$V \subset \varphi^{-1}(U)$를 만족하는 좌표근방계 (z, V)와 $W \subset U$를 만족하는 좌표근방계 (w, W)를 $\varphi(V) \subset W$를 만족하도록 고른다. φ는 연속이므로 이렇게 고르는 것이 항상 가능하며 $\varphi^{-1}(U)$는 이와 같은 (z, V)들로 덮인다. 1형식 $\varphi^*\eta$을 (z, V)에서 좌표 표시한 것은 1형식 η를 (w, W)에서 좌표 표시한 것을 이용해서 다음과 같이 아주 형식적으로 계산해 낼 수 있다.

도움정리 3.25 $\eta|W = a(w)dw+b(w)d\overline{w}$일 경우 $\varphi^*\eta|V = a(w(z))\frac{dw}{dz}dz+b(w(z))\overline{\frac{dw}{dz}}d\overline{z}$를 만족한다. 즉, $\varphi^*\eta$는 φ의 좌표 표시 $w = w(z)$를 η의 표시에 대입해서 형식적으로 계산한 결과와 일치한다.

증명 따름정리 3.23에 의해서

$$\begin{aligned}(\varphi^*\eta)(P) &= a(w(Q))\varphi^*(P)((dw))Q) + b(w(Q))\varphi^*(P)((d\overline{w})_Q) \\ &= a(w(z(P)))\frac{dw}{dz}(P)(dz)_P + b(w(z(P)))\overline{\frac{dw}{dz}}(P)(d\overline{z})_P\end{aligned}$$

이다. 이것으로부터 결론을 얻을 수 있다. □

따름정리 3.26 η가 C^∞급 1형식, C^∞급 $(1,0)$형식, C^∞급 $(0,1)$형식, 정칙1형식, 유리형1형식일 경우 $\varphi^*\eta$도 역시 C^∞급 1형식, C^∞급 $(1,0)$형식, C^∞급 $(0,1)$형식, 정칙1형식, 유리형1형식이다.

증명 φ는 정칙이므로 φ의 좌표 표시 $w = w(z)$는 z에 대한 정칙함수이다. 따라서 η와 $\varphi^*\eta$의 좌표 표시 (도움정리 3.25)를 비교해보면 결론을 얻을 수 있다. □

$\tilde{T}^*_Y(Q)^2$의 원소 전체를 자유기저로 갖는 $\mathbb{C}$-선형공간을 간단하게 $\tilde{V}$로 쓰기로 한다. 나머지 기호는 정의 3.14의 것을 그대로 이어서 쓰기로 한다. 이때 선형사상 $\tilde{\varphi}(P) : \tilde{V} \to \wedge^2\tilde{T}^*_X(P)$; $\sum_i a_i e(u_i, v_i) \mapsto \sum_i a_i\varphi^*(P)(u_i) \wedge \varphi^*(P)(v_i)$는 도움정리 3.15(1),(2)로부터 $\tilde{\varphi}^*(P)(R) = \{0\}$를 만족한다. 따라서 선형사상 $\varphi^*(P) : \wedge^2\tilde{T}^*_Y(Q) \to \wedge\tilde{T}^*_X(P) : \sum_i a_i u_i \wedge v_i \mapsto \sum_i a_i\varphi^*(P)(u_i) \wedge \varphi^*(P)(v_i)$이 유도된다. 그러므로 1형식의 경우와 완전히 똑같은 방식으로 U의 2형식 σ에 대해서 $\varphi^{-1}(U)$의 2형식 $\varphi^*\sigma$가 정의된다. 이 2형식을 **σ의 당김**이라고 부른다.

도움정리 3.27 $(z, V), (w, W)$은 앞서 선택된 것과 같은 것이라고 하자. $\sigma|W = a(w)dw \wedge d\overline{w}$인 경우 $\varphi^*\sigma|V = a(w(z))|\frac{dw}{dz}|^2 dz \wedge d\overline{z}$이다. 특히 이 식은 φ의 좌표 표시식 $w = w(z)$를 σ의 표시에 대입해서 형식적으로 계산한 결과와 일치한다.

증명 정의로부터 $(\varphi^*\sigma)(P) = a(w(Q))\varphi^*(P)((dw)_Q) \wedge \varphi^*(P)((d\overline{w})_Q)$이다. 여기에 도움정리 3.25를 대입한 후 도움정리 3.15를 이용하면 다음을 얻는다.

$$(\varphi^* w)(P) = a(w(Q))|\frac{dw}{dz}(P)|^2 (dz)_P \wedge (d\overline{z})_P.$$

이것으로부터 결론을 유도해 낼 수 있다. □

문제 3.10 $f \in \mathcal{A}_X^0(U), \eta \in \mathcal{A}_X^1(U)$라고 하자. $d(\varphi^* f) = \varphi^* df$, $d(\varphi^*\eta) = \varphi^* d\eta$라는 사실, 다시 말해, 당김과 외미분은 교환가능한 사실을 좌표 표시를 이용해서 직접 계산해서 확인해 보시오.

3.6 정칙사상의 분지와 유리형 미분형식

다음은 정칙사상의 분지와 유리형 미분형식의 당김 사이의 관계를 밝혀주는 편리한 공식이다.

명제 3.28 $\varphi : X \to Y$를 리만면 X로부터 리만면 Y로 가는 자명하지 않은 정칙사상이라고 하자. $P \in X$라고 하고 $\varphi(P) = Q$라고 두자. 또 P에서의 φ의 분지지수를 e_P라고 하자. ω를 Q의 근방위에 있는 유리형 1형식이라고 하자. 이때 $\mathrm{ord}_Q(\omega) = m$일 경우 $\mathrm{ord}_P(\varphi^*\omega) = me_P + (e_P - 1)$이다.

증명 가정으로부터 P, Q에서 정의된 국소 좌표근방계 $(t_P, V_P), (s_Q, W_Q)$를 φ의 좌표 표시가 $s_Q = t_P^{e_P}$가 되도록 잡을 수 있다. ω는 Q의 근방에서 $f(s_Q)ds_Q$로 쓸 수 있고 $\mathrm{ord}_Q(f(s_Q)) = m$이다. 다시 말해 $s_Q = 0$에서의 $f(s_Q)$의 로랑 급수 전개는 s_Q^m항으로 시작한다. 이때 P의 근방에서

$$\varphi^*\omega = f(t_P^{e_P})\frac{dt_P^{e_P}}{dt_P}dt_P = e_P f(t_P^{e_P})t^{e_P - 1}dt_P$$

이다. $f(s_Q)$의 로랑 급수 전개식에 $s_Q = t_P^{e_P}$를 대입해서 $\mathrm{ord}_P(f(t_P^{e_P})) = me_P$인 것을 확인할 수 있다. 이것으로부터 $\mathrm{ord}_P(\varphi^*\omega) = \mathrm{ord}_P(e_P f(t_P^{e_P})t^{e_P-1}) = me_P + (e_P - 1)$임을 알 수 있다. □

문제 3.11 $f(z) = \frac{z}{z^4-1}$로 주어지는 $\mathbb{P}^1 = \mathbb{C}_z \cup \{\infty\}$로부터 자기자신으로 가는 사상을 f로 둔다. 또 ω를 $(z-1)^2 dz$로 주어지는 $\mathbb{P}^1$에서 정의된 유리형1형식이라고 하자. $f^*\omega$의 영점, 극, 및 이들의 위수를 다음 두 가지 방법으로 계산하시오.

(1) $f^*\omega$의 좌표 표시를 구해서 직접 계산.

(2) f가 분지되는 모습과 ω의 영점, 극을 비교해서 명제 3.28을 이용해서 계산.

3.7 미분형식의 적분

X를 리만면이라고 하자. 이 절에서는 리만면 위에서 정의된 미분형식의 적분과 관련해서 나중에 필요한 내용들을 짚고 넘어간다. $\gamma : [0,1] \to X$를 **각 조각마다 매끄러운 사상**이라고 하자. 다시 말해, γ는 $[0,1]$의 어떤 유한부분집합의 여집합에서 C^∞급이며 $[0,1]$에서 X로 가는 연속사상이라고 가정한다. 이러한 사상을 이 책에서는 그냥 간단히 **경로**라고 부른다. η를 X에서 정의된 C^∞급 1형식 또는 $\gamma([0,1])$를 포함하는 X의 열린 집합에서 정의된 C^∞급 1형식이라고 두자. 일단 선적분 $\int_\gamma \eta$를 정의한다. 분할 $0 = t_0 < t_1 < \cdots < t_n = 1$를 γ가 매끄럽지 않은 점이 분할점에 포함되도록 충분히 촘촘하게 분할한다. 이때 각 정수 $i(1 \le i \le n)$에 대해서 $\gamma([t_{i-1}, t_i]) \subset U_i$가 되는 X의 좌표근방계 (z_i, U_i)가 존재한다. 보기 2.2 (1)의 방법으로 $U_i \subset \mathbb{C}_{z_i} = \mathbb{R}^2_{(x_i, y_i)}$로 생각한다. 여기서 (x_i, y_i)는 z_i의 실수부와 허수부로의 분해 $z_i = x_i + \sqrt{-1}y_i$로 정해지는 실 좌표이다. $\gamma_i := \gamma|[t_{i-1}, t_i]$로 둔다. 이때 dx_i, dy_i를 이용해서 η를 U_i 위에서 $\eta|U_i = a_i(x_i, y_i)dx_i + b_i(x_i, y_i)dy_i$ 꼴로 좌표 표시하는 것이 가능하다. 여기서 a_i, b_i는 U_i에서 정의된 C^∞급 함수이다.

정의 **3.29**

경로 γ에 대한 η의 **선적분**을 다음과 같이 정의한다.

$$\int_\gamma \eta = \sum_{i=1}^n \int_{\gamma_i} a_i(x_i, y_i)dx_i + b_i(x_i, y_i)dy_i.$$

우변의 각항은 평면 영역의 통상적인 선적분이다. 적분의 덧셈법칙에 의해서 이것들의 값은 분할을 더 세분화해도 변함이 없다. 또 미분1형식의 변수변환의 공식 (도움정리 3.8)은 선적분의 변수변환 공식 (치환적분 공식)과 같은 모양을 하고 있으므로 우변의 각항은 $\gamma([t_{i-1}, t_i]) \subset U_i$가 되는 좌표근방계 (z_i, U_i)의 고르는 방식에 의존하지 않는다. 따라서 정의 3.29의 적분값은 γ와 η만으로 결정된다.

정의로부터 선적분은 피적분형식에 대해서 선형이고 적분곡선에 대해서 덧셈법칙을 만족한다.

$\overline{U}$를 X의 닫힌 영역이라고 하자. C^∞급 2형식σ의 $\overline{U}$ 위의 면적분을 생각한다. 여기서는 $\overline{U}$가 **C^∞급 삼각형 분할 가능**한 경우만 생각하도록 한다. 다시 말해, $\overline{U}$가

$$\overline{U} = \cup_{i=1}^n T_i \tag{3.7}$$

와 같이 유한개의 C^∞급의 삼각형 T_i의 합으로 분할되어 있는 경우를 생각한다. 여기서 T_i가 C^∞급의 삼각형이라는 것은 T_i가 $\mathbb{R}^2$ 안의 삼각형 T에서 정의된 전단사사상 τ의 상이며 내점에서 τ는 C^∞급, 그리고 삼각형 둘레에서 τ는 조각마다 C^∞급이라는 것을 의미한다. T의 변, 꼭짓점의 상을 각각 T_i의 변, 꼭짓점이라고 부른다. 이때 삼각형 T_i들로 이루어진 덮개 (3.7)가 삼각형 분할이라는 것은 $i \neq j$인 경우 T_i와 T_j의 교집합이 $\emptyset$, T_i와 T_j의 공통의 꼭짓점, 또는 T_i와 T_j가 공유하는 변 중 하나가 될 때를 말한다.

삼각형 분할 (3.7)을 필요한 경우 더 세분화함으로써 각 T_i에 대해서 $T_i \subset U_i$가 되는 좌표근방계 (z_i, U_i)를 잡을 수 있다. 위와 마찬가지로 $U_i \subset \mathbb{C}_{z_i} = \mathbb{R}^2_{(x_i, y_i)}$와 같이 동일시 한다. 또 $\sigma|U_i = c_i(x_i, y_i)dx \wedge dy_i$로 쓸 수 있다.

정의 **3.30**

$\overline{U}$를 포함하는 열린 집합에서 정의된 $\mathbb{C}^\infty$급 2형식 σ를 $\overline{U}$에서 **면적분**한 것을 다

음과 같이 정의한다.

$$\iint_{\overline{U}} \sigma = \sum_{i=1}^{n} \iint_{T_i} c_i(x_i, y_i) dx_i dy_i.$$

우변의 각항은 미분적분학에서 배우는 통상적인 중적분이다. 중적분의 덧셈법칙에 의해서 이것들의 값은 삼각형 분할을 더욱더 세분화해서 작업을 해도 변함이 없다. 또한 미분2형식의 변수변환의 공식 (정의 3.11)은 거기서 같이 증명한 야코비행렬식의 정칙성에 의해서 중적분의 변수변환의 공식 (치환적분 공식)과 같은 꼴이다. 따라서 우변의 각항은 $T_i \subset U_i$가 되는 좌표근방계 (z_i, U_i)를 선택하는 방법에 의존하지 않는다. 또 다른 C^∞급 삼각형 분할 $\overline{U} = \cup_{j=1}^{m} S_j$가 주어졌다고 하자. 이미 주어진 삼각형 분할 (3.7)과 함께 동시에 세분화하는 삼각형 분할을 취한 다음 이 세분화된 것에 적분을 매개해서 비교함으로써 면적분의 값은 어느 삼각형 분할을 이용해서 정의해도 같은 값을 얻을 수 있다는 것을 알 수 있다. 이렇게 면적분의 값은 C^∞급 삼각형 분할이 가능한 $\overline{U}$와 C^∞급 2형식σ만으로 결정된다.

정의로부터 면적분은 피적분형식에 대해서 선형성을 띠며 적분영역에 대해서 덧셈법칙을 만족한다. 콤팩트 리만면의 C^∞급 삼각형 분할 가능성은 제6장에서 증명하도록 한다. 덧셈법칙에 의해서 여기서 정의한 면적분은 $\mathbb{C} = \mathbb{R}^2$ 안의 닫힌 영역 위의 통상적인 중적분과 모순되지 않는다.

예제 3.31 $\mathbb{C}_z$ 상의 C^∞급 2형식 $2\sqrt{-1}(1+|z|^2)^{-2}dz\wedge d\bar{z}$는 리만구면 $\mathbb{P}^1 = \mathbb{C}_z \cup \{\infty\}$ 상의 C^∞급 2형식으로 유일하게 확장됨을 보여라. 이렇게 얻은 $\mathbb{P}^1$에서 정의된 2형식을 σ로 쓰도록 한다. 이때 $\iint_{\mathbb{P}^1} \sigma$를 구하여라.

풀이 σ로 확장을 했다고 하자. $\mathbb{C}_z$의 $\mathbb{P}^1$에서의 폐포가 $\mathbb{P}^1$인 것을 감안하면 이러한 확장은 유일한 것을 알 수 있다. 제 1장에서 다룬 방법으로 $\mathbb{P}^1 = \mathbb{C}_z \cup \mathbb{C}_w$를 생각한다. 이때 $\mathbb{C}_w$ 위에서 σ의 표시법은 $z = 1/w$를 이용해서

$$\begin{aligned}
&2\sqrt{-1}(1 + |1/w|^2)^{-2} d(1/w) \wedge d(1/\overline{w}) \\
&= 2\sqrt{-1} w^2 \overline{w}^2 (1 + w\overline{w})^{-2} (-w^{-2}) dw \wedge (-\overline{w}^{-2}) d\overline{w} \\
&= 2\sqrt{-1}(1 + w\overline{w})^{-2} dw \wedge d\overline{w}
\end{aligned}$$

와 같이 계산할 수 있다. 이것은 $w = 0$에서 명백하게 C^∞급이다. 이렇게 유일하게 확장된다. $\mathbb{P}^1$는 S^2와 C^∞급 위상동형이며 C^∞급 삼각형 분할이 가능하다. $w = 0$

의 근방에서 σ는 C^∞급이므로 이때 적분의 정의로부터 $\iint_{\mathbb{P}^1} \sigma = \lim_{R\to\infty} \iint_{|z|\le R} \sigma$이다. z의 실 좌표 분해를 $z = x + \sqrt{-1}y$라고 하자. σ의 실 좌표 (x, y)에 의한 표시는 $dz \wedge d\bar{z} = -2\sqrt{-1}dx \wedge dy$에 의해서

$$\sigma = 2\sqrt{-1}(1 + x^2 + y^2)^{-2}(-2\sqrt{-1})dx \wedge dy = 4(1 + x^2 + y^2)^{-2}dx \wedge dy$$

와 같이 계산할 수 있다. 게다가 극좌표변환 $x = r\cos\theta$, $y = r\sin\theta$을 해서 $\sigma = 4(1+r^2)^{-2}rdr\wedge d\theta$을 얻는다. 따라서 구하는 값은 $\lim_{R\to\infty} \int_0^R 4(1+r^2)^{-2}rdr \cdot \int_0^{2\pi} d\theta = \lim_{R\to\infty}[-2(1 + r^2)^{-1}]_0^R \cdot 2\pi = 4\pi$이다. □

그린 정리라고 불리는 다음 정리는 매우 중요하다.

정리 3.32

X를 리만면이라고 하자. $\overline{U}$를 X의 C^∞급 삼각형 분할 가능한 영역이라고 하자. 또 η는 $\overline{U}$를 포함하는 열린 집합상의 C^∞급 1형식이라고 하자. 그러면 다음 등식이 성립한다.

$$\iint_{\overline{U}} d\eta = \int_{\partial\overline{U}} \eta.$$

증명 $\overline{U}$를 충분히 세밀한 삼각형들로 분할한다. 각 삼각형 T_i에 대해서 $T_i \subset U_i$일 경우 좌표근방계 (z_i, U_i)를 한 개씩 골라서 T_i에는 $\mathbb{C} = \mathbb{R}^2$의 통상적인 방향으로 유도된 방향을 도입한다. 변환함수의 야코비안이 양수인 사실로부터 이것들은 (z_i, U_i)의 선택한 방식에 의존하지 않는다. 특히 삼각형의 각변에 유도되는 방향은 그 변을 공유하는 두 개의 삼각형에서 거꾸로 되어 있다. 이 사실과 적분의 덧셈법칙에 의해서 좌표근방계에 포함되는 한 개의 삼각형에 대해서 정리를 증명하면 된다. 이 경우는 대학교 학부 2학년 때 배우는 실 평면 영역에서 성립하는 그린 정리에 지나지 않는다. 이렇게 해서 증명이 끝난다. □

4

여러 가지 리만면

일단, 리만면을 부분집합으로 품고있는 공간으로서의 복소다양체에 대해서 간단히 살펴본다. 다음으로 1차원 복소 원환면에 대해서도 자세하게 다룬다. 이것의 일반화로서 나타나는 아핀 평면곡선에 대해서도 약간의 준비과정을 거친 다음 초타원곡선, 비특이 사영평면곡선에 대해서 간단히 살펴본다. 이것들은 제6,7장에서도 종종 고찰의 대상으로 등장할 것이다. 또 콤팩트 리만면의 위상적 분류정리에 대해서도 언급하려고 한다.

4.1 복소다양체

$\mathcal{U}$를 $\mathbb{C}^d$의 공집합이 아닌 열린 집합이라고 하자. $(z_1, \cdots, z_n)$는 $\mathbb{C}^d$의 표준좌표이고 f는 $\mathcal{U}$에서 정의된 함수라고 하자. f는 표준좌표를 이용해서 $f(z_1, \cdots, z_n)$와 같이 표현할 수 있다. $\mathcal{U}$의 각 점에서 변수 z_i들에 대해서 편미분가능한 복소 연속함수를 $\mathcal{U}$에서 정의된 정칙함수라고 부른다. $\varphi : \mathcal{U} \to \mathcal{U}'$를 $\mathcal{U}$에서 $\mathbb{C}^{d'}$의 열린 집합 $\mathcal{U}'$으로 가는 사상이라고 하자. φ는 d'개의 함수로 이루어진 $(\varphi_1(z_1, \cdots, z_d), \cdots, \varphi_{d'}(z_1, \cdots, z_d))$로 표현된다. 각 $\varphi_i(z_1, \cdots, z_d)$가 $\mathcal{U}$에서 정의된 정칙함수일 경우 φ를 정칙사상이라고 부른다. 복소다양체의 정의, 복소다양체 사이의 정칙사상의 정의 및 이에 따라오는 형식적 개념들의 정의는 리만면의 경우와 완전히 평행하게 이루어진다.

정의 4.1

d를 양의 정수라고 하자. 리만면을 정의할 때 필요했던 조건 (1)~(4)중 (3)에서 $\mathbb{C}_{z_i}$를 $\mathbb{C}^d_{(z_{i1}, z_{i2}, \cdots, z_{id})}$로 바꾼 조건을 만족하는 쌍 $(M, \{\varphi_i : U_i \to \mathcal{U}_i\}_{i \in I})$은 위상공간 M을 받침공간으로 가지며 $\{\varphi_i : U_i \to \mathcal{U}_i\}_{i \in I}$를 **아틀라스**로 갖는 d**차원 복소다양체**라고 부른다.

리만면은 1차원 복소다양체이다. 또한 $\mathbb{C}^d$의 영역 $\mathcal{U}$는 $\{id : \mathcal{U} \to \mathcal{U}\}$를 아틀라스로 갖는 d차원 복소다양체의 구조를 갖는다. 리만면에 대해서 언급한 주의 2.3 ~ 정의 2.10에는 자명한 수정을 해주기만 하면 모두 d차원 복소다양체에 대해서도 성립한다. 극대 아틀라스의 원소를 좌표근방계라고 부르는 것도 리만면의 경우와 완전히 똑같다.

보기 4.2 0을 $\mathbb{C}^{d+1}$의 원점이라고 하자. $\mathbb{C}^{d+1} - \{0\}$에서의 동치관계 $\sim$을 다음과 같이 정의한다.

$$(a_0, \cdots, a_d) \sim (b_0, \cdots, b_d) \iff (a_0, \cdots, a_d) = c(b_0, \cdots, b_d)$$
를 만족하는 $\mathbb{C} - \{0\}$ 의 원소 c가 존재한다.

이 동치관계에 의해서 $\mathbb{C}^{d+1} - \{0\}$의 몫공간을 **d차원 복소사영공간**이라고 부르며 $\mathbb{P}^d$로 쓴다.

$$\mathbb{P}^d := (\mathbb{C}^{d+1} - \{0\})/\sim .$$

$\mathbb{P}^d$에는 $\mathbb{C}^{d+1} - \{0\}$의 유클리드위상으로부터 물려받은 몫공간위상을 도입한다. 또 $\mathbb{C}^{d+1} - \{0\}$의 표준좌표 $(X_0, \cdots, X_d)$를 $\mathbb{P}^d$의 동차좌표라고 부르며 $\mathbb{P}^d$의 동차좌표를 생각할 경우에는 $[X_0 : \cdots : X_d]$로 표기한다. $\mathbb{P}^1$의 경우와 마찬가지로 다음 사실들을 확인할 수 있다.

(1) $\mathbb{P}^d$는 공집합이 아닌 제2의 가산공리를 만족하는 연결된 콤팩트 하우스도르프 공간이다.

(2) i를 $0 \leq i \leq d$를 만족하는 정수라고 하자. 각 i에 대해서

$$U_i := (X_i \neq 0) := \{[a_0 : a_1 : \cdots : a_d] \in \mathbb{P}^d \mid a_i \neq 0\}$$

로 놓고 U_i으로부터 $\mathbb{C}^d$으로 가는 사상 φ_i를

$$U_i \ni [t_0 : \cdots : t_d] \mapsto \left(\frac{t_0}{t_i}, \cdots, \frac{t_{i-1}}{t_i}, \frac{t_{i+1}}{t_i}, \cdots, \frac{t_d}{t_i}\right) \in \mathbb{C}^d$$

로 정의한다. 이때 $\mathbb{P}^d$는 $\{\varphi_i : U_i \to \mathbb{C}^d\}_{i=0}^d$를 아틀라스로 갖는 d차원 복소다양체가 된다. 이제부터 $\mathbb{P}^d$는 이런 아틀라스를 갖는 복소다양체로 고정해서 생각한다.

(3) $A \in \mathrm{GL}(d+1, \mathbb{C})$라고 하자. 그러면 $p_{A^t}(t_0, t_1, \cdots, t_d) := A^t(t_0, t_1, \cdots, t_d)$ (^{t}는 전치벡터를 뜻한다.)는 $\mathbb{P}^d$에서 자기자신으로 가는 쌍정칙사상을 정의한다. 이렇게 정의된 p_A의 쌍정칙사상 p_A를 $\mathbb{P}^d$의 **사영변환**이라고 부른다.

문제 4.1 보기 4.2 (1)~(3)에서 언급한 사실들을 확인하시오.

M을 d차원 복소다양체라고 하자. M의 점 P에서 정의된 M의 정칙함수의 싹들이 이루는 $\mathbb{C}$-대수를 $\mathcal{O}_{M,P}$로 나타내기로 하자. $\mathcal{O}_{M,P}$에서 미분작용소 $v : \mathcal{O}_{M,P} \to \mathbb{C}$, 즉 다음을 만족하는 $\mathcal{O}_{M,P}$에서 $\mathbb{C}$로 가는 사상

$$v(af+bg) = av(f) + bv(g), \quad v(fg) = f(P)v(g) + g(P)v(f),$$
$$\forall f, g \in \mathcal{O}_{M,P},\ \forall a, b \in \mathbb{C}$$

전체의 집합을 리만면의 경우와 마찬가지로 $T_M(P)$로 쓰고 P에서 정의된 M의 **정칙접벡터공간**이라고 부른다. $((z_1, \cdots, z_d), U)$를 P가 포함된 좌표근방계라고 하자. 리만면의 경우와 마찬가지로 정칙함수는 테일러 급수전개가 가능하다는 사실, 및 각좌표 z_i에 관해서 코시-리만의 관계식을 만족하는 사실을 이용해서 자연스러운 덧셈과 복소수의 스칼라곱에 대해서 $T_M(P)$는

$$\left\langle \left(\frac{\partial}{\partial z_1}\right)_P, \cdots, \left(\frac{\partial}{\partial z_d}\right)_P \right\rangle$$

를 기저로 갖는 $\mathbb{C}$-선형공간이라는 것을 알 수 있다.

문제 4.2 위에서 언급한 사실들을 확인하시오.

정의 4.3

M을 d차원 복소다양체, V를 M의 공집합이 아닌 연결된 닫힌 부분집합이라고 하자. V의 각 점 P에 대해서 M에서 정의된 P의 국소 좌표근방계 $((z_1^P, \cdots, z_d^P), U_P)$가 존재해서

$$V \cap U_P = \{Q \in U_P \mid z_{k+1}^P(Q) = \cdots = z_d^P(Q) = 0\}$$

를 만족할 때 V에 $\{((z_1^P, \cdots, z_k^P), V \cap U_P)\}_{P \in V}$를 아틀라스로 갖는 k차원 복소다양체의 구조를 도입한다. 위와 같은 위상공간 V와 아틀라스의 한 쌍을 M의 **닫힌 부분다양체**이라고 부른다.

V가 M의 닫힌 부분다양체일 경우 포함사상 $\iota : V \to M$은 정칙사상인 것을 알 수 있다.

문제 4.3 정의 4.3에서 $\{((z_1^P, \cdots, z_k^P), V \cap U_P)\}_{P \in V}$ 가 아틀라스의 조건을 만족하는 것을 역함수정리가 정칙함수의 범주에서도 성립하는 사실을 이용해서 검증하시오.

문제 4.4 정칙사상 $\nu : \mathbb{C} \to \mathbb{C}^2(x, y); a \mapsto (a^2, a^3)$ 의 상을 C 라고 하자. 다음을 보이시오.

(1) $C = (y^2 - x^3 = 0) := \{(\alpha, \beta) \in \mathbb{C}^2 \mid \beta^2 - \alpha^3 = 0\}$

(2) C 의 위상이 $\mathbb{C}^2$ 에서 비롯된 유도위상과 일치하고 게다가 ν 가 쌍정칙사상이 되는 복소다양체의 구조를 C 에 정의할 수 있다.

(3) C 는 $\mathbb{C}^2$ 의 닫힌 부분다양체가 아니다.

정의-주의 4.4

복소다양체 N 으로부터 복소다양체 M 의 닫힌 부분다양체 V 로 가는 쌍정칙사상 $\varphi : N \to V \subset M$ 이 있을 때 이를 N 을 M 에 **매립**하는 사상이라고 부른다. 포함사상 $\iota : V \hookrightarrow M$ 은 정칙이므로 φ 는 N 에서 M 으로 가는 사상으로 봐도 정칙이다. N 을 M 에 매립하는 사상 φ 가 존재한다고 할 때 N 과 M 의 닫힌 부분다양체 $\varphi(N)$ 을 복소다양체로서 동일시할 수 있게 된다.

다음은 이 책 전체를 통틀어서 아주 중요한 도움정리이다.

도움정리 4.5 X 를 콤팩트 리만면, M 을 복소다양체라고 하자. 그러면 다음 조건 (1), (2)를 동시에 만족하는 정칙사상 $\varphi : X \to M$ 은 매립이다.

(1) φ 는 단사이다. 즉, $P \neq P'$ 일 경우 $\varphi(P) \neq \varphi(P')$ 이다.

(2) X 의 각 점 P 에 대해서 **φ 의 미분** $(d\varphi)(P) \to T_M(\varphi(P))$ 는 단사이다.

주의 4.6 **미분** $(d\varphi)(P)$ 이 의미하는 바는 다음과 같다. $Q = \varphi(P)$ 로 두자. P 를 포함하는 X 의 국소 좌표근방계 (z, U) 와 Q 를 포함하는 M 의 국소 좌표근방계 $((z_i)_{i=1}^d, V)$ 를 $\varphi(U) \subset V$ 가 되도록 잡는다. V 에서 φ 는 이러한 좌표를 이용해서 $\varphi(z) = (\varphi_1(z), \cdots, \varphi_d(z))$ 와 같이 정칙함수로 표시된다. $d\varphi(P)$ 는

$$\left(\frac{d}{dz}\right)_P \mapsto \frac{d\varphi_1}{dz}(0)\left(\frac{\partial}{\partial z_1}\right)_Q + \cdots + \frac{d\varphi_d}{dz}(0)\left(\frac{\partial}{\partial z_d}\right)_Q$$

로 정의되는 $T_X(P)$에서 $T_M(Q)$로 가는 $\mathbb{C}$-선형사상이다. φ가 정칙이라는 사실로부터 사상 $d\varphi(P)$는 사상 φ와 점 P가 좌표의 선택과 무관하면서 모순되지 않게 정의된다.

도움정리 4.5의 증명 $Y = \varphi(X)$, $Q = \varphi(P)$로 두자. Y에 M으로부터 유도되는 상대위상을 도입한다. M은 하우스도르프 공간이므로 Y도 하우스도르프 공간이다. X는 콤팩트이므로 일대일 연속사상 $\varphi : X \to Y$는 위상동형사상이다. 특히 Y는 연결된 콤팩트이므로 하우스도르프 공간 M의 연결된 닫힌 부분집합이다. M에서 Q의 근방 V를 잡는다. $V_{Y,Q} := V \cap Y$라고 하자. 상대위상의 정의로부터 $V_{Y,Q}$는 Q를 포함하는 Y의 근방이다. $\varphi : X \to Y$는 위상동형사상이므로 V를 충분히 작게 잡으면 $\varphi^{-1}(V_{Y,Q})$를 $P \in X$의 어떤 국소 좌표근방 $(t_P, U_P \to \Delta)$의 받침 U_P와 일치하게 만들 수 있다. X는 리만면이므로 Y에는 $\{t_Q := t_P \circ \varphi^{-1} \mid V_{Y,Q} : V_{Y,Q} \to \Delta\}_{Q \in Y}$를 아틀라스로 갖는 리만면의 구조를 도입할 수 있다. 이 구조하에서 φ는 X에서 Y로 가는 쌍정칙사상이다. 보여야 할 것은 지금 도입한 리만면의 구조하에서 Y가 M의 닫힌 부분다양체라는 것이다. Y에 도입한 리만면의 구조에 의하면 (주의 4.6의 기호를 그대로 써서) 포함사상 $\iota : Y \to M$를 Q의 근방에서의 국소 좌표 표시하면 $\iota(z) = (\varphi_1(z), \cdots, \varphi_d(z))$가 된다. 조건 (2)로부터 어떤 i가 존재해서 $\frac{d\varphi_i}{dz}(0) \neq 0$이다. $\frac{d\varphi_1}{dz}(0) \neq 0$이라고 가정해도 일반성을 잃지 않는다. 그러면 Q의 열린 근방 $U' \subset U$을 필요할 경우 더 작게 잡아서 $(\varphi_1 \circ z|U', U')$도 Y 안의 Q의 좌표근방계가 된다. 다시 새롭게 $(\varphi_1 \circ z|U', U')$를 (z, U)로 줄여서 쓰도록 한다. ι를 Q에서 좌표 표시하면 $\iota(z) = (z, \varphi_2(z), \cdots, \varphi_d(z))$가 된다. $((z_i)_{i=1}^d), V)$가 Q의 충분히 작은 M의 국소 좌표근방계일 경우

$$(w_1, w_2, \cdots, w_d) := (z_1, z_2 - \varphi_2(z_1), \cdots, z_d - \varphi_d(z_1))$$

로 놓으면 $((w_i)_{i=1}^d, V)$도 M 안의 Q의 국소 좌표근방계가 된다. $(z, U), ((w_i)_{i=1}^d, V)$를 이용해서 ι를 좌표 표시하면 $\iota(z) = (z, 0, \cdots, 0)$가 된다. Q는 Y의 임의의 점이었는데 이 사실로부터 Y는 M의 닫힌 부분다양체이다. □

4.2 1차원 복소 원환면

ω_1, ω_2를 $\mathbb{R}$ 위에서 1차독립인 두 개의 복소수라고 하자. $\mathbb{C}$의 부분군

$$\Lambda := \{n_1\omega_1 + n_2\omega_2 | n_1, n_2 \in \mathbb{Z}\}$$

를 ω_1, ω_2로 생성되는 계수 2의 격자라고 부른다. Λ에서 $\mathbb{C}$로 가는 자연스러운 작용

$$\Lambda \times \mathbb{C} \to \mathbb{C};\ (\omega, z) \mapsto \omega + z$$

에 의한 궤도공간 $\mathbb{C}/\Lambda$에 대해서 고찰하기로 한다. $E = \mathbb{C}/\Lambda$로 표기하기로 하자. E는 동치관계 $x \sim y \Leftrightarrow x - y \in \Lambda$에 의한 $\mathbb{C}$의 몫집합이다. 이 동치관계로 유도된 몫사상을 $p : \mathbb{C} \to E$이라고 하자. E의 점은

$$S := \{a\omega_1 + b\omega_2 \in \mathbb{C} \mid 0 \le a, b < 1\}$$

의 점과 일대일 대응관계를 이룬다. (각자 Λ, S를 복소평면에 한번 그려보는 것을 권한다.) 또 Λ는 덧셈군 $\mathbb{C}$의 정규부분군이기도 하므로 E에 곱셈군으로서의 군의 구조가 도입된다. 즉, E는 $[a] + [b] = [a + b]$를 덧셈으로 정하고 $[0]$을 단위원소, $[-a]$를 $[a]$의 역원으로 갖는 덧셈군의 구조를 갖는다. 여기서 $[a] = p(a)$이다.

문제 4.5 E를 위에서 설명한 방식으로 덧셈군으로 간주한다. 또 E의 단위원소 $[0]$을 그냥 0으로 쓴다. n을 양의 정수라고 하자. $nP = 0$을 만족하는 E의 점 P를 E의 n분점이라고 부른다.

(1) E의 2분점, 3분점, 4분점에 대응되는 S의 점을 모두 찾으시오.

(2) E의 n분점 전체는 E의 부분군이 되는 것을 보이고 또 $(\mathbb{Z}/n)^{\oplus 2}$와는 군동형임을 보여라. E의 n분점은 모두 몇 개인가?

E에 $\mathbb{C}$의 복소구조로부터 유도되는 자연스러운 복소구조를 도입할 수 있다. 이 구조 하에서 E는 콤팩트 리만면이 된다. 이 사실을 아래에서 설명하려고 한다.

E의 위상은 몫사상 p로 정의되는 $\mathbb{C}$의 유클리드 위상으로부터 유도된 몫위상으로 고정한다.

도움정리 4.7

(1) p는 전사이면서 연속인 열린 사상이다.

(2) E는 제2가산공리를 만족하는 연결된 콤팩트 하우스도르프 공간이다.

증명 p가 전사이면서 연속인 것은 자명하다. p가 열린 사상인 것을 보이도록 한다. U를 $\mathbb{C}$의 공집합이 아닌 열린 집합이라고 하자. $p^{-1}(p(U)) = \cup_{\omega\in\Lambda}(U + \omega)$이면서 $U + \omega$는 모두 $\mathbb{C}$의 열린 부분집합이다. 따라서 $p^{-1}(p(U)$는 열린 집합이고

$p(U)$도는 E의 열린 집합이다. 이렇게 p는 열린 사상임을 알 수 있다. 이제 (2)를 보이도록 한다. (1)에 의해서 $\mathbb{C}$의 기저의 상은 E의 기저가 된다. 이 사실과 $\mathbb{C}$가 제2 가산공리를 만족하는 사실로부터 E도 역시 제2가산공리를 만족하는 것을 알 수 있다. $S = \{a\omega_1 + b\omega_2 \mid 0 \leq a, b \leq 1\}$의 폐포 $\overline{S}$는 연결되어 있으며 콤팩트이다. 또 $E = p(\overline{S})$가 성립한다. p는 연속이므로 E도 연결되어 있으며 콤팩트이다. E의 서로 다른 점 $P \neq Q$를 잡는다. $P = [x], Q = [y]$가 되는 S의 점 x, y가 존재한다. 복소수 ϵ을 적당히 잡으면 x, y가 동시에 $S + \epsilon$의 내점에 있게 된다. x, y를 중심으로 갖는 열린 원판 U_x, U_y를 $S + \epsilon$안에 포함되며 서로 겹치지 않게 잡을 수 있다. 이때 $p(U_x), p(U_y)$는 $P \in p(U_x), Q \in p(U_y)$이면서 $p(U_x) \cap p(U_y) = \emptyset$을 만족하는 E의 열린 집합이다. 따라서 E는 하우스도르프 공간이다. □

주의 4.8 도움정리 4.7의 증명에서 알 수 있듯이 E의 각 점 P에 대해서 복소수 ϵ을 적당히 잡아서 P를 대표하는 $\mathbb{C}$의 점 x를 중심으로 갖는 열린 원판 U_x를 $U_x \subset S + \epsilon$가 되도록 잡을 수 있다. $V_P := p(U_x)$을 고정하자. V_P는 P의 근방이면서 역상 $p^{-1}(V_P)$는 $p^{-1}(V_P) = \cup_{\omega \in \Lambda} U_x + \omega$, $(U_x + \omega) \cap (U_x + \omega') = \emptyset$ $(\omega \neq \omega')$를 만족한다. 이때 $p|(U_x + \omega) : U_x + \omega \to V_P$는 위상동형사상이다.

문제 4.6 E는 평행사변형 $\overline{S}$의 평행한 두변을 동일시해서 얻어지는 위상공간과 위상동형이다. 특히 격자 Λ를 선택하는 방법에 의존하지 않고 항상 원둘레 두 개의 직적 $S^1 \times S^1$과 위상동형이다. 이 사실을 증명하시오.

주의 4.8의 기호를 이어서 쓴다. E의 아틀라스를 $p|U_x$의 역사상 $\varphi_{P,x} : V_P \to U_x$ (P는 E의 각각의 점, x는 $p^{-1}(P)$의 각각의 점을 취한다.) 전체로 이루어진 집합으로 고정한다. 실제로 교집합 $V_P \cap V_Q$의 좌표 $\varphi_{P,x}$와 $\varphi_{Q,y}$의 변환함수는 Λ의 어떤 한 원소를 더하는 사상이며 정칙사상이다. 따라서 짝 $(E, \{(\varphi_{P,x}, V_P)\}_{P \in E, x \in p^{-1}(P)})$는 콤팩트 리만면이 된다. 이 콤팩트 리만면을 Λ를 주기로 갖는 **1차원 복소 원환면**이라고 부른다. 아래에서는 그냥 간단히 E로 쓰기로 한다.

정의로부터 몫사상 $p : \mathbb{C} \to E$는 정칙사상이다. 실제로 E의 좌표근방계 $\varphi_{P,x} : V_P \to U_x$와 $\mathbb{C}$의 좌표근방계 $id : U_x \to U_x$를 이용한 p의 좌표 표시는 $p(z) = z$이기 때문이다.

문제 4.7 다음을 보여라.

(1) E의 덧셈 및 역원을 취하는 사상 $E \times E \to E; ([a],[b]) \mapsto [a+b], E \to E; [a] \mapsto [-a]$는 모두 정칙사상이다. 단, $E \times E$는 직적 다양체로서의 구조를 도입한 것이다.

(2) 임의의 원소 $[a] \in E$에 대해서 $r_{[a]} : E \to E; [p] \mapsto [a+q]$는 쌍정칙사상이다. 특히 1차원 복소 원환면 E는 등질공간이다. 즉, E의 임의의 두 점 P, Q에 대해서 $f(P) = Q$가 되는 E에서 E로 가는 쌍정칙사상 f가 존재한다.

E의 리만면으로서의 구조는 Λ에 따라서 복소 1차원적으로 변한다. (제7장 문제 7.18을 참조.)

이제는 1차원 복소 원환면 E의 대역적인 유리형 함수에 대해서 공부해 보기로 한다. 여기서는 E의 아틀라스를 써서 직접 다루는 게 아니라 몫사상 $p : \mathbb{C} \to E$를 매개해서 $\mathbb{C}$에서 정의된 유리형 함수의 문제로 귀착시킨 다음 논의를 진행해 나가기로 한다. 다시 말해서 E에서 정의된 대역적 유리형 함수 f를 직접 다루는 대신 그것의 당김 $p^* f := f \circ p$에 더 집중하기로 한다.

정의 4.9

Λ의 작용에 대해서 불변인 $\mathbb{C}$에서 정의된 유리형 함수 (형식) $f(z)$를 **2중 주기 함수 (형식)**라고 부른다. 다시 말해서, 2중 주기함수 (형식)란 $\omega \in \Lambda$일 경우 $f(z+\omega) = f(z)$인 유리형 함수 (형식)이다.

Λ는 ω_1와 ω_2로 생성되므로 $f(z)$가 2중 주기인 것을 보이기 위해서는 $f(z) = f(z+\omega_1) = f(z+\omega_2)$를 보이면 된다. 또 로랑전개의 유일성에 의해서 2중 주기함수 (형식)의 점 a에서의 위수는 $a+\omega$ $(\omega \in \Lambda)$에서의 위수와 일치한다.

다음은 간결하지만 사고의 전환을 해 주는 중요한 결과이다.

도움정리 4.10 당김 p^*는 다음 두 개의 집합 사이의 전사 일대일 대응을 정의한다.

$$\mathcal{P} := \{\mathbb{C}\text{에서 정의된 } \Lambda\text{를 주기로 갖는 2중 주기함수 (형식)}\},$$
$$\mathcal{C}(E) := \{E\text{에서 정의된 유리형 함수 (형식)}\}.$$

증명 f를 E에서 정의된 유리형 함수 (형식)라고 하자. p는 정칙이므로 p^*f는 $\mathbb{C}$에서 정의된 유리형 함수 (형식)이다. $\omega \in \Lambda$라고 하자. $p(z+\omega) = p(z)$이므로 이때 $(p^*f)(z+\omega) = f(p(z+\omega)) = f(p(z)) = p^*f(z)$이다. 따라서 $p^*f \in \mathcal{P}$이다. 게다가 p는 전사이므로 p^*는 단사이다. 역으로 $g \in \mathcal{P}$라고 하자. 주의 4.8에서 살펴본 E의 좌표근방계 $\varphi_{P,x} : V_P \to U_x$를 도입한다. f^P는 좌표 표시가 $g|U_x$로 주어지는 V_P에서 정의된 함수 (형식)라고 하자. 여기서 g는 2중 주기이므로 f^P는 x의 의존하지 않고 P에만 의존한다. 게다가 g는 유리형이므로 f^P는 V_P에서 유리형이다. 또 g는 대역적으로 정의되어 있기 때문에 f^P와 f^Q를 $V_P \cap V_Q$에 제한하면 일치한다. 따라서 $f^P (P \in E)$들을 잘 포개서 붙히면 E에서 정의된 대역적 유리형 함수(형식)를 만들 수 있다. 이것을 f로 표시하면 위의 구성방법에 의해서 $p^*f = g$임을 알 수 있다. □

주의 4.11

(1) 이 증명 (역대응을 구성하는 부분)에 의해서 $P \in E$에서의 f의 위수와 $p^{-1}(P)$의 각 점에서의 p^*f의 위수는 일치한다.

(2) 따름정리 2.23에 따르면 E에서 정의되는 대역적인 정칙함수는 오직 상수함수뿐이다.

(3) $\mathbb{C}$에서 정의된 정칙함수 $f(z) = z$는 2중 주기가 아니지만 (따라서 E의 함수로도 볼 수 없다) 미분 dz는 2중 주기를 갖는다. 실제로 $d(z+\omega) = dz + d\omega = dz$이다. 따라서 도움정리 4.10의 대응관계에 의해서 dz는 E의 대역적인 유리형1형식이 된다. dz는 E의 어디에서도 0이 되지 않는 정칙1형식이다.

문제 4.8 E의 대역적인 정칙1형식은 모두 cdz (c는 상수)와 같은 모양임을 보여라.

도움정리 4.12 E의 한 점에서만 위수 1인 극을 갖고 다른 곳에서는 정칙인 유리형 함수는 존재하지 않는다.

증명 이 도움정리에서 말하는 그런 함수 f가 존재한다고 가정해 보자. f를 E에서 $\mathbb{P}^1$로 가는 정칙사상이라고 볼 수 있다. $f^{-1}(\infty)$는 한 점 (가령 P)이고 f는 P에서 위수 1인 극을 가지므로 정의 2.27에 의해서 f의 덮개차수는 1이다. 따름정리 2.29에 의해서 이때 E와 $\mathbb{P}^1$가 동형이 되는데 이것은 모순이다. 문제 3.5에 의해서 $\mathbb{P}^1$에서 정의된 대역적 정칙1형식은 0밖에 없는데 E에는 0이 아닌 대역적 정칙 1형식 dz가 존재하기 때문이다. □

다음으로 한 점에서만 위수가 2인 극을 갖고 다른 점에서는 정칙인 E에서 정의된 유리형 함수에 대해서 고찰한다. E의 등질성에 의해서 $p(0)$에서 극을 갖지 않는다고 가정해도 무방하다. 도움정리 4.10에 의해서 이 경우 문제는 Λ에서만 위수 2의 극을 갖는 2중 주기함수를 찾는 문제와 동치이다.

문제 4.9 $\sum_{\omega\in\Lambda} 1/(z-\omega)^2$는 Λ 바깥에서도 발산해버리는 것을 보여라.

다음 함수는 바이어슈트라스(Weierstrass)가 발견한 것이다.

정리 4.13

$$\wp(z) := \frac{1}{z^2} + \sum_{\omega\in\Lambda-\{0\}} \left(\frac{1}{(z-\omega)^2} - \frac{1}{\omega^2}\right)$$

는 Λ에서만 위수 2인 극을 갖는 2중 주기함수이다. 이 함수 $\wp(z)$를 **바이어슈트라스의 $\wp$-함수**라고 부른다.

증명 다음을 보이면 된다.

(1) $\wp(z)$는 $\mathbb{C}-\Lambda$에서 정칙이고 Λ에서는 위수 2의 극을 갖는다.

(2) $\wp(z)$의 2중 주기성.

(1)의 증명

도움정리 4.14 s를 실수라고 하자. $s>1$일 경우 $\sum_{\omega\in\Lambda-\{0\}} |\omega|^{-2s}$는 수렴한다.

도움정리의 증명 $\varphi(x,y) := |x\omega_1 + y\omega_2|^2$ $(x, y \in \mathbb{R})$로 두자. 우변을 전개하면 $\varphi(x,y) = ax^2+2bxy+cy^2$ 꼴이 되고 $\varphi(x,y)$는 실수 계수 2차형식이다. 게다가 $\omega_1/\omega_2 \notin \mathbb{R}$이므로 이 2차형식은 양수값을 취한다. 대응되는 실 대칭행렬 $A = \begin{pmatrix} a & b \\ b & c \end{pmatrix}$를 생각한다. A의 고유치는 실수이다. 이것들을 $m_1, m_2 (m_1 \le m_2)$라고 하자. φ는 양수이므로 이 경우 $0 < m_1 \le m_2$이다. 실 직교행렬을 이용해서 A의 대각화를 함으로써

부등식

$$m_1(x^2+y^2) \le \varphi(x,y) \le m_2(x^2+y^2)$$

이 임의의 $(x,y) \in \mathbb{R}^2$에 대해서도 성립함을 알 수 있다. 따라서 두 개의 급수

$$\sum_{\omega\in\Lambda-\{0\}} |\omega|^{-2s} = \sum_{(n_1,n_2)\in\mathbb{Z}^2-\{(0,0)\}} \varphi(n_1,n_2)^{-s};$$
$$\sum_{(n_1,n_2)\in\Lambda-\{(0,0)\}} \frac{1}{(n_1^2+n_2^2)^s}$$

의 수렴발산 여부는 같다. 두 번째 급수에 대해서는 중적분

$$\lim_{R\to\infty} \iint_{\epsilon^2\le x^2+y^2\le R^2} \frac{1}{(x^2+y^2)^s} dxdy$$

(이 적분은 극좌표변환을 하면 계산가능하다) 의 수렴발산과 비교해서 결론을 얻는다. □

(1)의 증명으로 돌아와서, $M>0$를 임의로 선택해서 고정한다. $|z| \le 2M$은 콤팩트인 집합이며 Λ는 이산집합이므로 $|\omega| \le 2M$을 만족하는 $\omega \in \Lambda$는기껏해야 유한개이다. $\wp(z)$을

$$\wp(z) = \left(1/z^2 + \sum_{\omega\in\Lambda-\{0\},|\omega|\le 2M} \left(\frac{1}{(z-\omega)^2} - \frac{1}{\omega^2}\right)\right)$$
$$+ \sum_{\omega\in\Lambda,|\omega|>2m} \left(\frac{1}{(z-\omega)^2} - \frac{1}{\omega^2}\right)$$

의 두 개의 합으로 분해한다. 첫 번째 합은 유한합이고 보면 알 수 있듯이 $\{z \mid |z| \le M\} - \Lambda$에서 정칙이고 $\{z \mid |z| \ne M\} \cap \Lambda$에서 위수 2의 극을 갖는 유리함수이다. 두 번째 합에서 각 항 $1/(z-\omega)^2 - 1/\omega^2$는 $\{z \mid |z| < 2M\}$에서 정칙이다. 따라서 두 번째 합이 $|z| \le M$에서 고르게 수렴하는 것만 알면 이때 두 번째 합은 $|z| < M$에서 각 항별로 미분이 가능해서 $|z| < M$ 전체에서 정칙이 된다. M이 임의의 양의 정수인 사실을 고려하면 이것으로부터 결론을 얻을 수 있다. 이제 두 번째 합이 $|z| < M$에서 고른 수렴하는 것을 보이도록 한다. $|z| \le M$일 경우 $|\omega| > 2M \ge 2|z|$을 이용해서 계산을 하면 두 번째 합에서 나타나는 각 항은

$$\left|\frac{1}{(z-\omega)^2} - \frac{1}{\omega^2}\right| = \frac{|z||z-2\omega|}{|\omega|^2|z-\omega|^2} \le \frac{10M}{|\omega|^3}$$

을 만족하는 것을 알 수 있다. 도움정리 4.14에 의해서 우변의 합 $\sum_{\omega\in\Lambda,|\omega|>2M} 10M/|\omega|^3$ 은 수렴한다. 비교판정법에 의해서 이 경우 우리가 원하는 고른 수렴을 확인할 수 있다.

주의 4.15 증명으로부터 $\mathbb{C}-\Lambda$ 위에서 $\wp(z)$는 각 항 별로 미분가능하고

$$\wp'(z) = -2\sum_{\omega\in\Lambda} \frac{1}{(z-\omega)^3}$$

이 된다. $\wp'(z)$는 생김새로부터 알 수 있듯이 2중 주기함수이며 격자점 Λ에서 위수 3인 극을 갖는다.

(2)의 증명 $\omega \in \{\omega_1, \omega_2\}$라고 하자. $\wp'(z)$는 2중 주기함수이므로 $\wp'(z) = \wp'(z+\omega)$이다. 따라서 $(\wp(z+\omega) - \wp(z))' = 0$이 된다. $\mathbb{C}-\Lambda$는 연결되어 있으므로 이 사실로부터 $\wp(z+\omega) - \wp(z)$는 $\mathbb{C}-\Lambda$에서 상수함수가 된다. (이 값을 c_ω로 놓는다.) $\omega/2 \notin \Lambda$이며 식의 모양으로부터 $\wp(z) = \wp(-z)$이므로 $\wp(\omega/2) = \wp(-\omega/2)$이다. 한편 $\omega/2 = -\omega/2 + \omega$이다. 따라서 $c_\omega = \wp(\omega/2) = \wp(-\omega/2) = 0$이다. 따라서 $\mathbb{C}-\Lambda$에서 $\wp(z+\omega) - \wp(z) = 0$이다. 유리형 함수의 강성에 의해서 이 경우 $\mathbb{C}$ 전체에서 $\wp(z+\omega) = \wp(z)$임을 알 수 있다. □

도움정리 4.10의 대응을 이용해서 $\wp(z)$를 E에서 정의된 유리형 함수로 간주한 다음 E에서 $\mathbb{P}^1$로 가는 정칙사상으로 생각한다. 그러면 E는 $\mathbb{P}^1$ 위에서 2중 덮개 구조를 갖는 것을 알 수 있다. 이것은 E의 정의 또는 구성법으로부터 유추하기 힘든 아름다운 성질이다.

따름정리 4.16 $\wp(z)$가 정의하는 정칙사상 $\wp : E \to \mathbb{P}^1; [z] \mapsto [\wp(z) : 1]$는 네 점 $[0]$, $[\omega_1/2]$, $[\omega_2/2]$, $[(\omega_1+\omega_2)/2]$ (E의 2분지점 전체)에서 분지하는 2중 덮개이다.

증명 $\wp$는 $[0]$에서만 위수 2인 극을 갖는 E의 유리형 함수이므로 $\deg\wp = 2$이고 $\wp^{-1}(\infty) = \{0\}$이다. 한편 $\wp([a]) = \wp([-a])$을 만족한다. 여기서 $[a] \in E$가 E의 2분점이 아닐 경우 $[a] \neq [-a]$이다. $\deg\wp = 2$이기 때문에 이때 $\wp^{-1}(\wp([a])) = \{[a], [-a]\}$이다. 다음으로 $[\omega_1/2]$의 근방에서 취하는 $\wp$의 모습을 살펴본다. $\wp(-z) = \wp(z) = \wp(z+\omega_1)$이다. 양변을 z로 미분하면 $-\wp'(-z) = \wp'(z+\omega_1)$이다. 특히 $-\wp'(\omega_1/2) = \wp'(\omega_1/2)$이다. 따라서 $\wp'(\omega_1/2) = 0$임을 알 수 있다. 이것으로부터 $\wp(z)$를 $\omega_1/2$에서

테일러 급수로 전개하면 $\wp(z) = \wp(\omega_1/2) + ((z-\omega_1/2)$의 2차 이상의 항) 꼴이 된다. E의 아틀라스의 정의로부터 $z-\omega_1/2$는 E의 점 $[\omega_1/2]$에서의 국소 좌표이기도 하다. 따라서 $\wp$는 $[\omega_1/2]$에서 분지한다. 다른 두 점 $[\omega_1/2], [(\omega_1+\omega_2)]$에 대해서도 마찬가지 성질을 만족한다. □

주의 4.17 증명에 의해서 E의 임의의 점 $[a]$에 대해서 $\wp^{-1}(\wp([a])) = \{[a], [-a]\}$이다.

명제 4.18 등식 $(\wp'(z))^2 = 4\wp(z)^3 - g_2\wp(z) - g_3$이 성립한다. 여기서 g_2, g_3은 $g_2 := 60\sum_{\omega\in\Lambda-\{0\}} \omega^{-4}, g_3 := 140\sum_{\omega\in\Lambda-\{0\}} \omega^{-6}$으로 정의되는 복소수이다.

도움정리 4.14에 의해서 급수 g_2, g_3은 수렴하고 복소수 값을 취한다.

주의 4.19 대수적 확장 $\mathbb{Q}(\alpha)/\mathbb{Q}$에 대해서 알아볼 때 α의 최소다항식 $f(x)$를 문자 그대로 α가 만족하는 방정식으로 취급해서 얻을 수 있는 정보와 $f(x)$를 $1, \alpha, \alpha^2, \cdots$ 들 사이의 $\mathbb{Q}$상의 1차 관계식으로 취급해서 얻을 수 있는 정보가 따로 있는 것처럼 명제의 등식도 크게 두 가지 관점에서 바라볼 수 있다.

(1) $\wp(z)$가 만족하는 미분방정식으로 생각한다.
(2) $\wp(z)$, $\wp'(z)$ 사이에 성립하는 대수적 관계식으로 생각한다.

나중에 (2)의 관점으로 접근함으로써 1차원 복소 원환면 E가 $\mathbb{P}^2$ 안의 3차 곡선과 쌍정칙이 되는 것을 보일 것이다.

이제 명제 4.18를 증명하도록 한다.

명제 4.18의 증명 $\mathbb{C}$의 원점 0의 근방을 $U \cap \Lambda = \{0\}$이 되도록 잡는다.

$$\wp(z) = \frac{1}{z^2} + \sum_{\omega\in\Lambda-\{0\}} \left(\frac{1}{(z-\omega)^2} - \frac{1}{\omega^2} \right)$$

의 두 번째 항부터의 합은 U 위에서 정칙이다. $\omega \in \Lambda - \{0\}$에 대해서 $f_\omega(z) := 1/(z-\omega)^2 - 1/\omega^2$로 놓자. $(f_\omega)^{(n)}(0) = (n+1)!/\omega^{n+2}$ $(n \geq 1)$, $f_\omega(0) = 0$를 만족한

다. 따라서 $f_\omega(z)$를 $z=0$에서 테일러 급수전개하면

$$f_\omega(z) = \sum_{n\geq 1} \frac{n+1}{\omega^{n+2}} z^n$$

를 얻는다. 이것을 $\wp(z)$의 식에 대입하고 수렴하는 멱급수의 합은 더하는 순서에 상관없이 수렴하는 사실을 이용해서 정리하면

$$\begin{aligned} \wp(z) &= \frac{1}{z_2} + \sum_{\omega\in\Lambda-\{0\}} \left(\sum_{n\geq 1} \frac{n+1}{\omega^{n+2}} z^n \right) \\ &= \frac{1}{z^2} + \sum_{n\equiv 0 (\mathrm{mod}\ 2), n\geq 1} \left(\sum_{\omega\in\Lambda-\{0\}} \frac{n+1}{\omega^{n+2}} \right) z^n \end{aligned}$$

를 얻을 수 있다. $a_k := \sum_{\omega\in\Lambda-\{0\}} 1/\omega^k$로 둔다. 도움정리 4.14에 의해서 a_k는 $k\geq 3$일 경우 수렴한다. 또 a_k들을 이용해서 위의 전개식을 다시 쓰면

$$\wp(z) = \frac{1}{z^2} + 3a_4 z^2 + 5a_6 z^4 + \cdots \tag{4.1}$$

가 된다. 여기서 $\cdots$ 는 차수가 더 높은 항들의 합을 뜻하고 0의 근방에서 정칙이다. 또 이 식의 각 항을 미분하면

$$\wp'(z) = -\frac{2}{z^3} + 6a_4 z + 20a_6 z^3 + \cdots \tag{4.2}$$

를 얻을 수 있다. (4.1)을 이용하면

$$\wp(z)^3 = \frac{1}{z^6} + \frac{9a_4}{z^2} + 15a_6 + \cdots \tag{4.3}$$

이다. 또 (4.2)를 적용하면

$$\wp'(z)^2 = \frac{4}{z^6} - \frac{24a_4}{z^2} - 80a_6 + \cdots \tag{4.4}$$

이다. 여기서 $\cdots$ 부분은 모두 상수항이 0인 정칙함수이다.

$$h(z) := \wp'(z)^2 - 4\wp(z)^3 + 60a_4\wp(z) - 140a_6 \tag{4.5}$$

으로 두자. (4.5)의 우변에 (4.3), (4.4)를 대입한 다음 계산을 해보면 $h(z)$는 차수가 음인 항을 갖지 않고 $h(0) = 0$인 것을 알 수 있다. 특히 $h(z)$는 U 위에서 정칙함수이다. 따라서 (4.5)의 우변도 정칙이 된다. (4.5)의 우변은 $\mathbb{C}$ 위에서 대역적으로 2중

주기함수이므로 이 사실로부터 Λ 전체에서 정칙이다. 따라서 $\mathbb{C}$전체에서 정칙인 2중 주기함수, 즉 상수가 된다. $h(0) = 0$을 이용하면 항등적으로 0이 된다. 이것이 바로 우리가 보이려는 명제의 등식이다. (이 증명에서는 $h(0) = 0$인 것과 h가 U에서 정칙인 것을 보이는 데까지는 국소적인 논의지만 이후 나머지는 대역적인 논의로 전환되는 것에 주의하자.) □

명제 4.18의 등식의 기하학적 의미에 대해서 고찰한다. 지금까지 여러 차례에 걸쳐 유리형 함수를 $\mathbb{P}^1$로 가는 정칙사상으로 간주함으로써 유리형 함수를 이용한 기하학을 전개해왔다. 여기서 한발 더 나아가 유리형 함수의 쌍을 정칙사상으로 간주함으로써 기하학을 전개하려고 한다. 도움정리 4.10의 대응에서 $\wp(z), \wp'(z)$를 E의 유리형 함수로 간주한다. 다음 사상을 생각해 보자.

$$\varphi : E \to \mathbb{P}^2;\ [z] \mapsto [\wp(z) : \wp'(z) : 1].$$

여기서 중요한 것은 φ는 $[0]$의 근방에서도 정칙이라는 것이다. 일단 이 사실을 증명해 보기로 하자. $[0]$의 충분히 작은 근방 U를 잡는다. $U - \{[0]\}$에서 φ의 국소 좌표 표시는 $\cdots$ 로 더 높은 차수의 항들의 합으로 표시할 때

$$\begin{aligned}\varphi(z) &= \left[\frac{1}{z^2} + \cdots : -\frac{2}{z^3} + \cdots : 1\right] \\ &= \left[z^3\left(\frac{1}{z^2} + \cdots\right) : z^3\left(-\frac{2}{z^3} + \cdots\right) : z^3\right] = [z + \cdots : -2 + \cdots : z^3]\end{aligned}$$

와 같이 계산할 수 있다. 여기서 $\varphi([0]) = [0 : -2 : 0] = [0 : 1 : 0]$으로 정의한다. $\mathbb{P}^2$의 비동차좌표를 써서 φ를 좌표 표시한다. $E - \{[0]\}$ 위에서 φ는 $(Z \neq 0) = \mathbb{C}^2(\subset \mathbb{P}^2)$으로 가는 $[z] \mapsto (\wp(z), \wp'(z))$로 주어지는 정칙사상이다. 또한 U 위에서 φ는 $(Y \neq 0) = \mathbb{C}^2(\subset \mathbb{P}^2)$으로 가는

$$[z] \mapsto \left(\frac{z + \cdots}{-2 + \cdots}, \frac{z^3}{-2 + \cdots}\right) = \left(-\frac{1}{2}z + \cdots, -\frac{1}{2}z^4 + \cdots\right)$$

(여기서 $\cdots$ 는 차수가 더 높은 항들의 합을 나타낸다)으로 주어지는 사상이 된다. 이렇게 해서 φ는 $[0]$의 근방에서도 명백하게 정칙이다.

명제 4.18의 등식은 E의 상 $\varphi(E)$가 $\mathbb{P}^2$ 안의 3차 곡선

$$C := (Y^2 Z = 4X^3 - g_2 XZ^2 - g_3 Z^3) \subset \mathbb{P}^2 \tag{4.6}$$

에 포함되는 것을 뜻한다. 여기서 $[X:Y:Z]$는 $\mathbb{P}^2$의 동차좌표이다. 사실은 더 강력한 사실을 확인할 수 있다.

> **정리 4.20**
>
> $\varphi : E \to \mathbb{P}^2$는 C를 상으로 갖는 매립이다. 다시 말해 1차원 복소 원환면 E는 (4.6)에서 표현되는 $\mathbb{P}^2$ 안의 3차 곡선과 동형이다.

증명 3단계로 나눠서 증명한다.

제1단계 φ는 전사, 즉 $\varphi(E) = C$이다.

증명 $P = [a:b:c]$를 C의 점이라고 하자. 그러면

$$b^2c = 4a^3 - g_2ac^2 - g_3c^3 \tag{4.7}$$

을 만족한다. $\varphi(x) = P$가 되는 E의 점 x가 존재하는 것을 보이면 된다. $c = 0$이면 등식 (4.7)로부터 $a = 0$이다. 이때 $P = [0:b:0] = [0:1:0] = \varphi([0])$가 되기 때문에 $c = 0$인 경우는 증명이 끝난다. $c \neq 0$이라고 하자. 비율을 생각해야하기 때문에 $c = 1$이라고 두어도 무방하다. 다시 말해 $P = [a:b:1]$이라고 생각해도 된다. 이 경우 (4.7)은

$$b^2 = 4a^3 - g_2a - g_3 \tag{4.8}$$

이 된다. $\wp : E \to \mathbb{P}^1$은 전사이므로 $\wp(x_0) = a$이 되는 E의 점 x_0이 존재한다. 명제 4.18로부터 $\wp'(x_0)^2 = 4a^3 - g_2a - g_3$을 만족한다. 이 식을 (4.8)과 비교해서 $\wp'(x_0)^2 = b^2$이 되는 사실, 즉 $\wp'(x_0) = b$ 또는 $\wp'(x_0) = -b$가 되는 것을 알 수 있다. 전자의 경우에는 $x = x_0$로 잡으면 된다. 후자의 경우 $\wp(z) = \wp(-z)$와 $\wp'(z) = -\wp'(z)$에 의해서 $\wp(-x_0) = a$이면서 $\wp'(-x_0) = b$가 된다. 따라서 이 경우는 $x = -x_0$로 잡으면 된다.

제2단계 φ는 단사.

증명 $\varphi^{-1}([0:1:0]) = \{[0]\}$이다. 따라서 이제 $[a], [b]([a] \neq [0], [b] \neq [0])$가 $\wp([a]) = \wp([b])$이면서 $\wp'([a]) = \wp'([b])$를 만족할 경우 $[a] = [b]$임을 보이면 된다. 일단 $\wp([a]) = \wp([b])$와 주의 4.17에 의해서 $[b] = [a]$ 또는 $[b] = [-a]$이다. 전자는 우리가 원하는 결론이므로 후자가 성립한다고 가정하자. 이럴 경우 $[a] = [-a]$를 보이면 된다. 항

등식 $\wp'(-z) = -\wp'(z)$과 $\wp'([a]) = \wp'([-a])$이라는 가정에 의해서 $\wp'([a]) = 0$, 즉 $[a] \in (\wp')^{-1}(0)$이 된다. 한편 $\wp'$는 $[0]$에서 위수가 3인 극을 갖는 사실로부터 정칙사상 $\wp' : E \to \mathbb{P}^1$는 3중 덮개이다. 또 따름정리 4.16의 증명에서 보인 것처럼 $\wp'([\omega_1/2]) = \wp'([\omega_2/2]) = \wp'([(\omega_1 + \omega_2)/2]) = 0$이다. 따라서 $(\wp')^{-1}(0) = \{[\omega_1/2], [\omega_2/2], [(\omega_1 + \omega_2)/2]\}$이다. 이렇게 해서 $(\wp')^{-1}(0)$의 원소는 모두 E의 2분점이다. 따라서 $[a] = [-a]$이다.

제3단계 E의 각 점 P에 대해서 φ의 미분 $d\varphi(P) : T_E(P) \to T_{\mathbb{P}^2}(\varphi(P))$는 단사.
증명 $P = [0]$일 경우 P의 근방에서 φ의 좌표 표시는 $z \mapsto (-z/2 + \cdots, -z^3/2 + \cdots)$이다. 이 경우 $d\varphi([0])$의 행렬표시 (야코비행렬)은 $(-1/2, 0)$이 된다. 따라서 $d\varphi([0])$은 단사이다. $P \neq [0]$의 경우를 생각하자. $P = [a]$로 두자. φ의 좌표 표시는 $z \mapsto (\wp(z), \wp'(z))$이다. 이것의 야코비행렬은 $(\wp'(z), \wp''(z))$이다. 따라서 미분 $d\varphi([a])$가 단사가 아니라면 $\wp'(a) = \wp''(a) = 0$이다. 이 경우 $z = a$에서 $\wp(z)$의 테일러 급수 전개는 $\wp(z) = \wp(a) + c(z - a)^3 + \cdots$ 꼴이 된다. 이것은 $\wp : E \to \mathbb{P}^1$의 차수가 2인 사실에 모순이다. 이렇게 증명이 끝난다.

이상으로부터 도움정리 4.5를 적용해서 정리의 주장을 얻을 수 있다. □

문제 4.10 (4.6)의 곡선 $Y^2Z = 4X^3 - g_2XZ^2 - g_3Z^3$에 대해서 따름정리 4.16에 주의해서 다음을 보이시오.

(1) 우변은 $4(X - \wp(\omega_1/2)Z)(X - \wp(\omega_2/2)Z)(X - \wp((\omega_1 + \omega_2)/2)Z)$로 인수분해 된다.
(2) (사영평면곡선으로서) 비특이이다.

이렇게 해서 1차원 복소 원환면은 초타원곡선이면서 비특이 사영 평면곡선이기도 하다. (초타원곡선, 비특이 사영 평면곡선의 정의에 대해서는 4.4, 4.5절을 참조.)

4.3 아핀 평면대수곡선

정의 4.21

$\mathbb{C}[x,y]$를 2변수다항식환이라고 하자. $f(x,y) \in \mathbb{C}[x,y]$를 0이 아닌 d차 다항식이라고 하자. 또 $d \geq 1$이라고 가정한다. 이때 $f(x,y)$의 영점집합

$$C := \{(x,y) \in \mathbb{C}^2 \mid f(x,y) = 0\}$$

을 $f(x,y)$으로 정의되는 d**차 아핀 평면대수곡선** (또는 간단히 **아핀곡선**)이라고 부른다. C를 $(f(x,y) = 0)$와 같이 표현하기도 한다. $f(x,y)$가 $\mathbb{C}[x,y]$의 원소로서 기약일 경우 C도 **기약**이라고 부른다.

$f(x,y)$가 기약이 아닐 경우 $f(x,y)$를 $f[x,y]$안에서 기약분해함으로써 C는 유한개의 기약인 아핀곡선의 합집합이 된다. 아래에서는 주로 기약 아핀곡선에 대해서 다루도록 한다. 또 부정원 x, y를 $\mathbb{C}^2$의 표준좌표와 자연스럽게 동일시한다.

문제 4.11 2변수 다항식환 $\mathbb{C}[x,y]$에서 $\mathbb{C}^2$의 복소수치함수 전체가 이루는 $\mathbb{C}$-대수 F로 가는사상 $\iota : \mathbb{C}[x,y] \to F; f(x,y) \mapsto (\mathbb{C}^2 \ni (a,b)) \mapsto f(a,b))$는 단사준동형사상임을 보여라.

아핀곡선은 원 $x^2 + y^2 = 1$ 또는 쌍곡선 $xy - 1 = 0$등 이미 고등학교에서도 익히 다룬 대상이지만 여기서는 실 평면이 아닌 2차원 복소평면 $\mathbb{C}^2$에서 생각하고 있는 것에 주의하자. 이 책에서 아핀곡선의 위상은 $\mathbb{C}^2$의 유클리드위상으로부터 유도되는 상대위상으로 고정해서 생각한다.

도움정리 4.22 $f(x,y) \in \mathbb{C}[x,y]$를 0이 아닌 d차 다항식이라고 하자. 또 $d \geq 1$이라고 하자. 이때 좌표의 가역1차변환에 의해서

$$f(x,y) = y^d + a_1(x)y^{d-1} + \cdots + a_d(x), \quad a_i \in \mathbb{C}[x]$$

꼴로 만들 수 있다.

증명 $f(x,y) = f_d(x,y) + \cdots + f_0(x,y)$, $f_i(x,y)$는 i차 동차다항식으로 쓸 수 있다. 가정에 의해서 $f_d(x,y)$는 0이 아닌 d차다항식이다. 인수정리에 의해서 $f_d(a,b) = 0$이 되

는 $[a:b] \in \mathbb{P}^1$는 기껏해야 d개 존재한다. 따라서 $f_d(a,b) \neq 0$인 $(a,b) \in \mathbb{C}^2 - \{(0,0)\}$이 존재한다. 이 (a,b)를 $(0,1)$이 되도록 좌표 (x,y)의 가역1차 변환을 적용하면 $f_d(0,1) \neq 0$이다. 이때 필요한 경우 추가적으로 y를 0이 아닌 상수배수로 치환하면 원하는 모양의 식을 얻을 수 있다. □

기약성은 좌표의 1차변환과 평행이동의 합성에 대해서 불변인 성질이다. 다음은 도움정리 4.24의 증명에 필요한 결과이다.

정의-주의 4.23

R을 정역, Q를 R의 몫체, $\overline{Q}$를 Q의 대수적 폐포라고 하자. $R[T]$를 R을 계수로 갖는 1변수다항식환이라고 하자. $f(T) := T^d + a_1T^{d-1} + \cdots + a_d \in R[T]$로 두자. 이때 $f(T)$는 $\overline{Q}(T)$에서 $f(T) = (T-\alpha_1)(T-\alpha_2)\cdots(T-\alpha_d)$, $(\alpha_i \in \overline{Q})$와 같이 분해가 된다.

(1) $D := \prod_{i<j}(\alpha_i - \alpha_j)^2$로 표시하고 이것을 $f(T)$의 **판별식**이라고 부른다.
(2) D는 α_i들의 번호를 다시 매겨도 불변이므로 α_i들의 대칭식이다. 이때 대칭식의 기본적정리 및 해와 계수의 관계식에 의해서 D는 α_i들의 다항식의 모양으로 쓸 수 있다. 특히 $D \in R$이다.

도움정리 4.24 $f(x,y) \in \mathbb{C}[x,y]$를 도움정리 4.22에서와 같은 기약다항식이라고 하자. $C = (f(x,y)=0)$이라고 두자. 그러면

(1) 각 $a \in \mathbb{C}$에 대해서 x좌표가 a인 C의 점 (a,b)가 반드시 존재한다. 게다가 그런 점은 각 $a \in C$에 대해서 기껏해야 d개 존재한다.
(2) 유한개의 $a \in \mathbb{C}$를 제외하고 x좌표가 a인 C의 점은 정확히 d개 존재한다.

증명 $(a,b) \in \mathbb{C}^2$가 C의 점이라는 것은 b가 방정식

$$y^d + a_1(a)y^{d-1} + \cdots + a_d(a) = 0 \tag{4.9}$$

의 해가 되는 경우이다. 대수학의 기본정리에 의해서 방정식 (4.9)의 복소수해는 존재하는데 인수정리에 의하면 기껏해야 d개이다. 이렇게 (1)이 증명된다. 이제 (2)를 증명해

보자. 방정식 (4.9)의 해가 $d-1$개 이하일 경우는 (4.9)가 중근을 가질 때이다. 이것은 $f(x,y)$를 $\mathbb{C}[x]$의 원소를 계수로 갖는 y의 다항식으로 생각했을 때, 즉 $f(x,y) \in \mathbb{C}[x][y]$로 생각할 경우 a가 $f(x,y)$의 판별식 $D(x) \in \mathbb{C}[x]$의 영점이 될 경우이다. 따라서 $D(x)$가 다항식으로서 0이 아닌 것을 보이면 된다. K를 $\mathbb{C}(x)$의 대수적 폐포라고 하자. 만약 $D(x)$가 x의 다항식으로서 0이라면 판별식의 정의로부터 $f(x,y)$는 $K[y]$에서

$$f(x,y) = (y-\alpha)^2\varphi(y), \quad \alpha \in K, \quad \varphi(y) \in K[y]$$

와 같이 분해된다. α의 $\mathbb{C}(x)$상에서의 켤레원소를 $\alpha_1 = \alpha, \alpha_2, \cdots, \alpha_n$라고 하자. $f(x,y) \in \mathbb{C}(x)[y]$이므로 이 경우 $K[y]$에서

$$f(x,y) = \left(\prod_{i=1}^{n}(y-\alpha_i)\right)^2 \psi(y), \quad \psi(y) \in K[y] \tag{4.10}$$

와 같이 분해된다. $\mathbb{C}(x)(\alpha_a, \cdots, \alpha_n)/\mathbb{C}(x)$는 갈루아 확대이고 $\prod_{i=1}^{n}(y-\alpha_i)$는 그것의 갈루아 군에 의해서 고정된다. 따라서 $\prod_{i=1}^{n}(y-\alpha_i) \in \mathbb{C}(x)[y]$이다. 따라서 $\psi(y) \in \mathbb{C}(x)[y]$이기도 하다. 따라서 (4.10)은 부분환 $\mathbb{C}(x)[y]$의 원소로서 등식이 되며 $f(x,y)$은 $\mathbb{C}(x)[y]$에서 중복인자를 가져야만 한다. $f(x,y)$는 y에 대해서 최고차항의 계수가 1인 다항식이므로 가우스의 도움정리에 의해서 $f(x,y)$는 이 경우 $\mathbb{C}[x][y] = \mathbb{C}[x,y]$ 안에서도 중복인자를 가질 수 밖에 없다. 이것은 $f(x,y)$이 $\mathbb{C}[x,y]$의 원소로서 기약이라는 사실에 모순이 된다. 따라서 $D(x)$는 다항식으로서 0이 아니다. □

이 도움정리에 의해서 d차의 기약 아핀곡선의 점은 (좌표의 적당한 가역1차변환 후에) 그 x좌표의 변화에 따라 d개의 값들도 함께 변한다. 따라서 기약 아핀곡선은 복소 1차원적인 도형이 된다. 또 이때 사상 $C \to \mathbb{C}, (a,b) \mapsto a$는 전사 연속사상이다. $\mathbb{C}$는 콤팩트가 아니므로 아핀곡선은 절대로 콤팩트일 수가 없다.

정의 4.25

$C = (f(x,y)=0) \subset \mathbb{C}^2$를 아핀곡선이라고 하자. P를 C의 점이라고 하자.

$$\frac{\partial f}{\partial x}(P) = 0 \text{ 이면서 } \frac{\partial f}{\partial y}(P) = 0$$

일 경우 P를 C의 **특이점**이라고 말한다. 특이점이 아닌 C의 점을 C의 **비특이점**이라고 부른다. C가 특이점을 갖지 않을 경우 C를 **비특이**라고 말한다.

합성함수의 편미분법에 의해서 비특이인지 아닌지의 여부는 좌표의 가역 아핀변환 (가역1차 변환과 평행이동의 합성)에 대해서 불변인 성질인 것을 알 수 있다.

예제 4.26

(1) $f(x,y) := x^2 + y^2(y-1)$로 정의되는 아핀 곡선의 특이점을 모두 구하여라.

(2) $f(x,y) := x^2 - g(y)$ $(g(y) \in \mathbb{C}[y])$로 정의되는 아핀곡선이 비특이이기 위한 $g(y)$가 만족해야 할 필요충분 조건을 구하여라.

(1)의 풀이 $\frac{\partial f}{\partial x} = 2x, \frac{\partial f}{\partial y} = 3y^2 - 2y$이다. 따라서 특이점은 연립방정식

$$x^2 + y^2(y-) = 0 \;\; 2x = 0, \;\; 3y^2 - 2y = 0$$

의 복소수해이다. 두 번째 식과 세 번째 식을 연립해서 풀면 복소수해 $(x,y) = (0,0)$, $(0,2/3)$을 얻는다. 직접 대입해서 계산을 하면 $(x,y) = (0,0)$은 첫 번째 식을 만족하지만 $(x,y) = (0,2/3)$은 첫 번째 식을 만족시키지 못한다. 따라서 특이점은 $(0,0)$뿐이다. (이 풀이를 반드시 음미하고 이해하도록 하자.)

(2)의 풀이 $\frac{\partial f}{\partial x} = 2x, \; \frac{\partial f}{\partial y} = g'(y)$이다. 따라서 특이점은 연립방정식

$$x^2 - g(y) = 0, \; 2x = 0, \; g'(y) = 0 \tag{4.11}$$

의 복소수해이다. 두 번째 식에서 $x = 0$이므로 (4.11)의 복소수해가 있다면 $(0,a)$ 꼴이 될 것이고 $(0,a)$가 (4.11)의 해가 되기 위해서는 a가 연립방정식 $g(y) = g'(y) = 0$의 해가 되는 경우이다. 따라서 원하는 조건은 $g(y)$ 와 $g'(y)$가 공통 영점을 갖지 않는 것이지만 이것은 또 $g(y)$가 중복인자를 갖지 않는 것과 동치이다. □

주의 4.27 x축은 $(y=0)$으로도 $(y^2=0)$으로도 나타낼 수 있다. $(y=0)$으로 나타냈을 경우 x축은 비특이이지만 $(y^2=0)$로 이해를 하면 x축의 점은 모두 특이점이 된다. 즉, 곡선이 비특이인지 아닌지는 받침 집합 C의 성질이라기 보다는 받침 집합을 정의하는 다항식의 성질이다. 곡선 $C = (f(x,y)=0)$가 비특이일 경우 그냥 다항식 $f(x,y)$을 **비특이**라고 할 때도 있다.

문제 **4.12**

(1) $g(y) \in \mathbb{C}[y]$이라고 하자. 또 $b \in \mathbb{C}$라고 하자. 이때 b가 $g(y) = 0$의 중근인 것과 $g(b) = g'(b) = 0$이 성립하는 것은 동치인 것을 보여라.

(2) (1)과 도움정리 4.24를 이용해서 기약다항식 $f(x, y) \in \mathbb{C}[x, y]$으로 정의되는 아핀곡선의 특이점은 기껏해야 유한개인 것을 보여라. (힌트: 특이점이 있다고 가정하면 도움정리 4.24 (2)에서 제외된 유한개의 a를 x좌표로 갖는 점이 비특이인 것을 보여라.)

다음 도움정리는 비특이점의 근방 Δ^2에서 기약 아핀곡선은 Δ^2의 닫힌 부분다양체 (따라서 리만면)가 된다는 사실과 이것의 역도 성립한다는 것을 보여준다.

도움정리 **4.28** C를 기약다항식 $f(x, y) \in \mathbb{C}[x, y]$으로 정의되는 아핀곡선이라고 하자. C의 점 P에 대해서 다음 (1)과 (2)는 동치이다.

(1) P를 중심으로 갖는 2차원 열린 원판 Δ^2가 있어서 $C \cap \Delta^2$은 Δ^2의 닫힌 부분다양체이다.

(2) P는 C의 비특이점이다.

특히 C가 비특이일 경우 C의 각 연결성분은 $\mathbb{C}^2$의 닫힌 부분다양체, 특히 리만면이다.

복소 기약곡선은 연결되어 있다는 사실이 잘 알려져 있다. (이 사실과 관련해서는 이것보다 조금 약화된 결과가 명제 6.32에서 증명되어 있다.)

증명 좌표를 평행이동한 후 $P = (0, 0)$라고 가정해도 무방하다.

(1)⇒(2)의 증명 닫힌 부분다양체의 정의로부터 필요할 경우 Δ^2를 더 작게 잡아서 Δ^2의 쌍정칙인 좌표변환 $u = u(x, y), v = v(x, y)$, $u(0, 0) = v(0, 0) = 0$이 존재해서

$$C \cap \Delta^2 = (v = 0) \tag{4.12}$$

이다. 이제부터는 헷갈리지 않기 위해 (x, y)를 Δ^2의 국소 좌표로 생각할 때는 Δ^2를 $\Delta^2_{(x,y)}$로 쓴다. $g(u, v) := f(x(u, v), y(u, v))$로 놓는다. $\Delta^2_{(u,v)}$에서 $g(u, v)$는 u, v에 관한 정칙함수이다. $g(u, v)$의 원점에서 테일러 급수 전개를 하는데 1변수 정칙함수의 영점의 매개변수를 통한 연속성 (루셰 Rouché의 정리)을 적용하면 (4.12)에서 $g(u, v)$는

$$g(u, v) = v^m h(u, v),\ h(u, v)\text{는 정칙},\ h(0, 0) \neq 0$$

와 같이 쓸 수 있다는 것을 알 수 있다. 여기서 m은 양의 정수이다. 역변환 $u = u(x, y), v = v(x, y)$를 대입하면 $\Delta^2_{(x,y)}$에서 성립하는 등식

$$f(x, y) = v(x, y)^m k(x, y), \quad k(x, y)\text{는 정칙}, \ k(0, 0) \neq 0 \tag{4.13}$$

을 얻는다. □

주장 4.29 $m = 1$

주장의 증명 $m \geq 2$라고 가정해서 모순을 이끌어내면 된다. 이 가정하에서 (4.13)으로부터 $v(x, y) = 0$상의 모든 점 Q에서 $f(Q) = \frac{\partial f}{\partial x}(Q) = \frac{\partial f}{\partial y}(Q) = 0$을 만족한다. 한편 $v(x, y) = 0$는 $\Delta^2_{(u,v)}$의 u축에서 무한개의 점으로 이루어져 있다. 이것은 문제 4.12 (2)에 모순이다. □

따라서 $f(x, y) = v(x, y)k(x, y)$이다. 이 등식을 $v(0, 0) = 0$인 사실에 주의하면서 편미분하면

$$\frac{\partial f}{\partial x}(0, 0) = \frac{\partial v}{\partial x}(0, 0)k(0, 0), \ \frac{\partial f}{\partial y}(0, 0) = \frac{\partial v}{\partial y}(0, 0)k(0, 0)$$

를 얻는다. $u = u(x, y)$, $v = (x, y)$는 쌍정칙변환이므로

$$\frac{\partial v}{\partial x}(0, 0) \neq 0 \ \text{ 또는 } \ \frac{\partial v}{\partial y}(0, 0) \neq 0$$

이다. 또 $k(0, 0) \neq 0$이다. 따라서

$$\frac{\partial f}{\partial x}(0, 0) \neq 0 \ \text{ 또는 } \ \frac{\partial f}{\partial y}(0, 0) \neq 0$$

이다. 다시 말해 P는 C의 비특이점이다. □

(2)⇒(1)의 증명 $\frac{\partial f}{\partial y}(0, 0) \neq 0$이라고 가정을 해도 일반성을 잃지 않는다. 이때 C^∞급 함수에 관한 음함수 정리로부터 원점을 중심으로 갖는 충분히 작은 2차원 열린 원판 Δ^2에 대해서 C^∞급 함수 $y = \varphi(x) = \varphi(x, \overline{x})$이 존재해서 $f(a, b) = 0$이라는 것과 $b = \varphi(a)$라는 것은 동치이다.

주장 4.30 Δ에서 $\varphi(x)$는 x의 정칙함수이다.

주장의 증명 $g(x) := f(x, \varphi(x))$로 두자. $g(x)$는 Δ에서 항등적으로 0이다. 따라서

$$0 = \frac{\partial g}{\partial \overline{x}} = \frac{\partial f}{\partial \overline{x}} + \frac{\partial f}{\partial y}\frac{\partial \varphi}{\partial \overline{x}} = \frac{\partial f}{\partial y}\frac{\partial \varphi}{\partial \overline{x}}$$

이다. 여기서 마지막의 등식은 f가 정칙이기 때문에 성립한다. 가정에 의해서 원점 근방의 각 점에서 $\frac{\partial f}{\partial y} \neq 0$이다. 따라서 원점 근방에서 $\frac{\partial \varphi}{\partial \overline{x}}$은 항등적으로 0이 된다. 따라서 $\varphi(x)$은 원점의 근방에서 정칙이다. □

따라서 원점의 근방 Δ^2에서의 변환 $u = x$, $v = y - \varphi(x)$는 쌍정칙변환이다. 그러므로 (u, v)도 그 근방에서 국소 좌표를 부여한다. 좌표 (u, v)하에서 $C \cap \Delta^2 = (v = 0)$이다. 이것은 $C \cap \Delta^2$가 Δ^2의 닫힌 부분다양체인 것을 의미한다. □

주의 4.31 증명으로부터 $C = (f(x, y) = 0)$의 점 $P = (a, b)$에서 $\frac{\partial f}{\partial y}(P) \neq 0$을 만족하면 $x - a$는 P의 근방에서 C의 국소 좌표가 된다는 것을 알았다. 마찬가지로 점 $P = (a, b)$에서 $\frac{\partial f}{\partial x}(P) \neq 0$를 만족하면 $y - b$는 P의 근방에서 C의 국소 좌표를 부여한다.

문제 4.13 두 다항식 $x^2 + ax + b$, $x^3 + px + q \in \mathbb{C}[x]$의 판별식을 구하여라.

문제 4.14 복소원 $(x^2 + y^2 - 1 = 0)$, 복소쌍곡선 $(xy - 1 = 0)$은 모두 비특이인 것을 보여라. 또 둘 다 리만면으로서 $\mathbb{C} - \{0\}$과 동형인 것을 보여라. 복소포물선 $(y - x^2 = 0)$은 복소원과 동형인가?

4.4 초타원곡선

$a_i (i = 1, 2, \cdots, 2g + 2)$를 서로 다른 $2g + 2$개의 0이 아닌 복소수라고 하자. $\mathbb{C}^2_{(x,y)}$ 안에서 다음과 같이 정의되는 곡선

$$C_0 := (y^2 = (x - a_1)(x - a_2) \cdots (x - a_{2g+2})) \tag{4.14}$$

을 생각한다. 예제 4.26에 의해서 이 곡선 C_0는 비특이이다. 사영

$$\pi_0 : C_0 \to \mathbb{C}_x : \ (a, b) \mapsto a$$

는 $2g+2$ 개의 점 $P_i := (a_i, 0)$ 에서 분지하는 2중 덮개이고 C_0 의 임의의 점 P 는 $\pi_0(P)$ 와 $\pi_0(P_1)$ 를 연결하는 $\mathbb{C}$ 안의 경로를 끌어올림으로써 점 P_1 와 C_0 안의 경로로 연결한다. 따라서 C_0 는 경로 연결, 특히 연결되어 있다. 이렇게 해서 C_0 는 리만면임을 알 수 있다.

C_0 는 콤팩트하지는 않지만 비슷한 모양을 한 곡선 C_∞ 를 하나 더 준비한 다음 잘 포개서 붙이면 콤팩트하게 만들 수 있다. 이 방법을 자세하게 설명해 본다.

다른 한 개의 2차원 평면 $\mathbb{C}^2_{(x,y)}$ 안에서 다음과 같이 정의되는 곡선 C_∞ 를 생각해보자.

$$C_\infty := (v^2 = (1-a_1u)(1-a_2u)\cdots(1-a_{2g+2}u)). \tag{4.15}$$

C_∞ 도 비특이이고 리만면이다. 또 사영

$$\pi_\infty : C_\infty \to \mathbb{C}_u; (\alpha, \beta) \mapsto \alpha$$

는 $2g+2$ 개의 점 $P_i := (a_i^{-1}, 0)$ 에서 분지되는 2중 덮개이다.

(4.14)에 $x = 1/u$ 를 대입하면

$$\begin{aligned}(yu^{g+1})^2 &= u^{2g+2}(u^{-1}-a_1)(u^{-1}-a_2)\cdots(u^{-1}-a_{2g+2})\\ &= (1-a_1u)(1-a_2u)\cdots(1-a_{2g+2}u)\end{aligned}$$

을 얻는다. 따라서 (a,b) 가 $C_0 - \pi_0^{-1}(0)$ 의 점일 경우 $\alpha = \frac{1}{a}, \beta = b\alpha^{g+1} = \frac{b}{\alpha^{g+1}}$ 로 정해지는 점 (α, β) 는 $C_\infty - \pi_\infty^{-1}(0)$ 의 점이다. 또 역방향의 대응도 가능하다. 이렇게 해서 C_0 와 C_∞ 를 $C_0 - \pi_0^{-1}(0)$ 와 $C_\infty - \pi_0^{-1}(0)$ 사이의 쌍정칙변환

$$(x,y) \leftrightarrow (u,v);\ u = \frac{1}{x},\ \ v = \frac{y}{x^{g+1}} \tag{4.16}$$

으로 겹치게 붙여서 새로운 리만면 $C = C_0 \cup C_\infty$ 를 만들 수 있다. C_0 에서 바라보면 C 는 C_0 에 C_∞ 위의 두 점 $(u,v) = (0, \pm 1)$ 를 추가한 것임을 알 수 있다. $\mathbb{C}_x$ 와 $\mathbb{C}_u$ 를 $\mathbb{C}_x - \{0\}$ 와 $\mathbb{C}_u - \{0\}$ 사이의 쌍정칙변환

$$x \leftrightarrow u;\ u = \frac{1}{x}$$

으로 겹치게 붙여서 만든 것은 리만구면 $\mathbb{P}^1 = \mathbb{C}_x \cup \mathbb{C}_u$ 이다. 이렇게 붙이는 것은 사영 π_0, π_∞ 와 양립적이다. 그러므로 정칙사상

$$\pi : C \to \mathbb{P}^1;\ \pi|C_0 = \pi_0,\ \pi|C_\infty = \pi_\infty$$

이 만들어진다. 이렇게 만들어지는 방식을 따져보면 π는 점 $P_i(1 \leq i \leq 2g+2)$에서 분지되는 2중 덮개가 된다. 게다가 $\mathbb{P}^1$은 콤팩트이다. 이 사실로부터 예를 들어 문제 2.10을 적용하면 C도 콤팩트가 된다.

정의 4.32

이렇게 해서 얻은 콤팩트 리만면 C를 방정식

$$y^2 = (x - a_1)(x - a_2) \cdots (x - a_{2g+2})$$

로 정의되는 **초타원곡선**이라고 부른다.

C_∞의 방정식을 굳이 쓰지 않는 이유는 변환 (4.16)에 의해서 C_0의 방정식으로부터 C_∞의 방정식이 복원되기 때문이다.

문제 4.15 $a_i(i = 1, 2, \cdots, 2g+1)$를 서로 다른 $2g+1$개의 0이 아닌 복소수라고 하자. $\mathbb{C}^2_{(x,y)}$ 안에 방정식

$$y^2 = (x - a_1)(x - a_2) \cdots (x - a_{2g+1}) \tag{4.17}$$

로 정의되는 곡선 E_0와 $\mathbb{C}^2_{(u,v)}$ 안에 방정식

$$v^2 = u(1 - a_1 u)(1 - a_2 u) \cdots (1 - a_{2g+1} u)$$

로 정의된 곡선 E_∞를 생각한다. 또

$$\pi_0 : E_0 \to \mathbb{C}_x;\ (a, b) \mapsto a,\ \pi_\infty \to \mathbb{C}_u;\ (\alpha, \beta) \mapsto \alpha$$

로 두자. 위와 같은 설정하에 다음을 직접 증명하시오.

(1) E_0, E_∞는 비특이이다.

(2) 사상 $\varphi : E_0 - \pi_0^{-1}(0) \to E_\infty - \pi_\infty^{-1}(0);\ (a, b) \mapsto (1/a, b/a^{g+1})$가 정해지고 쌍정칙사상이 된다.

(3) φ로 E_0와 E_∞를 잘 포개서 얻어지는 $E = E_0 \cup E_\infty$는 E_0에 한 점 $(u, v) = (0, 0)$를 추가한 콤팩트 리만면이다.

(4) 정칙사상 $\pi : E \to \mathbb{P}^1 = \mathbb{C}_x \cup \mathbb{C}_u$가 $\pi|E_0 = \pi_0$, $\pi|E_\infty = \pi_\infty$로 고정을 하면 π는 $\mathbb{P}^1$의 $2g+2$개의 점 $x = a_i(1 \le i \le 2g+1)$, $x = \infty$ 위에서 분지되는 2중 덮개가 된다.

이 E도 방정식 (4.17)으로 정의되는 **초타원곡선**이라고 부른다.

4.5 사영평면 대수곡선

정의 4.33

$F_m := F_m(X_0, X_1, X_2) \in \mathbb{C}[X_0, X_1, X_2]$가 0이 아닌 m차 동차다항식이라고 하자. 복소사영평면의 부분집합

$$C := \{[t_0 : t_1 : t_2] | F_m(t_0, t_1, t_2) = 0\} \subset \mathbb{P}^2$$

를 동차다항식 F_m으로 정의된 **m차 사영평면 대수곡선**, 또는 간단히 **사영곡선**이라고 부른다. F_m가 $\mathbb{C}[X_0, X_1, X_2]$에서 기약일 경우 C를 **기약**이라고 부른다.

$$\frac{\partial F_m}{\partial X_0}(P) = \frac{\partial F_m}{\partial X_1}(P) = \frac{\partial F_m}{\partial X_2}(P) = 0$$

을 만족하는 $\mathbb{P}^2$의 점 P를 **특이점**이라고 부른다.

C의 기약성, 비특이성은 $\mathbb{P}^2$의 사영변환에 의해서 불변인 성질이다. $\mathbb{P}^2$는 콤팩트이고 조건 $F_m(X_0, X_1, X_2) = 0$은 $\mathbb{P}^2$ 안에서 닫힌 부분집합을 정의한다. 따라서 사영곡선은 모두 콤팩트하다. 이 콤팩트인 성질은 사영곡선에 있어서 아핀곡선에는 없는 가장 중요한 성질 중 하나이다.

$\mathbb{P}^2$를 $\mathbb{P}^2 = \cup_{i=1}^2 U_i$, $U_i = (X_i \neq 0)$와 세 장의 좌표근방으로 덮는다. φ_i에 의해서 $U_i = \mathbb{C}^2$를 동일시한다. $C = (F_m = 0)$를 각각 U_i에 제한함으로써 (일부는 공집합일 수 있다) 세 개의 아핀 곡선

$$C_0 := C \cap U_0 = (F_m(1, X_1/X_0, X_2/X_0) = 0) \subset \mathbb{C}^2$$

$$C_1 := C \cap U_1 = (F_m(X_0/X_1, 1, X_2/X_1) = 0) \subset \mathbb{C}^2$$

$$C_2 := C \cap U_2 = (F_m(X_0/X_2, X_1/X_2, 1) = 0) \subset \mathbb{C}^2$$

를 얻을 수 있다. $C = C_0 \cup C_1 \cup C_2$이다. **오일러 공식**

$$m \cdot F_m(X_0, X_1, X_2) = X_0 \frac{\partial F_m}{\partial X_0} + X_1 \frac{\partial F_m}{\partial X_1} + X_2 \frac{\partial F_m}{\partial X_2}$$

와 C_i의 정의식을 비교함으로써 C가 P에서 비특이인 사실과 P에 대응되는 점에서 C_0, C_1, C_2가 아핀곡선으로서 비특이인 사실은 동치인 것을 알 수 있다. 그러므로 비특이 사영평면 곡선은 $\mathbb{P}^2$에서 닫힌 부분다양체, 특히 콤팩트 리만면이다. (연결성은 제6장에서 증명한다.)

문제 4.16 오일러 공식을 증명하시오 (힌트: 선형성에 의해서 단항식에 대해서만 증명하면 된다.) 또 오일러 공식을 이용해서 C의 특이점은 자동적으로 C의 점이 되는 것을 보여라.

보기 4.34

(1) **페르마 곡선** $(X_0^m + X_1^m + X_2^m = 0)$은 비특이 곡선이다. X_0, X_1, X_2으로 좌변의 다항식을 편미분하면 $mX_0^{m-1}, mX_1^{m-1}, mX_2^{m-1}$이다. 이것들의 공통영점은 $m = 1$인 경우에는 존재하지 않고 $m \geq 2$의 경우에는 $(0,0,0)$이다. 하지만 $(0,0,0)$은 사영평면 $\mathbb{P}^2$에서 점으로서 존재하지 않는다. 따라서 페르마 곡선은 비특이이다.

(2) 이미 확인한 바와 같이 1차원 복소 원환면은 비특이 3차사영곡선과 동형이다.

역으로 m차 아핀곡선 $C_0 := (f(x,y) = 0)$가 주어져 있다고 하자. $f(X_1/X_0, X_2/X_0)$를 기약분수식으로 썼을 때 분모는 X_0^m이다. 이 분모를 곱해 줌으로써 m차 사영곡선 C를 얻을 수 있다. 바꿔 말하면 C는 동차 m차식 $F(X_0, X_1, X_2) := X_0^m f(X_1/X_0, X_2/X_0)$으로 정의되는 곡선이다. 이 구성법에 따라서 C는 C_0에 $(X_0 \neq 0) = \mathbb{C}^2$에서 바라본 무한원 직선 $(X_0 = 0)$상의 점을 추가해서 콤팩트화시킨 곡선이다. 이 콤팩트화하는 과정에서 추가된 점은 $X_0 = 0$와 $F(X_0, X_1, X_2) = 0$의 교점들이다. 이것들은 m차 동차방정식 $F(0, X_1, X_2) = 0$의 해이기 때문에 기껏해야 m개 존재한다. 여기서 $f(x,y)$은 기약다항식일 경우 $F(X_0, X_1, X_2)$도 기약다항식이다. 또 상수도 기약다항식이라고 간주할 경우 $F(X_0, X_1, X_2)$가 기약일 경우 이 비동차화 $F(1, x, y)$등은 기약이다. 주의할 점은 C_0가 비특이일지라도 콤팩트화한 C는 새롭게 추가된 점에서 반드시 비특이일 필요는 없다는 것이다. (문제 4.19를 보라.)

문제 4.17 아핀곡선 $C = (x^2 + y^2 - 1 = 0)$, $P = (y - x^2 = 0)$, $H = (xy - 1 = 0)$를 $\mathbb{P}^2$ 안에서 콤팩트화해서 얻은 곡선을 순서대로 $\widetilde{C}, \widetilde{P}, \widetilde{H}$라고 하자.

(1) $\widetilde{C}, \widetilde{P}, \widetilde{H}$의 방정식 및 콤팩트화하면서 추가된 점을 각각 찾으시오.

(2) 이 세 개의 사영곡선은 모두 비특이인 것을 보여라. 또 모두 $\mathbb{P}^2$와 동형인 것을 보여라.

(3) $\widetilde{C}, \widetilde{H}, \widetilde{P}$ 중 임의의 두 개는 $\mathbb{P}^2$의 사영변환에 의해서 서로 변환될 수 있음을 보여라.

문제 4.18

(1) $\lambda \in \mathbb{C}$에 대해서 $C_\lambda := (X_1^2 X_2 - X_0(X_0 - X_2)(X_0 - \lambda X_2) = 0) \subset \mathbb{P}^2$라고 하자. C_λ가 특이점을 갖게 하는 λ를 모두 구하여라. 또 구한 λ의 값에 대해서 C_λ가 기약인지 조사하시오.

(2) $\lambda \in \mathbb{C}$에 대해서 $H_\lambda := (X_0^3 + X_1^3 + X_2^3 - 3\lambda X_0 X_1 X_2 = 0) \subset \mathbb{P}^2$라고 두자. H_λ가 특이점을 갖게 하는 λ를 모두 구하여라. 또 구한 λ의 값에 대해서 H_λ가 기약인지 조사하고 기약이 아닐 경우 기약분해하시오.

문제 4.19 아핀 평면곡선 $C_0 : y^2 = (x - a_1)(x - a_2)\cdots(x - a_{2g+2})$, $E_0 : y^2 = (x - a_1)(x - a_2)\cdots(x - a_{2g+1})$를 $\mathbb{P}^2$에서 콤팩트화한 곡선 $\widetilde{C}, \widetilde{E}$의 방정식을 각각 구하여라. $\widetilde{C}, \widetilde{E}$가 비특이가 되게 하는 g는 어떤 정수인가? 단, a_i는 서로 다른 0 이외의 복소수이다. 또 비특이일 경우 $\widetilde{C}, \widetilde{E}$와 대응되는 초타원곡선 C, E 사이의 동형대응을 만드시오. (이런 동형을 만들기 위해서 C_0, E_0의 콤팩트화를 초타원곡선으로서의 콤팩트화로 선택한 것이다.)

4.6 콤팩트 리만면의 위상분류 정리

이 절에서는 3학년 때 배우는 위상기하학의 기초적인 지식을 가정하고 콤팩트 리만면의 위상분류에 대해서 논한다. V를 연결되어 있는 콤팩트 실 2차원 위상다양체라고 하자. V는 삼각형 분할이 가능한 것으로 가정한다. 삼각형 분할의 정의는 3.7절에서 가정한 "C^∞ 급" 부분을 "위상"이라는 조건으로 완화한 것이다. $V = \cup_{i=1}^n T_i$를 V의 삼각형 분할이라고 하자. 이때 분할해서 생긴 삼각형의 개수를 f, 변의 개수를 e, 꼭짓점의 개수를 v라고 하자. 교대로 더한 $f-e+v$를 V의 **위상적 오일러 수** 또는 **오일러 수**라고 부른다. 위상적 오일러 수는 삼각형 분할하는 방식에 의존하지 않는다. 또 V와 V'가 위상동형일 경우 오일러 수는 같아진다. 다시 말해 오일러 수는 **위상 불변량**이다. 더 엄밀한 위상 불변량에는 V의 i**차 호몰로지 군** $H_i(V, \mathbb{Z})$이라는 것이 있다. 이것은 V를 삼각형 분할하고 각 삼각형에 방향을 부여함으로써 계산해 낼 수 있는 유한 생성된 아벨군인데 자연스럽게 삼각형 분할을 취하는 방법에 의존하지 않는 V에만 의존하는 군이다. 제5장에서 논하는 체흐 코호몰로지 군을 정의하는 방식과 비슷하다. $H_i(X, \mathbb{Z})$의 계수(rank)를 i**번째 베티 수**라고 부르며 $b_i(X)$로 쓴다. $b_i(X)$도 역시 위상 불변량이다. V는 실 2차원이기 때문에 $i \geq 3$이면 $b_i(X) = 0$이다. 또 위상적 오일러 수는 베티수의 교대합 $b_0(V) - b_1(V) + b_2(V)$과 일치한다.

V의 삼각형 분할 $V = \cup_{i=1}^n T_i$ 이야기로 돌아와서, 각 삼각형 T_i에는 꼭짓점을 나열하는 순서로 방향이 결정되는 것으로 하겠다. l을 임의의 변이라고 하자. l을 변으로 하는 삼각형은 정확히 두 개 있다. 이것들을 T_i, T_j라고 하자. 변 l에서 T_i로부터 유도되는 방향과 T_j로부터 유도되는 방향이 거꾸로가 될 때 이것을 정합적인 방향이라고 부른다. 물론 한 개의 l에대해서 이렇게 되도록 방향을 정하는 것은 항상 가능하지만 모든 변 l에 대해서 동시에 정합적인 방향을 정할 수 있는지의 여부는 V의 대역적인 구조와 관련된 문제이다. 정합적인 방향을 갖는 삼각형 분할이 가능할 경우 V를 **방향부여가 가능**하다고 말한다. 콤팩트 리만면은 실 좌표 변환의 야코비안이 양수인 것을 확인함으로써 방향부여가 가능하다는 것을 알 수 있다. (삼각형 분할 가능성은 제6장에서 증명하기로 한다.) 실 2차원이고 연결된 콤팩트 방향부여 가능한 위상다양체는 다음과 같이 분류되어 있다.

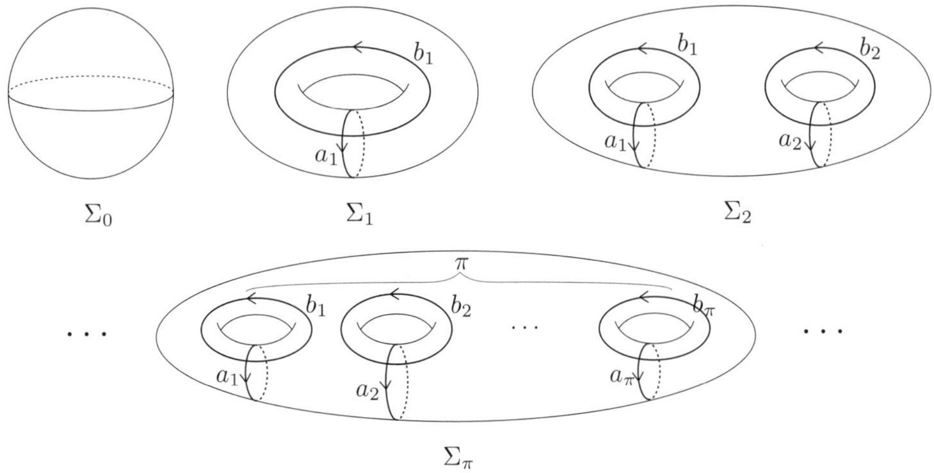

그림 4.1

정리 4.35

(1) V를 (삼각형 분할 가능한) 실 2차원의 연결된 콤팩트 방향부여 가능한 위상 다양체라고 하자. 이 경우 V는 다음 중 한 가지의 실 닫힌 곡면 $\sum_\pi$ (π는 0이상의 정수)과 위상동형이다. 특히 콤팩트 리만면 X는 $\sum_\pi$중 하나와 반드시 위상동형이다. (그림 4.1 참조)

(2) $\sum_\pi$의 오일러 수는 $2-2\pi$, 베티 수는 $b_2(\sum_\pi) = b_0(\sum_\pi) = 1$, $b_1(\sum_\pi) = 2\pi$이다. 특히 실 2차원의 연결된 콤팩트 방향부여 가능한 위상다양체의 위상동형류, 다시 말해 어느 $\sum_\pi$와 위상동형이 될지의 문제는 오일러 수만으로 결정 가능하다.

(3) 더 자세하게 $H_0(\sum_\pi, \mathbb{Z}) = \mathbb{Z}[P], H_2(\sum_\pi, \mathbb{Z}) = \mathbb{Z}[\sum_\pi]$, $H_1(\sum_\pi, \mathbb{Z}) = \oplus_{i=1}^{\pi}\mathbb{Z}[a_i] \oplus \oplus_{i=1}^{\pi}\mathbb{Z}[b_i]$ ($\pi \geq 1$), $H_1(\sum_0, \mathbb{Z}) = 0$이다. (여기서 a_i, b_i는 그림 4.1에 표시된 1순환.) 특히, 모두 자유 모듈이다.

문제 4.20 C_{2g+2}를 4.4절에서 구성한 $(y^2 = \prod_{i=1}^{2g=2}(x-a_i))$로 표시된 초타원곡선이라고 하자. 사상 $\pi : C \to \mathbb{P}^1$와 P^1의 오일러 수가 2인 것을 염두에 두고 C_{2g+2}의 오일러 수는 $2g-2$인 것을 보여라. (이렇게 해서 C_{2g+2}는 $\sum_g$와 위상동형이다. 따라서

정리의 $\sum_{\pi}$ 들은 모두 콤팩트 리만면의 하부 위상 다양체로서 구현된다.)

문제 4.21 마이어-피토리스 열(Mayer–Vietoris sequence)과 수학적 귀납법을 이용해서 정리 4.35 (3)에서 언급한 사실을 검증하시오.

5

층과 층 코호몰로지 군

X를 리만면 또는 더 일반적으로 복소다양체라고 가정해 보자. 어느 경우이든지 국소 좌표를 취하는 것이 가능하므로 함수가 주어지면 좌표를 이용해서 국소적으로 재구성하는 것은 어렵지 않다. 또 좌표근방에 제한해서 좌표 표시를 함으로써 대역적 유리함수 같은 원래 알고 싶었던 대역적 대상도 국소적으로 자세하게 다룰 수 있게 된다. 따라서 국소적으로 알아낸 성질들을 대역적인 성질과 연결해 주는 유용한 도구 같은 것이 있으면 편리할 것이다. 이런 연결고리 역할을 해 주는 것 중의 하나가 이 장에서 다루게 될 층과 층 코호몰로지 군이다. 이 장에서는 책 후반부에 필요한 최소한의 내용만 다룰 것이다.

이것은 어디까지나 필자의 주관적인 견해이지만 층과 코호몰로지를 이용해서 리만면을 다루는 것은 방정식을 이용해서 산수시간에 많이 풀어 본 문장으로 된 문제를 푸는 것과 비슷한 느낌을 준다. 대충 말해보면 미지수를 설정하는 것이 층을 선택하는 것에 대응되고 방정식을 세우는 것은 층으로 짧은 완전열(5.5절)을 만드는 것에 대응된다. 그리고 방정식을 푸는 것은 층으로 이루어진 짧은 완전열로부터 코호몰로지 군의 긴 완전열 (정리 5.47)을 만들고 리만-로흐의 정리 또는 소멸정리(따름정리 6.51)를 이용해서 긴 완전열로부터 필요한 정보를 캐내는 것에 대응된다. 구체적으로 응용되는 상황은 6,7장에서 자세하게 다루기로 한다.

5.1 층

X를 리만면이라고 하자. X의 공집합이 아닌 열린 집합 U에서 정칙인 함수 전체로 이루어진 집합을 $\mathcal{O}_X(U)$로 쓰기로 한다. $\mathcal{O}_X(U)$는 함수의 자연스러운 덧셈과 곱셈에 의한 $\mathbb{C}$-대수이다. 여기서는 일단 덧셈과 복소수 스칼라 곱만 염두에 두고 $\mathcal{O}_X(U)$를 $\mathbb{C}$-선형공간으로 취급하기로 한다. 공집합이 아닌 열린 집합 V가 또 다른 열린 집합 U의 부분집합일 경우 $f \in \mathcal{O}_X(U)$의 정의역을 V에 제한하면 $f|V$는 V의 정칙함수

이다. 즉, 제한 사상 $r_{VU} : \mathcal{O}_X(U) \to \mathcal{O}_X(V);\ f \mapsto f|V$가 정의된다. r_{VU}는 선형 사상이다. 또한 $r_{UU} = id$이며 W가 $W \subset V \subset U$를 만족하는 공집합이 아닌 열린 집합일 경우 $r_{WU} = r_{WV} \circ r_{VU}$을 만족한다. 한편, X의 열린 집합 U가 $U = \cup_{i \in I} U_i$와 같이 공집합이 아닌 $U_i (i \in I)$들로 덮여 있다고 해보자. $f, g \in \mathcal{O}_X(U)$가 모든 $i \in I$에 대해서 $r_{U_i U}(f) = r_{U_i U}(g)$를 만족할 경우 그리고 이 경우에 한해서만 $f = g$이다. 또 $f_i \in \mathcal{O}_X(U_i)(i \in I)$가 주어져 있을 경우, 만약 모든 $i, j \in I$에 대해서 $r_{U_i \cap U_j, U_i}(f_i) = r_{U_i \cap U_j, U_j}(f_j)$, 즉 $f_i|U_i \cap U_j = f_j|U_i \cap U_j$가 성립할 경우 f_i들은 겹겹이 잘 포개져서 $f|U_i = f_i (i \in I)$를 만족하는 U를 정의역으로 갖는 함수 f를 정의한다. 이렇게 만들어진 f는 $f \in \mathcal{O}_X(U)$를 만족하게 된다. 정칙성은 국소적으로 판단 가능한 성질이기 때문이다.

위에서 살펴본 구성의 앞부분을 일반화해서 국소에서 더욱더 국소로 나아가는 과정을 체계화해서 얻어지는 것이 바로 전층의 개념이다. 일단 전층의 개념 및 전층에 따라오는 부수적인 개념 몇 가지에 대해서 짚어본다.

정의 5.1 (전층)

X를 위상공간, $\mathbf{U}$를 X의 열린 부분집합의 전체 모임이라고 하자. 임의의 $U \in \mathbf{U}$에 대해서 $\mathbb{C}$-선형공간 $\mathcal{F}(U)$가 정의되고 게다가 $V \subset U$를 만족하는 임의의 $V, U \in \mathbf{U}$에 대해서 선형사상 $r^{\mathcal{F}}_{VU} : \mathcal{F}(U) \to \mathcal{F}(V)$도 정의되며 다음 세 가지 조건을 만족할 경우 이렇게 모여진 데이터의 집합 $\{\mathcal{F}(U), r^{\mathcal{F}}_{VU}\}$를 X에서 정의된 ($\mathbb{C}$-선형공간의) **전층**(presheaf)이라고 부르며 간단하게 $\mathcal{F}$로 줄여서 쓴다.

(1) $\mathcal{F}(\emptyset) := \{0\}$,

(2) $r^{\mathcal{F}}_{UU} = id_{\mathcal{F}(U)}\ \forall U \in \mathbf{U}$,

(3) 임의의 $W \subset V \subset U$ ($W, V, U \in \mathbf{U}$)에 대해서 $r^{\mathcal{F}}_{WU} = r^{\mathcal{F}}_{WV} \circ r^{\mathcal{F}}_{VU}$.

$\mathcal{F}(U)$를 $\Gamma(U, \mathcal{F})$로 쓰기도 한다. 또 위의 정의에서 나오는 사상 $r^{\mathcal{F}}_{VU}$를 함수인 것처럼 생각해서 **제한사상**이라고 부른다. 이런 이미지를 남겨 두기 위해서 제한사상 $r^{\mathcal{F}}_{VU}$에 의한 $f \in \mathcal{F}(U)$의 상 $r^{\mathcal{F}}_{VU}(f)$를 $f|V$로 쓰기도 한다. 또 오해의 소지가 없는 경우에는 $r^{\mathcal{F}}_{VU}$를 간단히 r_{VU}로 쓴다. 조건 (1)은 약간 억지스러울 수도 있지만 이렇게 정의를 해 놓으면 공집합인지 아닌지의 여부에 신경쓰지 않고 논의를 진행할 수 있는 이점이 있다. 당연히 $r_{\emptyset U} = 0$이다.

또 전층의 정의에서 나오는 선형공간은 반드시 유한차원일 필요가 없다는 사실에 주의하자.

주의 **5.2** $\mathcal{F}(U)$들이 갖는 대수구조에 따라서 **$\mathbb{C}$-대수의 전층, 아벨군의 전층**도 비슷한 방식으로 생각해 볼 수 있다. $\mathbb{C}$-대수의 전층이란 $\mathcal{F}(U)$들이 모두 $\mathbb{C}$-대수이며 제한사상이 $\mathbb{C}$-대수의 준동형사상인 것이고 아벨군의 전층이란 $\mathcal{F}(U)$들이 모두 아벨군이며 제한사상이 아벨군의 준동형사상인 것을 말한다. 다른 특별한 말이 없는 한 이 책에서는 $\mathbb{C}$-선형공간의 전층을 우리는 전층이라고 부르기로 하겠다. 또 다른 경우와의 일관성을 유지하기 위해 선형공간 사이의 선형사상을 (선형공간 사이의) **준동형사상**이라고 부르도록 하겠다.

X를 위상공간, 그리고 $\mathcal{F}$를 X에서 정의된 전층이라고 하자. P는 X의 점이라고 하자. P의 근방 전체로 이루어진 집합을 $\mathbf{U}_P$로 쓰자. 서로 소인 합집합 (disjoint union) $\coprod_{U\in\mathbf{U}_P}\mathcal{F}(U)$를 생각해 보자. $a\in\coprod_{U\in\mathbf{U}_P}\mathcal{F}(U)$일 경우 a로부터 결정되는 $U_a\in\mathbf{U}_P$가 정확히 한 개 존재하는데 $a\in\mathcal{F}(U_a)$를 만족한다. $\coprod_{U\in\mathbf{U}_P}\mathcal{F}(U)$의 원소 a,b를 잡고 $a\in\mathcal{F}(U_p)$, $b\in\mathcal{F}(U_b)$라고 하자. a,b가 동치라는 것을 $W\subset U_a\cap U_b$를 만족하는 $\mathbf{U}_P$의 원소 W가 존재해서 $r^{\mathcal{F}}_{WU_a}(a)=r^{\mathcal{F}}_{WU_b}(b)$을 만족하는 경우로 정의하자. 이럴 경우 $a\sim b$로 쓴다. 바꿔 말하면 P를 포함하는 충분히 작은 열린 집합에 제한했을 때 같아지는 원소끼리는 동치인 것으로 정의한다. 이 관계 $\sim$은 집합 $\coprod_{U\in\mathbf{U}_P}\mathcal{F}(U)$에 동치관계를 정의한다.

정의 **5.3 (전층의 줄기)**

몫집합 $\mathcal{F}_P:=\coprod_{U\in\mathbf{U}_P}\mathcal{F}(U)/\sim$을 **$P$에서 정의된 $\mathcal{F}$의 줄기**(stalk)라고 부른다. $a\in\mathcal{F}(U)$가 정의하는 원소 $[a]\in\mathcal{F}_P$를 종종 a_P로 표기한다.

$\mathcal{O}_X$의 경우에 대해서는 P에서 정의된 줄기 $\mathcal{O}_{X,P}$는 P의 근방에서 일치하는 정칙함수를 같은 함수로 취급해서 얻어지는 집합에 지나지 않는다.

정의로부터 $\mathcal{F}_P$의 원소는 어떤 $a\in\mathcal{F}(U)$ $(U\in\mathbf{U}_P)$의 동치류 $[a]$이다. 두말할 필요도 없이 $0\in\mathcal{F}_P$는 $0\in\mathcal{F}(U)$으로 대표되는 원소이다.

$\alpha, \beta \in \mathcal{F}_P$라고 하자. P의 근방 W와 $\mathcal{F}(W)$의 원소 a, b를 적당히 선택함으로써 α, β를 $\alpha = [a]$, $\beta = [b]$와 같이 대표원소로 표시할 수 있다. 주어진 원소는 유한개이며 유한개의 열린 집합의 교집합은 다시 열린 집합이기 때문이다. $k, l \in \mathbb{C}$라고 해보자. $\mathcal{F}_P$의 원소 $k\alpha + l\beta$를 $k\alpha + l\beta := [k\alpha + l\beta]$로 고정해서 생각해보자. $k\alpha + l\beta$는 W, a, b를 어떻게 선택하는지에 무관하며 α, β, k, l에 의해서 유일하게 결정되는 $\mathcal{F}_P$의 원소가 된다. 이렇게 해서 정해지는 $\mathcal{F}_P$의 덧셈, 복소수의 스칼라 곱에 의해서 $\mathbb{C}$-선형공간이 된다. 이때 자연스러운 사상 $\mathcal{F}(U) \to \mathcal{F}_P;\ c \mapsto [c]$은 선형사상이다.

정의 5.4 (전층의 받침)

전층 $\mathcal{F}$에 대해서 $\mathrm{Supp}\mathcal{F} := \{P \in X | \mathcal{F}_P \neq 0\}$로 정의하고 $\mathcal{F}$의 **받침**이라고 부른다.

정의 5.5 (전층 사이의 준동형사상)

$\mathcal{F}, \mathcal{G}$를 X에서 정의된 전층이라고 하자. 임의의 $U \in \mathbf{U}$에 대해서 준동형사상 $\varphi(U) : \mathcal{F}(U) \to \mathcal{G}(U)$이 주어져 있고 $\varphi(U)$들이 제한사상과 교환가능한 경우, 다시 말해, $V \subset U$를 만족하는 임의의 $V, U \in \mathbf{U}$에 대해서 $\varphi(V) \circ r^{\mathcal{F}}_{VU} = r^{\mathbf{G}}_{VU} \circ \varphi(U)$이 성립할 경우 준동형사상의 집합 $\{\varphi(U)\}_{U \in \mathbf{U}}$를 **전층 $\mathcal{F}$에서 $\mathcal{G}$로 가는 준동형사상**이라고 부르며 간단히 $\varphi : \mathcal{F} \to \mathcal{G}$로 쓰기로 한다.

기호가 번잡해지는 것을 피하기 위해 $a \in \mathcal{F}(U)$의 상 $\varphi(U)(a) \in \mathcal{G}(U)$를 $\varphi(a)$와 같이 표기하기도 한다. 이런 기호를 쓰면 $\varphi(a|V) = \varphi(a)|V$임을 알 수 있다.

전층사이의 준동형사상 $\varphi : \mathcal{F} \to \mathcal{G}$를 이용해서 줄기 사이의 선형사상 $\varphi_P : \mathcal{F}_P \to \mathcal{G}_P; x = [a] \mapsto [\varphi(a)]$을 모순되지 않게 정의할 수 있다. 이 정의로부터 $\varphi_P(x) = y$인 것과 열린 집합 $P \in U$와 $x = [a], y = [b]$를 만족하는 원소 $a \in \mathcal{F}(U), b \in \mathcal{G}(U)$가 존재해서 $\varphi(a) = b$가 성립하는 것이 동치조건이 된다.

문제 5.1 $\varphi : \mathcal{F} \to \mathcal{G}$를 전층의 준동형사상이라고 하자. $s \in \mathcal{F}(U), t \in \mathcal{G}(V)$ $(U, V \in \mathbf{U}_P)$에 대해서 다음 조건 (1)과 (2)가 동치인 것을 정의를 꼼꼼히 따져가며

확인해 보시오.

(1) $\varphi_P(s_P) = t_P$.

(2) $W \subset U \cap V$ 인 $W \in \mathbf{U}_P$ 가 존재해서 $\varphi(s|W) = t|W$.

정의 5.6 (전층의 동형)

X를 위상공간, 그리고 $\mathcal{F}, \mathcal{G}$를 X에서 정의된 전층이라고 하자. $\varphi(U) : \mathcal{F}(U) \to \mathcal{G}(U)$가 모든 $U \in \mathbf{U}$에 대해서 동형사상인 전층의 준동형사상 $\varphi : \mathcal{F} \to \mathcal{G}$를 **동형사상**이라고 부른다. 또, $\mathcal{F}$에서 $\mathcal{G}$로 가는 동형사상이 있을 경우 $\mathcal{F}$와 $\mathcal{G}$는 **동형**이라고 부르며 $\mathcal{F} \simeq \mathcal{G}$로 표기한다.

$\varphi : \mathcal{F} \to \mathcal{G}$가 동형사상일 경우 $\varphi_P : \mathcal{F}_P \to \mathcal{G}_P$ $(P \in X)$은 모두 동형사상이다.

위상공간 X에서 정의된 전층의 준동형사상 $\varphi : \mathcal{F} \to \mathcal{G}, \psi : \mathcal{G} \to \mathcal{H}$의 합성 $\psi \circ \varphi : \mathcal{F} \to \mathcal{H}$를 $(\psi \circ \varphi)(U) := \psi(U) \circ \varphi(U)$로 정의한다. $\psi \circ \varphi$는 $\mathcal{F}$에서 $\mathcal{H}$로 가는 준동형사상이다. 또 $id : \mathcal{F} \to \mathcal{F}$를 $id(U) := id_{\mathcal{F}(U)}$로 정의한다. id는 $\mathcal{F}$에서 자기자신으로 가는 동형사상이다. 이렇게 해서 전층의 **동형류**가 의미를 갖게 된다.

전층에는 대역적인 데이터를 점점 국소적인 데이터로 쪼개는 기능을 지니고 있지만 국소적인 데이터로부터 대역적인 데이터를 복원하는 기능은 전혀 갖고 있지 않다. 전층에 국소에서 대역으로 피드백해주는 기능을 추가해서 얻어지는 것이 바로 층이라는 개념이다.

정의 5.7 (층)

X를 위상공간이라고 하자. $\mathbf{U}$를 X의 열린 집합 전체로 이루어진 모임이라고 하자. $U \in \mathbf{U}$에 대해서 $U = \cup_{i \in I} U_i$를 U의 열린 덮개라고 하자. 이렇게 임의로 선택한 U, U_i에 대해서 다음 (1), (2)의 조건을 동시에 만족하는 X의 전층 $\mathcal{F}$를 **층** (sheaf)이라고 부른다.

(1) 모든 $i \in I$에 대해서 $r^{\mathcal{F}}_{U_i,U}(f) = 0$이 되는 $f \in \mathcal{F}(U)$는 0밖에 없다. (다시 말해, 어느 U_i에 제한을 해도 0이 되는 $f \in \mathcal{F}(U)$는 0뿐이다.)

(2) $(f_i)_{i \in I} \in \prod_{i \in I} \mathcal{F}(U_i)$가 임의의 $i, j \in I$에 대해서 $r^{\mathcal{F}}_{U_i \cap U_j, U_i}(f_i)$

$= r^{\mathcal{F}}_{U_i\cap U_j, U_j}(f_j)$를 만족할 경우 모든 $i \in I$에 대해서 $r^{\mathcal{F}}_{U_i U}(f) = f_i$가 되는 $f \in \mathcal{F}(U)$가 존재한다. (다시 말해, 공통 부분에 제한을 해서 같아지는 원소 $f_i \in \mathcal{F}(U_i)$ $(i \in I)$들은 잘 포개져서 $\mathcal{F}(U)$의 원소를 결정한다.)

조건 (1)의 가정하에서 조건 (2)의 f는 f_i들로부터 유일하게 결정된다. 실제로 $f' \in \mathcal{F}(U)$도 f와 같은 조건을 만족하면 $r^{\mathcal{F}}_{U_i U}(f - f') = r^{\mathcal{F}}_{U_i U}(f) - r^{\mathcal{F}}_{U_i U}(f') = f_i - f_i = 0$이 모든 i에 대해서 성립한다. 이때 조건 (1)로부터 $f - f' = 0$, 다시 말해 $f = f'$이 되기 때문이다.

X에서 정의된 **층의 줄기, 받침, 준동형사상, 동형**은 전층으로서의 줄기, 받침, 준동형사상, 동형으로서 정의한다.

정의로부터 덧셈과 복소수의 스칼라곱에 대해서 닫혀있으며 국소적으로 판정되는 성질로써 정의된 함수, 형식 등은 자연스러운 제한사상 (정의역을 제한하는 사상)과 $\emptyset$를 어떻게 처리할 지에 대한 약속만 하면 자연스럽게 층이 정의된다.

보기 5.8 X를 리만면이라고 하자.

(1) 다음(U는 X의 각각의 열린 집합을 취한다)은 모두 자연스러운 제한사상을 갖는 층이 된다 (단, 공집합에 대해서는 $\{0\}$이며 공집합으로의 제한사상은 0이다).

$0 : 0(U) := \{0\}$

$\mathcal{O}_X : \mathcal{O}_X(U) := \{U$에서 정의된 정칙함수$\}$

$\mathcal{M}_X : \mathcal{M}_X(U) := \{U$에서 정의된 유리형 함수$\}$

$\Omega^1_X : \Omega^1_X(U) := \{U$에서 정의된 정칙1형식$\}$

$\mathcal{A}^n_X : \mathcal{A}^n_X(U) := \{U$에서 정의된 C^∞급 n형식$\}$

$\mathcal{A}^{p,q}_X : \mathcal{A}^{p,q}_X(U) := \{U$에서 정의된 C^∞급 (p,q)형식$\}$ $((p,q) = (1,0),(0,1))$

$\mathbb{C}_X : \mathbb{C}_X(U) := \{U$에서 정의된 $\mathbb{C}$값을 갖는 국소 상수함수$\}$.

(2) $\mathcal{O}_X$는 정칙함수의 자연스러운 덧셈과 곱셈으로 정의되는 $\mathbb{C}$-대수의 층이기도 하다.

(3) 자연스러운 포함사상 $\iota(U) : \mathcal{O}_X(U) \to \mathcal{A}^0_X(U); f \mapsto f$로 주어지는 $\iota : \mathcal{O}_X \to \mathcal{A}^0_X$은 층의 준동형사상이다. 또 미분형식의 외미분 $d : \mathcal{A}^0_X(U) \to \mathcal{A}^1_X(U); \eta \mapsto d\eta$도 층의 준동형사상 $d : \mathcal{A}^0_X \to \mathcal{A}^1_X$을 정의한다.

간결하게 논의를 진행하기 위해 다음 세 개의 예에서 X는 리만면이라고 미리 가정한다.

보기 5.9 P를 X의 점이라고 하자. 조금 특이하게 다음과 같이 정의되는 전층 $\mathbb{C}_P$도 자연스러운 덧셈과 복소수의 스칼라곱에 의해서 $\mathbb{C}$-선형공간의 층이 된다. $U, V \in \mathbf{U}$에 대해서

$$\begin{array}{l} P \in U \text{인 경우 } \mathbb{C}_P(U) := \mathbb{C};\ P \notin U \text{인 경우 } \mathbb{C}_P(U) := \{0\} \\ P \in V \text{인 경우 } r_{VU} = id;\ P \notin V \text{인 경우 } r_{VU} = 0. \end{array}$$

이렇게 정의된 층 $\mathbb{C}_P$를 **P를 받침으로 갖는 마천루층**(skyscraper sheaf)이라고 부른다. $\mathbb{C}_P$의 줄기는 $(\mathbb{C}_P)_P = \mathbb{C}, (\mathbb{C}_P)_Q = 0(Q \neq P$인 경우$)$이다. 이렇게 해서 $\text{Supp}\mathbb{C}_P = \{P\}$인 것도 확인할 수 있다.

층 $\mathbb{C}_P$와 같이 받침이 유한집합인 경우 그런 층을 **마천루층**이라고 부른다.

보기 5.10 $P_i(i = 1, 2, \cdots, n)$을 리만면 X의 서로 다른 점이라고 하자. d_i를 양의 정수라고 하자. 또 z_i를 P_i의 X의 국소 좌표라고 하자. 그러면 $\mathbb{C}$-대수의 전층 $\mathcal{S} := \oplus_{i=1}^n \mathbb{C}\{z_i\}/(z_i^{d_i})$를 다음과 같이 정의한다.

$$\begin{array}{l} U \in \mathbf{U}\text{에 대해서 } \mathcal{S}(U) := \oplus_{P_i \in U} \mathbb{C}\{z_i\}/(z_i^{d_i}), \\ V \subset U\ (V, U \in \mathbf{U})\text{에 대해서 } r_{VU}^{\mathcal{S}} : \mathcal{S}(U) \to \mathcal{S}(V); \\ \quad (f_i(z_i) \bmod (z_i^{d_i}))_{P_i \in U} \to (f_i(z_i) \bmod (z_i^{d_i}))_{P_i \in V}. \end{array}$$

이 $\mathcal{S}$는 층의 조건 (1), (2)를 만족하며 명백하게 층인 것을 확인할 수 있다. 또 $\text{Supp}\mathcal{S} = \{P_i\}_{i=1}^n$이다. P_i에서 정의되는 줄기는 $\mathcal{S}_{P_i} = \mathbb{C}\{z_i\}/(z_i^{d_i})$이다. 이렇게 해서 $\mathcal{S}$도 마천루층임을 확인할 수 있다. 이 층 $\mathcal{S}$를 간단히 $\oplus_{i=1}^n \mathbb{C}\{z_i\}/(z_i^{d_i})$로 쓴다. 이러한 표기방식을 이용하면 앞서 정의한 $\mathbb{C}_P$는 $\mathbb{C}_P = \mathbb{C}\{z_P\}/(z_P)$로 쓸 수 있다.

문제 5.2 보기 5.8 ~ 5.10에서 언급한 것들을 검증하시오. (힌트: X는 하우스도르프 공간.)

보기 5.11 다음은 $\mathbb{C}$-선형공간의 층은 아니지만 자연스러운 제한사상으로써 정의된 아벨군의 층이다.

$\mathbb{Z}_X : \mathbb{Z}_X(U) := \{U$에서 정의된 $\mathbb{Z}$값을 갖는 국소 상수함수$\}$

(연산은 함수의 통상적인 덧셈)

$1 : 1(U) := \{1\}$ (연산은 곱셈)

$\mathcal{O}_X^\times(U) := \{U$의 어디에서도 0이 아닌 U에서 정의된 정칙함수$\}$

(연산은 함수의 통상적인 곱셈)

$1, \mathcal{O}_X^\times$에서 $1(\emptyset), \mathcal{O}_X^\times(\emptyset)$은 $\{0\}$이 아니라 $\{1\}$으로 쓴다. 또 $r_{\emptyset U} = 1$로 쓴다. 곱셈으로 정의된 아벨군의 단위원소는 0이 아니라 1로 보통 쓰기 때문이다.

예제 5.12 X는 리만면이라고 하자. 그러면 X의 점 P에서 정의된 ($\mathbb{C}$-대수 층) $\mathcal{O}_X$의 줄기 $\mathcal{O}_{X,P}$는 수렴하는 무한급수의 환 $\mathbb{C}\{z\}$과 $\mathbb{C}$-대수로서 동형 $\mathcal{O}_{X,P} \cong \mathbb{C}\{z\}$인 것을 보여라. (단, **수렴하는 무한급수의 환**이란 수렴반경이 양의 실수인 형식적 무한급수 전체가 이루는 형식적 무한급수환의 부분환을 말한다.)

풀이 (z, Δ)를 P의 국소 좌표근방계라고 하자. $P \in \Delta' \subset \Delta$일 경우 (z, Δ')도 P의 국소 좌표근방계이다. 여기서 z는 고정하고 생각하는 것이 중요하다. $f \in \mathcal{O}_{X,P}$가 $\varphi \in \mathcal{O}_X(U)$로 대표된다고 해보자. P에서의 국소 좌표근방계 (z, Δ')를 $\Delta' \subset U$가 되도록 잡을수 있으므로 f는 $\varphi|\Delta'$로도 대표될 수 있다. 아래에서 z는 변수로 취급하기보다는 부정원으로 취급하기로 한다. $\varphi|\Delta'$는 정칙이므로 $\varphi|\Delta'$는 테일러 급수 $\sum_{k\geq 0} a_k z^k$와 일치한다. 또 P의 근방 U_1, U_2에서 정칙인 f_1, f_2는 P에서 전개한 테일러 급수가 일치하는 경우에 한해서 필요에 따라 정의역을 더 작은 P의 근방에 제한하면 함수로서 같아진다. 따라서 사상 $\iota : \mathcal{O}_{X,P} \to \mathbb{C}\{z\}; f \mapsto \sum_{k\geq 0} a_k z^k$가 모순되지 않게 정의되고 게다가 이 ι는 단사이다. 역으로 P에서 수렴하는 급수는 수렴하는 원 안에서 정칙함수를 정의하므로 ι는 전사이다. ι가 덧셈, 복소수 스칼라곱, 곱셈과 교환가능한 것은 자명하다. 그래서 ι는 $\mathbb{C}$-대수로서의 동형사상이다. □

이와 같이 정칙함수의 층 $\mathcal{O}_X$의 줄기 $\mathcal{O}_{X,P}$는 정칙함수가 P에서 취하는 값보다도 더 풍부한 정보를 내포하고 있다는 것을 알 수 있다. 실제로 줄기 $\mathcal{O}_{X,P}$의 원소 f에 대해서 f를 대표하는 정칙함수가 P의 근방에서 무한급수의 꼴로 유일하게 복원되기 때문이다. 줄기 $\mathcal{O}_{X,P}$의 유한개의 원소에 대해서는 그것들을 대표하는 원소로서 동일한 정의역을 갖는 정칙함수를 취할 수 있다. 하지만 줄기의 원소 전체에 대해서 그것들의 대표원소들을 같은 열린 집합에서 일제히 정의되도록 취할 수는 없다. 수렴반경이 임의로 작은 정칙함수가 있기 때문이다. 이런 뜻에서 줄기 $\mathcal{O}_{X,P}$는 P의 "무한히 작은 근방"에서 정칙인 함수 전체로 이루어진다고 할 수 있다.

다음은 전층에는 없지만 층에는 존재하는 중요한 성질 중 하나이다.

예제 5.13 X는 위상공간이며 $\mathcal{F}, \mathcal{G}$는 X에서 정의된 층이라고 하자. $\varphi : \mathcal{F} \to \mathcal{G}$를 층의 준동형사상이라고 하자. φ에 대해서 다음 조건 (1)과 (2)는 동치인 것을 보이시오.

(1) φ는 동형사상.

(2) X의 모든 점 P에 대해서 φ가 유도하는 줄기 사이의 사상 $\varphi_P : \mathcal{F}_P \to \mathcal{G}_P$는 동형사상.

풀이 (1)⇒(2) 방향은 자명하다. 이제 (2)⇒(1) 방향을 보이도록 한다. 증명해야 하는 것은 X의 공집합이 아닌 열린 집합 U에 대해서 준동형사상 $\varphi(U) : \mathcal{F}(U) \to \mathcal{G}(U)$이 전사이면서 단사라는 사실이다.

단사라는 사실의 증명 $\varphi(U)(s) = 0$이라고 하자. 이 경우 정의로부터 U의 임의의 점 P에 대해서 $\varphi_P(s_P) = [\varphi(s)] = [0] = 0$이다. φ_P가 단사라는 사실로부터 $s_P = 0$이다. 따라서 각 점 P에 대해서 P의 근방 U_P를 충분히 작게 잡으면 $s|U_P = 0$이다. P는 U의 임의의 점이므로 P를 U 전체로 움직여가면서 위와 같은 방식으로 찾은 열린 집합 U_P들로 이루어진 열린 덮개 $U = \cup_{P \in U} U_P$를 만들 수 있다. 층의 조건 (1) (정의 5.7)에 의하면 이때 $\mathcal{F}(U)$의 원소로서 $s = 0$이다. 이것은 $\varphi(U)$가 단사라는 것을 의미한다.

전사라는 사실의 증명 $t \in \mathcal{G}(U)$라고 하자. φ_P는 전사이므로 U의 각 점 P에 대해서 $P \in V_P \subset U$를 만족하는 열린 집합 V_P와 $\mathcal{F}(V_P)$의 원소 s^P가 존재해서 $\varphi_P((s^P)_P) = t_P$가 된다. 이때 P의 충분히 작은 근방 U_P를 잡으면 $\varphi(U_P)(s^P|U_P) = t|U_P$를 만족한다. 다시 $s^P|U_P$는 s^P로 쓰기로 한다. P는 U의 임의의 점이기 때문에 P를 U 전체로 움직여 가면서 위와 같은 방식으로 찾은 U_P들로 이루어진 열린 덮개 $U = \cup_{P \in U} U_P$와 $\varphi(U_P)(s^P) = t|U_P$가 되는 $s^P \in \mathcal{F}(U_P)$ 들의 집합 $\{s^P\}_{P \in U}$를 얻을 수 있다. 이때 전층의 준동형사상의 정의로부터

$$\begin{aligned}\varphi(U_P \cap U_Q)(s^P|U_P \cap U_Q) &= \varphi(U_P)(s^P)|U_P \cap U_Q \\ &= (t|U_P)|U_P \cap U_Q = t|U_P \cap U_Q\end{aligned}$$

이다. 따라서 $\varphi(U_P \cap U_Q)(s^P|U_P \cap U_Q) = t|U_P \cap U_Q = \varphi(U_P \cap U_Q)(s^Q|U_P \cap U_Q)$이다. 앞서 증명한 것처럼 $\varphi(U_P \cap U_Q)$는 단사이므로 이 사실로부터 $s^P|U_P \cap U_Q = s^Q|U_P \cap U_Q$

가 된다. 이때 층의 조건 (2)로부터 모든 $P \in U$에 대해서 $s|U_P = s^P$인 $s \in \mathcal{F}(U)$가 존재한다. 층의 준동형사상의 정의로부터 s는

$$\varphi(U)(s)|U_P = \varphi(U_P)(s|U_P) = \varphi(U_P)(s^P) = t|U_P$$

를 만족한다. 층의 조건 (1)을 $\mathcal{G}$에 적용하면 이것으로부터 $\varphi(U)(s) = t$임을 확인할 수 있다. 따라서 $\varphi(U)$는 전사이다. □

문제 5.3

(1) $\mathcal{F}$를 층, $\mathcal{G}$를 전층이라고 하자. $\mathcal{F}$와 $\mathcal{G}$가 전층으로서 동형이면 $\mathcal{G}$도 층인 것을 보여라.

(2) $X = \mathbb{C}$라고 하자. $\mathcal{F}(\mathbb{C}) = \mathbb{C}$, $\mathcal{F}(U) = \{0\}$ (U는 $\mathbb{C}$이외의 열린 집합), $r_{\mathbb{C}\mathbb{C}} = id$, $r_{VU} = 0(V \neq \mathbb{C})$로 정의되는 전층 $\mathcal{F}$는 층의 조건 (2)을 만족하지만 (1)은 만족하지 않는 것을 보여라. 또 Supp$\mathcal{F}$를 구하여라.

(3) $X = \mathbb{C}$라고 하자. $\mathcal{F}(U) := \{f|f$는 $\sup_{x \in U}|f| < \infty$를 만족하는 U에서 정의된 연속함수$\}$ (r_{VU}는 자연스러운 제한사상)} 으로 정의되는 전층 $\mathcal{F}$는 층의 조건 (1)을 만족하지만 층의 조건 (2)는 만족하지 않는 것을 보여라.

(4) 두 개의 층 $\mathcal{F}$와 $\mathcal{G}$의 직합 $\mathcal{F} \oplus \mathcal{G}$를 $(\mathcal{F} \oplus \mathcal{G})(U) := \mathcal{F}(U) \oplus \mathcal{G}(U); r_{VU}^{\mathcal{F}\oplus\mathcal{G}} := r_{VU}^{\mathcal{F}} \oplus r_{VU}^{\mathcal{G}}$로 정의한다. $\mathcal{F} \oplus \mathcal{G}$는 층임을 확인하시오. 그리고 Supp$\mathcal{F}$, Supp$\mathcal{G}$, Supp$\mathcal{F} \oplus \mathcal{G}$의 관계를 조사하시오.

(5) (4)에서 만든 층을 $\mathcal{F}_\lambda(\lambda \in \Lambda)$와 같이 모임으로 확장한 다음 층 $\oplus_{\lambda \in \Lambda}\mathcal{F}_\lambda$ (직합)을 구성하시오.

문제 5.4 **(전층의 층화)** X를 위상공간, $\mathbf{U}$를 X의 열린 집합의 전체집합, 그리고 $\mathcal{F}$를 X에서 정의된 전층이라고 하자. 전층 $\mathcal{F}^a$를 $U \in \mathbf{U} - \{\emptyset\}$에 대해서

$$\begin{aligned}\mathcal{F}^a(U) :=& \{(s^P)_{P \in U} \in \Pi_{P \in U}\mathcal{F}_P | U\text{의 각 점 } P\text{에 대해서 } W \subset U\text{인 } P\text{의}\\ &\text{근방 } W\text{와 } \mathcal{F}(W)\text{의 원소 } t\text{를 적당히 취하면 } s^Q = t_Q\\ &\forall Q \in W\text{가 된다}\}\end{aligned}$$

로 정의하고 또 $V \subset U(V, U \in \mathbf{U} - \{\emptyset\})$에 대해서 제한사상을

$$r_{VU}^{\mathcal{F}^a} : \mathcal{F}^a(U) \to \mathcal{F}^a(V);\ (s^P)_{P \in U} \mapsto (s^P)_{P \in V}$$

로 정의하기로 한다. 다음을 증명하시오.

(1) $\mathcal{F}^a$는 층임을 증명하시오.

(2) 준동형사상 $\iota : \mathcal{F} \to \mathcal{F}^a$가 $\iota(U) : \mathcal{F}(U) \to \mathcal{F}^a(U); s \mapsto (s_P)_{P\in U}$로 결정됨을 보여라. 또 이 ι가 유도하는 줄기 사이의 사상 $\iota_P : \mathcal{F}_P \to \mathcal{F}^a_P$은 동형사상임을 보여라.

(3) $\varphi : \mathcal{F} \to \mathcal{G}$를 전층의 준동형사상이라고 하자. 그리고 $\mathcal{G}$는 층이라고 가정한다. 그러면 $\varphi = \varphi^a \circ \iota$가 되는 준동형사상 $\varphi^a : \mathcal{F}^a \to \mathcal{G}$가 유일하게 존재함을 보여라.

(4) 문제 5.3(2),(3)의 전층 $\mathcal{F}$의 층화 $\mathcal{F}^a$를 각각 구하여라.

위와 같이 만들어진 쌍 $(\mathcal{F}^a, \iota)$를 **전층 $\mathcal{F}$의 층화**(sheafification)라고 부른다.

5.2 인자에 대응되는 층

이 절에서 X는 리만면이라고 하자. 형식적인 합 $D = \sum_{P\in X} n_P P, n_P \in \mathbb{Z}$, 즉 (직합이 아닌) 직적 $\prod_{P\in X} \mathbb{Z}(P)(\mathbb{Z}(P) \cong \mathbb{Z}\ \forall P \in X)$의 원소 D를 생각한다. 이 D에 대해서 Supp$D := \{P \in X | n_P \neq 0\}$로 정의한다.

정의 5.14

(1) Supp$D$가 X의 이산 부분집합일 경우 이 형식적인 합 D를 X의 **인자**(divisor)라고 부른다. 또 모든 $P \in X$에 대해서 $n_P \geq 0$를 만족하는 인자 D를 **유효 인자**(effective divisor)라고 부르며 $D \geq 0$와 같이 쓴다.

(2) X의 두 인자 $D = \sum_{P\in X} n_P P, D' = \sum_{P\in X} n'_P P$는 모든 P에 대해서 $n_P = n'_P$일 경우 같은 것으로 정의한다.

(3) X의 두 인자 $D = \sum_{P\in X} n_P P, D' = \sum_{P\in X} n'_P P$의 합, 차 $D \pm D'$를 $D \pm D' := \sum_{P\in X}(n_P \pm n'_P)P$로 정의한다. 두 개의 인자 D, D'가 $D - D' \geq 0$를 만족할 때 $D \geq D'$와 같이 쓴다.

주의 5.15

(1) 바로 위에서 정의한 덧셈에 의해서 X의 인자 전체로 이루어진 집합은 아벨군을 이룬다.

(2) 인자를 기술하는데 있어서 계수가 0인 항 $0P$는 일반적으로 생략한다. 예를 들어 $D = 2P + Q$ $(P \neq Q)$는 $n_P = 2, n_Q = 1, n_R = 0(R \neq P, Q)$인 인자를 나타낸다.

(3) 인자 $d = \sum_{P \in X} n_P P$에 대해서

$$D^+ := \sum_{P \in X, n_P \geq 0} n_P P, \ \ D^- := \sum_{P \in X, n_P < 0} -n_P P$$

로 쓰기로 하면

$$D = D^+ - D^-, \ \ D^+ \geq 0, \ \ D^- \geq 0, \ \ \mathrm{Supp} D^+ \cap \mathrm{Supp} D^- = \emptyset$$

가 된다. 이와 같이 D는 받침에서 서로 공통 원소를 갖지 않는 2개의 유효 인자의 차이로 표현된다.

(4) U를 X의 열린 집합이라고 하자. X의 인자 $D = \sum_{P \in X} n_P P$를 U에 제한한 $D|_U$를 $D|_U = \sum_{P \in U} n_P P$로 정의한다. Supp$D$는 이산 집합이므로 U를 충분히 작게 잡으면 $D|_U$의 받침은 한 점 또는 공집합이 된다.

주의 5.16 X가 콤팩트일 경우 X의 인자 D의 받침 Supp$D$는 유한집합이다. Supp$D = \{P_1, P_2, \cdots, P_m\}$라고 하면 $D = n_1 P_1 + n_2 P_2 + \cdots + n_m P_m$ (n_k는 0이 아닌 정수)로 쓸 수 있다. 이때 $D \geq 0$는 n_k가 모두 음이 아니라는 것이다. 인자 D의 계수의 총합 $\sum_{k=1}^{m} n_k$를 인자 D**의 차수**라고 부르며 $\deg D$로 쓴다. $D \geq 0$일 경우 $\deg D \geq 0$이다. 하지만 $D = 2P - Q$ $(P \neq Q)$와 같은 인자도 있으므로 $\deg D \geq 0$일지라도 $D \geq 0$을 보장하지는 않는다.

U를 X의 영역이라고 하자. f를 0이 아닌 U에서 정의된 유리형 함수라고 하자. 다시 말해 $0 \neq f \in \mathcal{M}(U)$이다. 여기서 f의 영점과 극은 고립되어 있다. 따라서

$(f)_0 := \sum n_P P$, $P \in U$는 f의 영점, n_P는 P의 영점의 위수,
$(f)_\infty := \sum_{m_P} Q$, $Q \in U$는 f의 극, m_Q는 Q에서의 극의 위수,
$\mathrm{div}(f) := (f)_0 - (f)_\infty = \sum_{P \in U} \mathrm{ord}_P(f) P$

는 모두 U에서 정의된 인자들이다.

정의 5.17

U의 인자 $\operatorname{div}(f) = \sum_{P \in I} \operatorname{ord}_P(f)P$를 U의 **유리형 함수** $f(\neq 0)$**가 정의하는 인자**라고 부른다. (구체적인 예는 문제 5.5를 참조.)

0에 대한 인자 div(0)는 정의하지 않지만 형식적으로 $\sum_{P \in U} +\infty P$으로 생각을 하면 이야기의 아귀가 잘 맞아 떨어지는 경우가 많다. 다음은 따름정리 2.30의 내용을 바꿔 말한 것에 지나지 않는다.

도움정리 5.18 X를 콤팩트 리만면이라고 하자. f를 X에서 정의된 0이 아닌 대역적 유리형 함수라고 하자. 그러면 X의 인자 $\operatorname{div}(f) = \sum_{P \in X} \operatorname{ord}_P(f)P$의 차수는 0이다. 다시 말해

$$\deg \operatorname{div}(f) = \sum_{P \in X} \operatorname{ord}_P(f) = 0. \qquad \square$$

정의 5.19

$D = D^+ - D^- = \sum n_P P - \sum m_Q Q$를 X의 인자라고 하자. X는 공집합이 아닌 열린 집합 U에 대해서

$$\mathcal{O}_X(D)(U) := \{f \in \mathcal{M}_X(U) | \operatorname{div}(f) + D|_U \geq 0\}$$

로 두자. 하지만 f가 P_0의 근방에서 항등적으로 0 (따라서 P_0가 속하는 U의 연결성분 U_{P_0}에서 항등적으로 0)인 경우에는 모든 점 $R \in U_{P_0}$에서 $\operatorname{ord}_R(f) = +\infty$로 생각하기로 한다. 이렇게 약속을 하면 $\mathcal{O}_X(D)(U)$의 원소 f는 $U \cap \operatorname{Supp} D^-$에 속하는 점 Q에서 위수가 m_Q 이상인 영점을 가지며 $U \cap \operatorname{Supp} D^+$에 속하는 점 P에서만 위수가 기껏해야 n_P인 극을 갖는 U에서 정의된 유리형 함수 전체로 이루어진 집합이다. $\mathcal{O}_X(D)(U)$를 특징지어주는 이 조건은 함수의 덧셈, 복소수 스칼라곱에 대해서 닫혀있으며 게다가 U의 각 점에서 국소적으로 판정할 수 있는 조건이다. 이렇게 해서 함수의 정의역을 제한하는 사상을 제한사상 r_{VU}로 정의함으로써 $(\mathcal{O}_X(D), r_{VU})$는 층이 된다. 이 층을 $\mathcal{O}_X(D)$로 쓰며 **인자** D**에 대응되는 층**이라고 부른다.

보기 5.20 $D = 2P - 3Q$인 경우를 생각해 보자. U를 X의 공집합이 아닌 열린 집합이라고 하자. $P, Q \in U$일 경우 $\mathcal{O}_X(D)(U)$는 P에서만 기껏해야 위수가 2인 극을 가지며 Q에서 위수가 3이상인 영점을 갖는 U에서 정의된 유리형 함수의 전체집합이다. $P \in U$이면서 $Q \notin U$이면 $\mathcal{O}_X(D)(U)$는 P에서만 기껏해야 위수가 2인 극을 갖는 U에서 정의된 유리형 함수의 전체집합이다. $P \notin U$이면서 $Q \in U$일 경우 $\mathcal{O}_X(D)(U)$는 Q에서 위수가 3이상인 영점을 갖는 U에서 정의된 정칙함수의 전체집합이다. 또 $P, Q \notin U$이면서 $U \neq \emptyset$일 경우 $\mathcal{O}_X(D)(U)$는 U에서 정의된 정칙함수의 전체집합이다. 또 두말할 필요없이 $\mathcal{O}_X(D)(\emptyset) = \{0\}$이다.

P를 X의 임의의 점이라고 하자. (t_P, U_P)를 P의 국소 좌표 근방계라고 하자. 정의로부터 $t_P(P) = 0$을 만족한다. 필요할 경우 U_P를 더 작게 잡으면 $D|U_P$의 받침은 기껏해야 점 P이다. 즉, $D = n_P P + \cdots$ 일 경우 U_P에서 $D|U_P = n_p P$이다. 따라서 $D|U_P = \text{div}(t_P^{n_P})$이다.

정의 5.21

$f_P := t_P^{n_P}$로 놓고 f_P를 점 P에 대한 인자 D의 **국소방정식**이라고 부른다. $P \notin \text{Supp}D$일 경우 $n_P = 0, f_P = 1$이다.

국소방정식은 선택한 국소 좌표계 (t_P, U_P)에 의존한다. 하지만 그 의존성은 P의 근방에서 영점을 갖지 않는 정칙함수 만큼 밖에 차이나지 않는다.

인자 및 인자에 대응되는 층은 제 6,7장에서 아주 중요한 역할을 하게 된다.

문제 5.5 $\mathbb{C}$, $\mathbb{P}^1 = \mathbb{C}_z \cup \{\infty\}$의 좌표값 $z(P) = a$의 점을 $[a]$로 쓰기로 한다.

(1) $D = \sum_{n\in\mathbb{Z}} n[n]$로 두자. 이것은 $\mathbb{C}$의 인자인가? 아니면 $\mathbb{P}^1$의 인자인가?

(2) $\tan z := \frac{\sin z}{\cos z}$는 $\mathbb{C}$의 유리형 함수이다. $\text{div}(\tan z)$를 구하여라.

(3) 다음 함수를 자연스럽게 $\mathbb{P}^1$의 유리함수 f로 생각한다. 각각에 대해서 $\text{div}(f)$를 구하시오. $z^3 - 1$, $\frac{z^4+1}{z^2(z^2-1)}$, $\frac{z^4-1}{z^3(z^3+1)}$.

5.3 연산을 갖는 층

X를 리만면이라고 하고 U를 X의 공집합이 아닌 열린 집합이라고 하자. 자연스러운 곱셈

$$\mathcal{O}_X(U) \times \mathcal{O}_X(U) \to \mathcal{O}_X(U);\ (f, g) \mapsto fg$$

에 의해서 $\mathcal{O}_X(U)$는 단순히 선형공간일 뿐만 아니라 $\mathbb{C}$의 가환환 ($\mathbb{C}$-대수)이기도 하며 이 곱셈은 제한사상과 교환가능, 즉 V가 $V \subset U$를 만족하는 열린 집합이라면 $f|V \cdot g|V = (fg)|V$이다. 이와 같이 제한사상과 교환가능한 연산을 갖춘 $\mathbb{C}$-대수 $\mathcal{F}(U)$들이 정의하는 층을 $\mathbb{C}$-대수의 층이라고 부른다. $\mathcal{A}_X^0$도 역시 $\mathbb{C}$-대수의 층이다. $\mathbb{C}$-대수의 층 $\mathcal{F}$에서는 줄기 $\mathcal{F}_P$도 자연스럽게 $\mathbb{C}$-대수가 된다.

보기 5.22

(1) 층 Ω_X^1에서는 자연스러운 곱셈

$$\mathcal{O}_X(U) \times \Omega_X^1(U) \to \Omega_X^1(U);\ (f, \omega) \mapsto f\omega$$

에 의해서 $\Omega_X^1(U)$는 $\mathbb{C}$-대수 $\mathcal{O}_X(U)$ 위에서 모듈이 된다. 게다가 이 곱셈은 제한사상과 교환가능하다. 즉, V가 $V \subset U$를 만족하는 열린 집합일 경우 $f|V \cdot \omega|V = (f\omega)|V$이다. 이와 같이 연산이 제한사상과 교환가능한 $\mathcal{O}_X(U)$-모듈 $\mathcal{F}(U)$가 이루는 층을 **$\mathcal{O}_X$-모듈의 층**이라고 부른다.

(2) 인자 D가 정의하는 층 $\mathcal{O}_X(D)$도 자연스러운 곱셈

$$\mathcal{O}_X(U) \times \mathcal{O}_X(D)(U) \to \mathcal{O}_X(D)(U);\ (f, g) \mapsto fg$$

에 의해서 $\mathcal{O}_X$-모듈의 층이다. $\mathcal{F}$가 $\mathcal{O}_X$-모듈의 층일 경우 줄기 $\mathcal{F}_P$도 자연스럽게 $\mathcal{O}_{X,P}$-모듈이 된다. $\mathcal{O}_X$ 자체도 역시 $\mathcal{O}_X$-모듈이다.

$\mathcal{O}_X$-모듈의 층으로서 여러 개의 $\mathcal{O}_X$로 직합을 취한 것과 동형인 $\mathcal{O}_X$-모듈의 층을 **자유층**이라고 부른다. 특히 $\mathcal{O}_X$-모듈의 층 $\mathcal{F}$가 $\mathcal{O}_X$-모듈의 층으로서 $\mathcal{O}_X$와 동형, 즉 임의의 열린 집합 U에서 $\varphi(U) : \mathcal{F}(U) \to \mathcal{O}_X(U)$가 제한사상과 교환가능한 $\mathcal{O}_X(U)$-모듈으로서 동형사상이 되는 층의 준동형사상 $\varphi : \mathcal{F} \to \mathcal{O}_X$을 가질 때 $\mathcal{F}$를 **계수 1인 자유층**이라고 부른다.

5.4 층의 제한과 국소 자유층

지금까지는 층을 하나의 고정된 위상공간에서만 생각해 왔다. 나중에 필요하게 될 경우에 대비해서 X의 층을 X의 열린 집합 U에 제한해서 얻어지는 U에서 정의되는 층이라는 개념을 도입하기로 한다.

정의 5.23

X는 위상공간, $\mathcal{F}$는 X의 층, 그리고 U는 X의 열린 집합이라고 하자. (이때 U의 열린 집합 V는 X의 열린 집합이기도 한 것을 잊지 말자.) U의 열린 집합 V와 $W \subset V$에 대해서

$$\mathcal{F}|_U(V) := \mathcal{F}(V); r_{WV}^{\mathcal{F}|_U} := r_{WV}^{\mathcal{F}}$$

로 정의되는 $\mathcal{F}|_U(V)$와 제한사상 $r_{WV}^{\mathcal{F}|_U}$들로 이루어진 쌍 $(\mathcal{F}|_U(V), r_{WV}^{\mathcal{F}_U})$은 U에서 정의되는 층의 조건들을 만족한다. 이 층을 $\mathcal{F}|_U$로 쓰고 $\mathcal{F}$를 **U에 제한해서 얻어지는 층**이라고 부른다.

$\mathcal{F}|_U$는 어디까지나 층으로서 정의된 것이지 $\mathcal{F}(U)$와 다르다는 사실에 주의하자.

X가 리만면이고 D가 X의 인자일 경우 $\mathcal{O}_X|_U = \mathcal{O}_U$, $\mathcal{O}_X(D)|_U = \mathcal{O}_U(D|U)$이다. 또 $\mathcal{F}$가 $\mathcal{O}_X$-모듈의 층일 경우 자연스럽게 $\mathcal{F}|_U$는 $\mathcal{O}_U$-모듈의 층이다.

이제 이 절의 나머지 부분에서는 X를 리만면이라고 가정하자. $\mathcal{F}$를 X의 $\mathcal{O}_X$-모듈의 층이라고 하자. X의 모든 점 P에 대해서 P의 근방 U_P가 존재해서 $\mathcal{F}|_{U_P}$가 $\mathcal{O}_{U_P}$-모듈의 층으로서 자유, 즉 $\mathcal{O}_{U_P}$ 여러 개로 직합을 취한 것과 동형일 경우 $\mathcal{F}$를 **국소 자유층**이라고 부른다. 특히 X의 각 점 P에 대해서 P의 근방 U_P가 존재해서 $\mathcal{F}_{U_P}$가 $\mathcal{O}_{U_P}$-모듈의 층으로서 $\mathcal{O}_{U_P}$와 동형인 경우 $\mathcal{F}$를 **계수 1인 국소 자유층** 또는 **가역층** (invertible sheaf)이라고 부른다.

도움정리 5.24 X의 인자 D가 정의하는 층 $\mathcal{O}_X(D)$는 가역층이다.

증명 $P \in X$라고 하자. P의 국소 좌표근방계 (t_P, U_P)를 $U_P \cap \mathrm{Supp}D$가 기껏해야 한 점 P가 되도록 잡는다. $D|_{U_P} = n_P P$로 놓자. f_P를 $D|_{U_P}$의 P에서의 국소방정식이라고 하면 $f_P = t_P^{n_P}$이다. 이제 $\mathcal{O}_{U_P}$-모듈의 층으로서 $\mathcal{O}_X(D)|_{U_P}$가 $\mathcal{O}_{U_P}$와 동형인

것을 보이려고 한다. U를 U_P의 공집합이 아닌 열린 집합이라고 하자. 일단 $P \notin U$인 경우를 생각한다. $\varphi \in \mathcal{O}_X(D)|_{U_P}(U)$라고 하자. 그러면 정의로부터 φ는 정칙이다. 또 $\varphi f_P \in \mathcal{O}_{U_P}(U)$이다. 역으로 $\psi \in \mathcal{O}_{U_P}(U)$라고 하자. ψ/f_P는 U에서

$$\mathrm{div}(\psi/f_P) + D|_U = \mathrm{div}(\psi) - \mathrm{div}(t_P^{n_P}) + D|_U = \mathrm{div}(\psi)|U \geq 0$$

를 만족한다. 따라서 $\psi/f_P \in \mathcal{O}_X(D)|_{U_P}(U)$이다. 이렇게 해서

$$\cdot f_P : \mathcal{O}_X(D)|_{U_P}(U) \to \mathcal{O}_{U_P}(U);\ \varphi \mapsto \varphi f_P$$

가 정의며 $\cdot f_P$는 전단사 사상이다. 이 사상은 $\mathcal{O}_{U_P}(U)$를 곱하는 것과 교환가능하므로 $\mathcal{O}_{U_P}$-모듈로서 동형사상이 된다.

다음으로 $P \in U$인 경우를 생각해보자. $\phi \in \mathcal{O}_X(D)|_{U_P}(U)$라고 하자. 이 경우 정의로부터 ϕ는 U에서 $\mathrm{div}(\phi)+n_P P \geq 0$를 만족하는 U에서 정의된 유리형 함수이다. 그러면 U에서 $\mathrm{div}(\phi f_P) \geq -n_P P + n_P P = 0$이므로 $\phi f_P \in \mathcal{O}_{U_P}(U)$를 만족한다. 역으로 $\psi \in \mathcal{O}_{U_P}(U)$라고 해보자. ψ/f_P는 U에서

$$\mathrm{div}(\psi/f_P) + D|U = \mathrm{div}(\psi) - \mathrm{div}(t_P^{n_P}) + D|U = \mathrm{div}(\psi) - n_P P + n_P P \geq 0$$

을 만족한다. 따라서

$$\cdot f_P : \mathcal{O}_X(D)|_{U_P}(U) \to \mathcal{O}_{U_P}(U);\ \phi \mapsto \phi f_P$$

가 정의되고 $\cdot f_P$는 $\mathcal{O}_{U_P}(U)$-모듈로서 동형사상이다.

위에서 본 사상은 모두 고정된 함수 f_P를 곱해서 얻어지는 사상이므로 제한사상과도 교환가능하다. 이 사실을 바탕으로 $U \subset U_P$에 대해서 $f_P(U) := \cdot f_P$와 같이 정의하면 층의 동형사상 $f_P : \mathcal{O}_X(D)|_{U_P} \simeq \mathcal{O}_{U_P}$이 만들어진다. 따라서 $\mathcal{O}_X(D)$는 계수 1의 국소 자유층이다. □

문제 5.6 X를 리만면이라고 하자. $\mathcal{F}$는 X에서 정의된 국소 자유층이라고 하자. 어떤 공집합이 아닌 열린 집합 U, V가 존재해서 $\mathcal{O}_U, \mathcal{O}_V$-모듈의 층으로서 $\mathcal{F}|_U \simeq \mathcal{O}_U^{\oplus n}$, $\mathcal{F}|_V \simeq \mathcal{O}_V^{\oplus m}$를 만족한다고 하자. 그러면 $n = m$임을 보여라. 이렇게 정의된 상수값을 $\mathcal{F}$의 **계수**라고 부른다. (힌트: X는 연결되어 있다.)

문제 5.7

(1) P를 $\mathbb{C}$의 점이라고 하고 $\mathcal{O}_{\mathbb{C}}$-모듈의 층으로서 $\mathcal{O}_{\mathbb{C}}(-P) \cong \mathcal{O}_{\mathbb{C}}$임을 보여라.

(2) X를 콤팩트 리만면이라고 하자. P를 X의 점이라고 하자. $\mathcal{O}_X$-모듈의 층으로서 $\mathcal{O}_X(-P) \not\simeq \mathcal{O}_X$ 임을 보여라. 또, $U = X - \{P\}$ 일 경우 $\mathcal{O}_X(-P)|_U \simeq \mathcal{O}_U$를 보여라.

문제 **5.8** X를 리만면이라고 하자. $\mathcal{O}_X$-모듈의 층 $\mathcal{F}_1, \mathcal{F}_2$에 대해서 $U \mapsto \mathcal{F}_1(U) \otimes_{\mathcal{O}_X} \mathcal{F}_2(U)$ $(U \in \mathbf{U})$로 정의되는 전층 (제한사상은 $r_{VU}^{\mathcal{F}_1} \otimes r_{VU}^{\mathcal{F}_2}$)의 층화를 $\mathcal{F}_1 \otimes \mathcal{F}_2$로 쓰고 **텐서곱**이라고 부른다. $\mathcal{F}_1 \otimes \mathcal{F}_2$는 자연스러운 방법으로 $\mathcal{O}_X$-모듈의 층이 된다. D_1, D_2를 X의 인자라고 하자. 그러면 $\mathcal{O}_X$-모듈의 층으로서 $\mathcal{O}_X(D_1) \otimes \mathcal{O}_X(D_2) \simeq \mathcal{O}_X(D_1 + D_2)$인 것을 보여라. (이 결과로 인해서 X의 인자가 정의하는 층의 $\mathcal{O}_X$-모듈의 층으로서 동형류 전체는 텐서곱을 곱셈으로 갖고, $\mathcal{O}_X$의 동형류를 단위원소, $\mathcal{O}_X(-D_1)$의 동형류를 $\mathcal{O}_X(D_1)$의 동형류에 대한 역원으로 갖는 아벨군이 된다. 이것이 가역층이라는 명칭의 유래이다.)

5.5 층의 완전열

> 정의 **5.25**
>
> X를 위상공간이라고 하자. X에서 정의된 층의 준동형사상의 열
>
> $$\cdots \xrightarrow{\varphi_{i-2}} \mathcal{F}_{i-1} \xrightarrow{\varphi_{i-1}} \mathcal{F}_i \xrightarrow{\varphi_i} \mathcal{F}_{i+1} \xrightarrow{\varphi_{i+1}} \cdots$$
>
> 이 주어졌을 때 임의의 점 $P \in X$에 대해서 φ_i가 유도하는 줄기 사이의 사상
>
> $$\cdots \xrightarrow{\varphi_{i-2,P}} \mathcal{F}_{i-1,P} \xrightarrow{\varphi_{i-1,P}} \mathcal{F}_{i,P} \xrightarrow{\varphi_{i,P}} \mathcal{F}_{i+1,P} \xrightarrow{\varphi_{i+1,P}} \cdots$$
>
> 이 완전열을 이룰 경우, 즉 $\mathrm{Im}\varphi_{i-1,P} = \mathrm{Ker}\varphi_{i,P}$가 모든 i에 대해서 성립할 경우 주어진 열을 **층의 완전열**이라고 부른다.

층의 짧은 완전열이라고 불리는

$$0 \longrightarrow \mathcal{F} \xrightarrow{\alpha} \mathcal{G} \xrightarrow{\beta} \mathcal{H} \longrightarrow 0 \tag{5.1}$$

와 같은 모양을 한 짧은 완전열은 아주 중요한 역할을 한다. (5.1)이 완전열이라는 것은 X의 임의의 점 P에 대해서

$$0 \longrightarrow \mathcal{F}_P \xrightarrow{\alpha_P} \mathcal{G}_P \xrightarrow{\beta_P} \mathcal{H}_P \longrightarrow 0$$

이 완전열이라는 것, 다시 말해 "α_P는 단사, $\mathrm{Im}\alpha_P = \mathrm{Ker}\beta_P$이면서 β_P는 전사"라는 세 가지 조건이 모두 성립하는 경우를 말한다.

다음과 같은 모양을 한 짧은 완전열은 이 책에서 자주 등장하는 아주 중요한 완전열이다.

예제 5.26 X를 리만면이라고 하고 D를 X의 인자라고 하자. 그리고 $C = \sum_{i=1}^{n} d_i P_i$ (P_i는 X의 서로 다른 점, $d_i > 0$)을 X의 유효인자라고 하자. 아래의 짧은 완전열

$$0 \to \mathcal{O}_X(D) \to \mathcal{O}_X(D+C) \to \oplus_{i=1}^{n} \mathbb{C}\{z_i\}/(z_i^{d_i}) \to 0$$

을 구성해 보시오. 여기서 $\oplus_{i=1}^{n} \mathbb{C}\{z_i\}/(z_i^{d_i})$는 집합 $\{P_i\}_{i=1}^{n}$를 받침으로 갖는 줄기가 $\mathbb{C}$-대수 $\mathbb{C}\{z_i\}/(z_i^{d_i})$인 마천루층이다.

풀이 $C \geq 0$이므로 정의로부터 $\mathcal{O}_X(D)(U) \subset \mathcal{O}_X(D+C)(U)$이다. 이 포함사상

$$\iota(U) : \mathcal{O}_X(D)(U) \to \mathcal{O}_X(D+C)(U); \ f \mapsto f$$

으로 정의되는 준동형사상을 $\iota : \mathcal{O}_X(D) \to \mathcal{O}_X(D+C)$로 놓는다. 이것은 명백하게 단사이다.

D에서 P_i에 딸린 계수를 n_i라고 하자. $U_i \cap \mathrm{Supp}(D+C)$가 P_i로만 이루어진 P_i의 국소 좌표 근방계 (z_i, U_i)를 고정해서 생각한다. $D+C$의 P_i에 대한 국소방정식을 f_i라고 하면 $f_i = z_i^{n_i+d_i}$이다. $U \neq \emptyset$인 $U \in \mathbf{U}$를 잡자. 간편함을 위해 번호를 다시 매겨서 $P_i \in U$ $(1 \leq i \leq k)$, $P_j \notin U$ $(j \geq k+1)$라고 하자. φ를 $\mathcal{O}_X(D+C)(U)$의 원소라고 하면 P_i의 근방에서 φf_i는 정칙이다. 따라서 φf_i는 P_i에서 테일러 급수로 전개가 가능하며

$$\varphi f_i = c_0 + \cdots + c_{d_i-1} z_i^{d_i-1} + c_{d_i} z^{d_i} + \cdots$$

와 같이 유일하게 쓸 수 있다.

$$r_C : \mathcal{O}_X(D+C) \to \oplus_{i=1}^{n} \mathbb{C}\{z_i\}/(z_i^{d_i})$$

를

$$\begin{aligned} r_C(U) :&\mathcal{O}_X(D+C)(U) \to \oplus_{i=1}^{k}\mathbb{C}\{z_i\}/(z_i^{d_i}); \\ &\varphi \mapsto (c_0 + c_1 z_i + \cdots c_{d_i-1} z_i^{d_i-1})_{1\le i\le k} \end{aligned}$$

로 정의한다. 특히 $U \cap \mathrm{Supp}C = \{P_1\}$일 경우에는

$$r_C(U) : \mathcal{O}_X(D+C)(U) \to \mathbb{C}\{z_1\}/(z_1^{d_1}); \varphi \mapsto c_0 + c_1 z_1 + \cdots + c_{d_i-1} z_1^{d_1-1} \quad (5.2)$$

이다. 이 ι, r_C로부터 얻어지는 열

$$0 \longrightarrow \mathcal{O}_X(D) \xrightarrow{\ \iota\ } \mathcal{O}_X(D+C) \xrightarrow{\ r_C\ } \oplus_{i+1}^{n}\mathbb{C}\{z_i\}/(z_i^{d_i}) \longrightarrow 0 \quad (5.3)$$

의 완전성을 증명해보자. $P \in X$라고 하자. ι, r_C가 유도하는 P에서의 줄기사이의 열을 $(5.3)_P$로 쓰자. $(5.3)_P$의 완전성을 확인하면 된다. $P \notin \mathrm{Supp}(C)$일 경우 열 $(5.3)_P$은

$$0 \longrightarrow \mathcal{O}_X(D)_P \xrightarrow{\ \iota_{P_1}\ } \mathcal{O}_X(D+C)_{P_1} \xrightarrow{\ r_{C,P_1}\ } \mathbb{C}\{z_1\}/(z_1^{d_1}) \longrightarrow 0$$

가 되는데 완전하다. 또 예를 들어 $P = P_1$일 경우에는 열 $(5.3)_P$은

$$0 \longrightarrow \mathcal{O}_X(D)_{P_1} \xrightarrow{\ \iota_{P_1}\ } \mathcal{O}_X(D+C)_{P_1} \xrightarrow{\ r_{C,P_1}\ } \mathbb{C}\{z_1\}/(z_1^{d_1}) \longrightarrow 0$$

가 된다. 사상의 정의로부터 ι_{P_1}은 단사이다. $U \cap \mathrm{Supp}C = \{P_1\}$가 되는 열린집합 U를 잡는다. (5.2)에서 볼 수 있듯이 $r_C(U)$는 전사이다. 따라서 r_{C,P_1}도 전사이다. $\overline{\varphi} \in \mathcal{O}_X(D+C)_{P_1}$라고 하자. U에 포함되는 P_1의 근방 V를 충분히 작게 잡으면 $\overline{\varphi}$를 대표하는 원소 $\varphi \in \mathcal{O}_X(D+C)(V)$를 잡을 수 있다. $\overline{\varphi} \in \mathrm{Ker}(r_{C,P_1})$이 성립하는 것은 $\varphi f_1 = \varphi z_1^{n_1+d_1}$의 테일러 급수전개가 $z_1^{d_1}$ 다음의 항으로부터 시작되는 경우이다. 다시 말해 $\varphi z_1^{n_1} \in \mathcal{O}_X(V)$인 경우이다. 이것은 $\varphi \in \mathcal{O}_X(D)(V)$인 것과 동치이다. 따라서 $\mathrm{Im}(\iota_{P_1}) = \mathrm{Ker}(r_{C,P_1})$이다. 이렇게 해서 완전성이 증명되었다. □

문제 5.9 X를 리만면이라고 하자. 다음 두 개의 완전열을 위의 예제 풀이를 참고해서 구성하시오.

$$0 \to \mathcal{O}_X(-P) \to \mathcal{O}_X \to \mathbb{C}_P \to 0, \ \ 0 \to \mathcal{O}_X \to \mathcal{O}_X(P) \to \mathbb{C}_P \to 0.$$

문제 5.10 X를 리만면이라고 하자. $i = \sqrt{-1}$로 놓자.

$$\iota(U) : \mathbb{Z}_X(U) \to \mathcal{O}_X(U); n \mapsto n,$$
$$\exp(2\pi i *) : \mathcal{O}_X(U) \to \mathcal{O}_X^\times(U); f \mapsto \exp(2\pi i f)$$

로 정의되는 아벨군의 층으로서 준동형사상 ι, $\exp(2\pi i *)$를 생각한다. 이 경우

$$0 \to \mathbb{Z}_X \xrightarrow{\iota} \mathcal{O}_X \xrightarrow{\exp(2\pi i *)} \mathcal{O}_X^\times \to 1$$

은 완전열인 것을 보여라. (이것을 **지수적 짧은 완전열**이라고 부른다. 또한 층 0, 층 1에 대해서는 보기 5.8, 보기 5.11을 참조.)

도움정리 5.27 X를 위상공간이라고 하자. $0 \to \mathcal{F} \xrightarrow{\alpha} \mathcal{G} \xrightarrow{\beta} \mathcal{H} \to 0$를 X에서 정의된 층의 짧은 완전열이라고 하자. U를 X의 열린 집합이라고 하면 다음은 완전열이다.

$$0 \to \mathcal{F}(U) \xrightarrow{\alpha(U)} \mathcal{G}(U) \xrightarrow{\beta(U)} \mathcal{H}(U).$$

특히 X도 X의 열린 집합이므로 $0 \to \mathcal{F}(X) \xrightarrow{\alpha(X)} \mathcal{G}(X) \xrightarrow{\beta(X)} \mathcal{H}(X)$는 완전열이다.

증명 증명해야 하는 것은 $\alpha(U)$가 단사인 것과 $\mathrm{Im}\alpha(U) = \mathrm{Ker}\beta(U)$ 두 가지이다.

$\alpha(U)$가 단사라는 사실의 증명 $\alpha(U)(f) = 0$라고 하자. U의 임의의 점 P에 대해서 $\mathcal{G}_P$의 원소로서 $\alpha_P(f_P) = 0$이다. α_P는 단사라는 사실로부터 $f_P = 0$이다. 즉, $P \in V_P \subset U$인 열린 집합 V_P가 존재해서 $\mathcal{F}(V_P)$의 원소로서 $f|V_P = 0$이다. P를 U안에서 움직여서 열린 덮개 $U = \cup_{P \in U} V_P$를 얻는다. 층의 조건 (1)로부터 이 경우 $\mathcal{F}(U)$의 원소로서 $f = 0$이다. 이것은 $\alpha(U)$가 단사라는 것을 뜻한다.

$\mathrm{Im}\alpha(U) = \mathrm{Ker}\beta(U)$의 증명 $g \in \mathrm{Ker}\beta(U)$라고 하자. $\beta(U)(g) = 0$이므로 $P \in U$일 경우 $\mathcal{H}_P$의 원소로서 $\beta_P(g_P) = 0$이다. $\mathrm{Im}\alpha_P = \mathrm{Ker}\beta_P$이므로 $g_P = \alpha_P(f)$가 되는 $f \in \mathcal{F}_P$가 존재한다. 이것은 P의 충분히 작은 근방 U_P와 $\mathcal{F}(U_P)$의 원소 f^P가 존재해서 $g|U_P = \alpha(f^P)$라는 것을 뜻한다. P를 U안에서 움직여서 $U = \cup_{P \in U} U_P$가 되는 열린 덮개와 $g|U_P = \alpha(f^P)$가 되는 $f^P \in \mathcal{F}(U_P)$들의 집합을 얻는다. 이때

$$\alpha(f^P|U_P \cap U_Q) = \alpha(f^P)|U_P \cap U_Q = g|U_P \cap U_Q$$

이므로 $\alpha(f^P|U_P \cap U_Q) = \alpha(f^Q|U_P \cap U_Q)$이다. 이미 전 단계에서 확인한 바와 같이 $\alpha(U_P \cap U_Q)$는 단사이므로 $f^P|U_P \cap U_Q = f^Q|U_P \cap U_Q$이다. 여기서 층의 조건 (2)

(정의 5.7)를 $\mathcal{F}$에 적용함으로써 $f|U_P = f^P$를 만족하는 $f \in \mathcal{F}(U)$를 찾을 수 있다. 이 f는 $g|U_P = \alpha(f|U_P) = \alpha(U)(f)|U_P$를 만족한다. 따라서 층의 조건 (1)로부터 $g = \alpha(U)(f)$이다. 따라서 $\mathrm{Ker}\beta(U) \subset \mathrm{Im}\alpha(U)$이다. 역의 포함관계 $\mathrm{Im}\alpha(U) \subset \mathrm{Ker}\beta(U)$를 이제 보이도록 한다. $g \in \mathrm{Im}\alpha(U)$하고 하자. 그러면 $g = \alpha(f)$ $(f \in \mathcal{F}(U))$와 같이 쓸 수 있다. 특히 $P \in U$일 경우 $g_P = \alpha_P(f_P)$이다. 이것은 $P \in V_P \subset U$인 열린 집합 V_P를 적당히 잡으면 $\beta(g)|V_P = 0$이 된다는 것을 뜻한다. P는 U의 임의의 점이므로 층의 조건 (1)로부터 $\beta(g) = 0$이다. 따라서 $\mathrm{Im}\alpha(U) \subset \mathrm{Ker}\beta(U)$도 성립한다. □

주의 5.28 1차원 복소 원환면 E에서 정의된 짧은 완전열

$$0 \to \mathcal{O}_E \xrightarrow{\iota} \mathcal{O}_E(P) \xrightarrow{r_P} C_P \to 0$$

을 생각해 보자. 여기서 P는 E의 점이다. 제3장에서 확인한 바와 같이 E의 한 점에서만 기껏해야 위수 1인 극을 갖는 대역적인 유리형 함수는 상수함수 뿐이므로 $\mathcal{O}_E(E) = \mathcal{O}_E(P)(E) = \mathbb{C}$가 된다. 한편 정의로부터 $\mathbb{C}_P(E) = \mathbb{C}$이다. 따라서 도움정리를 이 완전열과 $U = E$에 적용해서 선형공간으로 이루어지는 완전열 $0 \to \mathbb{C} \xrightarrow{id} \mathbb{C} \to \mathbb{C}$를 얻는다. 이 열의 마지막에 나타나는 사상은 영사상이며 전사는 아니다. 이와 같이 $0 \to \mathcal{F} \xrightarrow{\alpha} \mathcal{G} \xrightarrow{\beta} \mathcal{H} \to 0$가 층의 완전열일지라도 끝에 0을 붙인 열

$$0 \to \mathcal{F}(X) \xrightarrow{\alpha(X)} \mathcal{G}(X) \xrightarrow{\beta(X)} \mathcal{H}(X) \to 0$$

까지 완전열이 될 이유는 없다. 즉, $\beta(X)$가 전사일 필요가 없다. $\beta(X)$가 전사로부터 얼마나 멀리 떨어져 있는지를 알려주는 척도가 다음 절에서 다룰 코호몰로지 군이라는 것이다.

5.6 체흐 코호몰로지 군 $H^q(\mathcal{U}, \mathcal{F})$

X는 위상공간이라고 가정하고 $\mathcal{F}$를 X에서 정의된 층이라고 하자. 또 $\mathcal{U} = \{U_i\}_{i \in I}$를 X의 열린 덮개라고 하자. 이 절에서는 이런 $\mathcal{U}$를 고정해서 생각한다. 0이상의 정수 q에 대해서

$$U_{i_0 i_1 \cdots i_q} := U_{i_0} \cap U_{i_1} \cap \cdots \cap U_{i_q}$$

를 정의한다. 직적 집합

$$C^q(\mathcal{U},\mathcal{F}) := \prod_{(i_0,i_1,\cdots,i_q)\in I^{q+1}} \mathcal{F}(U_{i_0 i_1 \cdots i_q})$$

를 생각한다. $C^q(\mathcal{U},\mathcal{F})$는 각 성분끼리의 합, 복소수 스칼라곱에 의해서 선형공간을 이룬다.

정의 5.29

$C^q(\mathcal{U},\mathcal{F})$의 원소를 $\mathcal{F}$의 열린 덮개 $\mathcal{U}$에 관한 **(체흐)** q**공사슬** (q-cochain)이라고 부른다.

q공사슬 f는 $f = (f_{i_0 i_1 \cdots i_q})_{(i_0,i_1,\cdots,i_q)\in I^{q+1}}$, $f_{i_0 i_1 \cdots i_q} \in \mathcal{F}(U_{i_0 i_1 \cdots i_q})$와 같은 모양을 하고 있다. q가 작은 경우를 구체적으로 써내려가보도록 하자.

보기 5.30

(1) 0공사슬은 $f := (f_i)_{i\in I}$ $(f_i \in \mathcal{F}(U_i))$와 같이 $\mathcal{F}(U_i)$의 원소를 나열한 것이다.

(2) 1공사슬은 $(f_{ij})_{(i,j)\in I^2}$ $(f_{ij} \in \mathcal{F}(U_{ij}))$와 같이 $\mathcal{F}(U_i \cap U_j)$의 원소를 나열한 것이다.

(3) 2공사슬은 $(f_{ijk})_{(i,j,k)\in I^3}$ $(f_{ijk} \in \mathcal{F}(U_{ijk}))$와 같이 $\mathcal{F}(U_i \cap U_j \cap U_k)$의 원소를 나열한 것이다.

관찰 5.31 0공사슬 $f := (f_i)_{i\in I}$ $(f_i \in \mathcal{F}(U_i))$은 $\mathcal{F}(U_i)$의 원소를 자유롭게 골라서 나열한 것에 지나지 않으므로 f_i들 사이에는 일반적으로 어떤 관련성도 없다. 따라서 각 성분 f_i들은 U_{ij}에서 $f_{ij} := f_j|U_{ij} - f_i|U_{ij}$ 만큼의 차이가 난다. 만약 모든 $i, j \in I$에 대해서 $f_{ij} = 0$일 경우 층의 조건에 의해서 f_i들은 잘 포개져서 $f|U_i = f_i$가 되는 유일한 원소 $f \in \mathcal{F}(X)$가 결정된다. 역으로 $f \in \mathcal{F}(X)$가 존재해서 모든 $i \in I$에 대해서 $f_i = f|U_i$일 경우 모든 i, j에 대해서 $f_{ij} = f_j - f_i = f - f = 0$이다. (여기서는 기호가 번잡해지지 않게 하기 위해 제한을 나타내는 $|U_{ij}$를 생략해서 표현했다. 아래에서도 오해의 소지가 없을 경우 그렇게 하도록 한다.) 이것은 0공사슬 $(f_i)_{i\in I}$이 잘 포개져서

$\mathcal{F}(X)$의 원소를 결정한다는 것과 $(f_i)_{i\in I}$가 준동형사상

$$\partial^0 : C^0(\mathcal{U},\mathcal{F}) \to C^1(\mathcal{U},\mathcal{F});\ (f_i)_{i\in I} \mapsto (f_{ij} := f_j - f_i)_{(i,j)\in I^2}$$

의 핵 $\mathrm{Ker}\partial^0$에 속한다는 것이 동치인 것을 뜻한다. 다시 말해 $Z^0(\mathcal{U},\mathcal{F}) := \mathrm{Ker}\partial^0$로 두면 자연스러운 사상 $\mathcal{F}(X) \simeq Z^0(\mathcal{U},\mathcal{F});\ f \mapsto (f|U_i)_{i\in I}$가 만들어지고 이것은 동형사상이 된다. □

관찰 5.32 도움정리 5.27과 이어지는 주의 5.28에서 지적한 바와 같이 $0 \to \mathcal{F} \xrightarrow{\alpha} \mathcal{G} \xrightarrow{\beta} \mathcal{H} \to 0$가 층의 완전열일지라도 일반적으로 $\beta(X) : \mathcal{G}(X) \to \mathcal{H}(X)$는 전사가 아니다. $\beta(X)$가 전사라는 성질로부터 얼마나 떨어져 있는지에 대해서 고찰해 본다. $h \in \mathcal{H}(X)$라고 해 보자. 점 $P \in X$에 대해서 $\beta_P : \mathcal{G}_P \to \mathcal{H}_P$는 전사이므로 이 경우 P의 근방 U_P를 (h에 의존해서) 충분히 작게 잡으면 $h|U_P$의 들어올리기(lifting), 즉 $\beta(g^P) = h|U_P$가 되는 $g^P \in \mathcal{G}(U_P)$를 취할 수 있다. 점 P를 X 전체에서 움직임으로써 X의 열린 덮개 $X = \cup_{P\in X} U_P$와 각 U_P에서 $h|U_P$의 들어올림 $g^P \in \mathcal{G}(U_P)$을 얻을 수 있다. 이 열린 덮개를 다시 $\mathcal{U} = \{U_i\}_{i\in I}$로 쓰면 각 $i \in I$에 대해서 $\beta(g_i) = h|U_i$가 되는 $g_i \in \mathcal{G}(U_i)$를 찾은 셈이 된다. 만약 g_i들이 잘 포개져서 $\mathcal{G}(X)$의 원소 g를 얻을 수 있다고 가정하면 층의 조건 (2)로부터 $\beta(g) = h$가 된다. g_i들이 잘 포개지는지 알아보기 위해서 공통부분 U_{ij}에서 g_i들이 얼마나 엇갈려 있는지 계산해 본다. $\beta(g_i|U_{ij}) = h|U_{ij} = \beta(g_j|U_{ij})$이므로 $\beta(g_j|U_{ij} - g_i|U_{ij}) = 0$이 되는데 도움정리 5.27로부터 이 경우 각 (i,j)에 대해서 $\mathcal{F}(U_{ij})$의 원소 f_{ij}는 유일하게 결정되고 $\alpha(f_{ij}) = g_j|U_{ij} - g_i|U_{ij}$를 만족한다. 번잡함을 피하기 위해 $|U_{ij}$를 생략해서 쓰면 U_{ij}에서 $\alpha(f_{ij}) = g_j - g_i$가 된다. 이렇게 찾아낸 $(f_{ij})_{(i,j)\in I^2}$는 $(g_i)_{i\in I}$들이 잘 포개지지 않도록 방해하는 장애물 역할을 한다. 이제 $(f_{ij})_{(i,j)\in I^2}$의 의미를 더 깊게 고찰해 보도록 하자. U_{ijk}에서

$$\alpha(f_{jk} - f_{ik} + f_{ij}) = (g_k - g_j) - (g_k - g_i) + (g_j - g_i) = 0$$

이다. 도움정리 5.27에 의해서 $\alpha(U_{ijk})$는 단사이므로 이 경우 U_{ijk}에서 $f_{jk} - f_{ik} + f_{ij} = 0$이다. 이 등식은 $(f_{ij})_{(i,j)\in I^2}$가 준동형사상

$$\partial^1 : C^1(\mathcal{U},\mathcal{F}) \to C^2(\mathcal{U},\mathcal{F}); (\varphi_{ij}) \to (\varphi_{ijk}),$$
$$\text{여기서 } \varphi_{ijk} := \varphi_{jk} - \varphi_{ik} + \varphi_{ij}|U_{ijk}$$

의 핵 $\text{Ker}\partial^1$에 속한다는 것을 의미한다. 그런데 처음 고른 $h|U_i$들을 들어올린 g_i들은 유일하지 않다. $g_i' \in \mathcal{G}(U_i)$들도 $h|U_i$의 들어올림이라고 하면 지금 논법을 똑같이 g_i'들에 적용함으로써 $\text{Ker}\partial^1$의 또 다른 원소 (f_{ij}')가 정의된다. 이때 $f_{ij} - f_{ij}' = (g_j - g_j') - (g_i - g_i')|U_{ij}$이다. 다시 말해 $(f_{ij})_{(i,j)\in I^2}$와 $(f_{ij}')_{(i,j)\in I^2}$의 차이인 $(f_{ij} - f_{ij}')_{(i,j)\in I^2}$는 $\text{Im}\partial^0$에 속한다는 것을 의미한다. 한편 도움정리 5.27에 의해서 $\alpha(U_{ij})$는 단사이다. 따라서 g_i들이 잘 포개지는 것은 f_{ij}가 모두 0일 때이다. 이상으로부터 X에서 한 개의 열린 덮개 $\mathcal{U}$가 고정되어 있을 때, $\mathcal{U}$를 이용해서 $\mathcal{H}(X)$의 원소를 $\mathcal{G}(X)$의 원소로 들어올리는 데 **장애물**(obstruction)이 되는 공간이 바로 $\text{Ker}\,\partial^1 / \text{Im}\,\partial^0$라고 볼 수 있다. 이 공간 $\text{Ker}\partial^1/\text{Im}\partial^0$이 열린 덮개 $\mathcal{U}$에 대한 $\mathcal{F}$의 1차 (체흐) 코호몰로지 군 $H^1(\mathcal{U}, \mathcal{F})$이다. 열린 덮개를 고르는 방법으로부터 자유로워지기 위해서 X의 각각의 열린 덮개 $\mathcal{U}$에 대한 "극한"을 취해서 얻어지는 공간이 바로 다음 절에서 언급할 X의 1차 체흐 코호몰로지 군 $H^1(X, \mathcal{F})$이다. □

위에서 관찰한 사항들을 염두에 두고 $\partial^i (i = 0, 1)$을 일반화한 준동형사상

$$\partial^q : C^q(\mathcal{U}, \mathcal{F}) \to C^{q+1}(\mathcal{U}, \mathcal{F}) : f = (f_{i_0 i_1 \cdots i_q})_{(i_0, i_1, \cdots, i_q)\in I^{q+1}} \mapsto \partial^q(f)$$
$$(\partial^q(f))_{i_0 i_1 \cdots i_{q+1}} := \textstyle\sum_{k=0}^{q+1} (-1)^k f_{i_0 i_1 \cdots i_{k-1} i_{k+1} \cdots i_{q+1}} | U_{i_0 i_1 \cdots i_{k-1} i_k i_{k+1} \cdots i_{q+1}}$$

에 대해서 생각해 본다. 아래에서는 $(f_{i_0 i_1 \cdots i_q})_{(i_0, i_1, \cdots, i_q)\in I^{q+1}}$을 간단히 $(f_{i_0 i_1 \cdots i_q})$로 표기하고 $\partial^q((f_{i_0 i_1 \cdots i_q}))$를 오해의 소지가 없는 한 기호 $|_{U_{i_0 \cdots i_{q+1}}}$로 생략해서 표현한다. 이렇게 약속을 하고 $U_{i_0 \cdots i_{q+1}}$로 제한하는 것을 나타내는 기호 $|_{U_{i_0 \cdots i_{q+1}}}$도 생략해서 쓰면

$$f_{i_0 i_1 \cdots i_q i_{q+1}} = \sum_{k=0}^{q+1} (-1)^k f_{i_0 i_1 \cdots i_{k-1} i_{k+1} \cdots i_{q+1}}$$

가 된다.

$q = 0$인 경우에는 (f_i)에 대해서 $\partial^0(f_i) = (f_{ij})$로 쓰면 $f_{ij} = f_j - f_i$가 된다. $q = 1$인 경우에는 (f_{ij})에 대해서 $\partial^1(f_{ij}) = (f_{ijk})$로 쓰면 $f_{ijk} = f_{jk} - f_{ik} + f_{ij}$이다.

여기서 중요한 성질은 $\partial^q \circ \partial^{q-1} = 0$이 된다는 것이다.

실제로 정의하는 식을 살펴보면 $\partial^q \circ \partial^{q-1}(f)$의 $(i_0 i_1 \cdots i_{q+1})$ 성분은 $(i_0, \cdots, i_{q+1})$에서 두 개의 첨자를 제외해서 얻어지는 $f_{j_0 j_1 \cdots j_{q-1}}$들에 기호를 적당히 붙여서 합한 것이다. 임의의 두 개의 첨자에 대해서 어느 한쪽이 ∂^{q-1}에 의해서 제외되는지의 여부에

따라서 합에는 $f_{j_0j_1\cdots j_{q-1}}$와 $-f_{j_0j_1\cdots j_{q-1}}$가 한 번씩 나타난다. 따라서 모두 더하면 0이 되어 $\partial^q \circ \partial^{q-1} = 0$이 성립한다.

이상으로부터 $\mathrm{Im}\partial^{q-1} \subset \mathrm{Ker}\partial^q \subset C^q(\mathcal{U}, \mathcal{F})$이며 몫선형공간 $\mathrm{Ker}\partial^q/\mathrm{Im}\partial^{q-1}$가 만들어진다. 또 편의상 $C^{-1}(\mathcal{U}, \mathcal{F}) = \{0\}$, $\partial^{-1} = 0$인 것으로 약속한다.

정의 5.33

(1) $Z^q(\mathcal{U}, \mathcal{F}) := \mathrm{Ker}\partial^q$로 놓고 $Z(\mathcal{U}\,\mathcal{F})$에 속하는 원소를 $\mathcal{U}$에 관한 $\mathcal{F}$의 (체흐) q**공순환**(q-cocycle)이라고 부른다.

(2) $B^q(\mathcal{U}, \mathcal{F}) := \mathrm{Im}\partial^{q-1}$으로 놓고 $B^q(\mathcal{U}, \mathcal{F})$에 속하는 원소를 $\mathcal{U}$에 관한 $\mathcal{F}$의 (체흐) q**공경계**(q-coboundary)라고 부른다.

(3) 몫선형공간 $H^q(\mathcal{U}, \mathcal{F}) := \mathrm{Ker}\partial^q/\mathrm{Im}\partial^{q-1} = Z^q(\mathcal{U}, \mathcal{F})/B^q(\mathcal{U}, \mathcal{F})$을 $\mathcal{U}$에 관한 $\mathcal{F}$의 q**차 (체흐) 코호몰로지 군**이라고 부른다.

$H^q(\mathcal{U}, \mathcal{F})$는 q공순환 $(f_{i_0i_1\cdots i_q})$의 동치류 $[(f_{i_0,i_1,\cdots,i_q})] = (f_{i_0i_1\cdots i_q}) \bmod B^q(\mathcal{U}, \mathcal{F})$ 전체로 이루어져 있다.

주의 5.34

(1) 관찰 5.31에서 주의한 바와 같이 층의 조건 (1),(2)와 코호몰로지 군의 정의로부터 자연스럽게 얻어지는 사상 $\mathcal{F}(X) \simeq Z^0(\mathcal{U}, \mathcal{F}) = H^0(\mathcal{U}, \mathcal{F})$; $f \mapsto (F|U_i)_{i\in I}$는 동형사상이다. 아래에서 이 사상으로 주어지는 대응으로 $\mathcal{F}(X)$와 $H^0(\mathcal{U}, \mathcal{F})$를 동일시한다.

(2) 정의로부터 $Z^1(\mathcal{U}, \mathcal{F})$는

$$f_{jk} - f_{ik} + f_{ij} = 0 \tag{5.4}$$

를 만족하는 1공사슬 (f_{ij}) 전체로 이루어진다. 따라서 $H^1(\mathcal{U}, \mathcal{F})$는 (5.4)를 만족하는 1공사슬 (f_{ij})의 동치류 $[(f_{ij})]$ 전체로 이루어진다.

문제 5.11 $(f_{ij}) \in Z^1(\mathcal{U}, \mathcal{F})$라고 하자. 그러면 임의의 i, j에 대해서 $f_{ii} = 0$, $f_{ij} = -f_{ji}$가 성립하는 것을 보여라. (힌트: 주의 5.34 (2)의 식에서 $i = j = k$인 경우 등을 생각해 본다.)

5.7 체흐 코호몰로지 군 $H^q(X, \mathcal{F})$

이 절에서는 위상공간 X에서 정의된 층 $\mathcal{F}$의 체흐 코호몰로지 군 $H^q(X, \mathcal{F})$를 X의 열린 덮개 $\mathcal{U}$를 촘촘하게 만들면서 취하는 $H^q(\mathcal{U}, \mathcal{F})$들의 극한으로서 다시 정의해 본다. 이 책에서는 $H^0(X, \mathcal{F})$와 $H^1(X, \mathcal{F})$만 필요하지만 일반적인 경우도 완전히 동일한 방식으로 만들어지므로 일반적인 경우의 정의를 제시하기로 한다.

> **정의 5.35**
> $\mathcal{U} = \{U_i\}_{i \in I}$, $\mathcal{V} = \{V_j\}_{j \in J}$를 X의 열린 덮개라고 하자. $\mathcal{V}$의 각 원소 V_j에 대해서 $V_j \subset U_i$를 만족하는 $\mathcal{U}$의 원소 U_i가 존재할 경우 $\mathcal{V}$를 $\mathcal{U}$의 세분(細分, refinement)이라고 부르며 기호 $\mathcal{V} > \mathcal{U}$로 나타낸다. $\mathcal{V}$가 $\mathcal{U}$의 세분일 경우 각 $V_j \in \mathcal{V}$에 대해서 $V_j \subset U_{\pi(j)}$가 되는 $U_{\pi(j)} \in \mathcal{U}$를 한 개씩 선택함으로써 사상 $\pi : J \to I; j \mapsto \pi(j)$가 만들어진다. 이렇게 만들어진 π를 세분사상이라고 부른다.

$\mathcal{V} > \mathcal{U}$라고 하자. 일반적으로는 $\mathcal{V}$의 원소 V_j에 대해서 $V_j \subset U_i$가 되는 $\mathcal{U}$의 원소 U_i가 유일하게 결정되지는 않으므로 세분사상 π를 정의하는데 있어서도 역시 많은 선택지가 있다.

세분사상 π는 q공사슬들 사이의 준동형사상

$$\begin{aligned}&\pi^* := \pi^{*,q} : C^q(\mathcal{U}, \mathcal{F}) \to C^q(\mathcal{V}, \mathcal{F}); f = (f_{i_0 i_1 \cdots i_q}) \mapsto \pi^* f \\ &(\pi^* f)_{j_0 j_1 \cdots j_q} := f_{\pi(j_0)\pi(j_1)\cdots\pi(j_q)} | V_{j_0 j_1 \cdots j_q}\end{aligned}$$

를 정의한다. $V_{j_0 j_1 \cdots j_q} \subset U_{\pi(j_0)\pi(j_1)\cdots\pi(j_q)}$이기 때문이다.

보기 5.36 제한을 나타내는 $|_*$를 생략해서 쓰면 0공사슬 (f_{i_0})의 상은 $\mathcal{F}(V_{j_0})$의 성분이 $f_{\pi(j_0)}$인 0공사슬, 1공사슬 $(f_{i_0 i_1})$의 상은 $\mathcal{F}(V_{j_0 j_1})$의 성분이 $f_{\pi(j_0)\pi(j_1)}$인 1공사슬, 2공사슬 $(f_{i_0 i_1 i_2})$의 상은 $\mathcal{F}(V_{j_0 j_1 j_2})$의 성분이 $f_{\pi(j_0)\pi(j_1)\pi(j_2)}$인 2공사슬이다.

정의한 방식으로부터 경계작용소와 π^*는 교환가능하다. 다시 말해 $\partial^{q,\mathcal{V}} \circ \pi^{*,q} = \pi^{*,q} \circ \partial^{q,\mathcal{U}}$이므로 π^*는 공사슬을 공사슬로 공경계를 공경계로 보낸다.

$$\pi^* : Z^q(\mathcal{U}, \mathcal{F}) \to Z^q(\mathcal{V}, \mathcal{F}), \tag{5.5}$$

$$\pi^* : B^q(\mathcal{U}, \mathcal{F}) \to B^q(\mathcal{V}, \mathcal{F}). \tag{5.6}$$

따라서 π^*는 코호몰로지 군 사이의 준동형사상을 유도한다.

$$\overline{\pi}^* : H^q(\mathcal{U}, \mathcal{F}) \to H^q(\mathcal{V}, \mathcal{F}); [a] \to [\pi^*(a)] \ (a \in Z^q(\mathcal{U}, \mathcal{F})) \tag{5.7}$$

여기서 (5.5)와 (5.6)의 사상은 세분사상 $\pi : J \to I$의 선택에 의존하지만 사상 (5.7)은 세분사상 π를 어떻게 잡는지에 의존하지 않으며 세분 $\mathcal{V} > \mathcal{U}$에 의해서만 결정된다. 다시 말해 π, ρ가 모두 같은 세분 $\mathcal{V} > \mathcal{U}$에 의해서 정의되는 임의의 세분사상일 경우 $\overline{\pi}^* = \overline{\rho}^*$가 성립한다.

실제로 준동형사상 $k^q : C^q(\mathcal{U}, \mathcal{F}) \to C^{q-1}(\mathcal{V}, \mathcal{F})$를

$$\begin{aligned} &f := (f_{i_0 i_1 \cdots i_q}) \mapsto (k^q(f)_{j_0 j_1 \cdots j_{q-1}}) \\ &k^q(f)_{j_0 j_1 \cdots j_{q-1}} := \textstyle\sum_{k=0}^{q-1} (-1)^k f_{\pi(j_0)\pi(j_1)\cdots\pi(j_k)\rho(j_k)\rho(j_{k+1})\cdots\rho(j_{q-1})} \end{aligned}$$

로 정의하면 $\pi^{*,q} - \rho^{*,q} = \partial^{q-1,\mathcal{V}} \circ k^q + k^{q+1} \circ \partial^{q,\mathcal{U}}$가 모든 q에 대해서 성립하는 것을 확인할 수 있다. 이 사실로부터 $f \in Z^q(\mathcal{U}, \mathcal{F})$에 대해서

$$\begin{aligned} \pi^{*,q}(f) - \rho^{*,q}(f) &= \partial^{q-1,\mathcal{V}} \circ k^q(f) + k^{q+1} \circ \partial^{q,\mathcal{U}}(f) \\ &= \partial^{q-1,\mathcal{V}}(k^q(f)) \in B^q(\mathcal{V}, \mathcal{F}) \end{aligned}$$

인 것을 알 수 있다. 이렇게 해서 $H^q(\mathcal{V}, \mathcal{F})$ 안에서 $[\pi^{*,q}(f)] = [\rho^{*,q}(f)]$이 되기 때문이다.

정의 5.37

세분 $\mathcal{V} > \mathcal{U}$에만 의존하며 유일하게 정의되는 것을 확인한 사상 (5.7)을 $\tau_{\mathcal{U}}^{\mathcal{V}}$로 표기한다. $\tau_{\mathcal{U}}^{\mathcal{V}} : H^q(\mathcal{U}, \mathcal{F}) \to H^q(\mathcal{V}, \mathcal{F})$.

$\mathcal{W} = \{W_k\}_{k \in K} > \mathcal{V} = \{V_j\}_{j \in J} > \mathcal{U} = \{U_i\}_{i \in I}$라고 해보자. $\sigma : K \to J$, $\pi : J \to I$를 각각 세분 $\mathcal{W} > \mathcal{V}$, $\mathcal{V} > \mathcal{U}$의 세분사상이라고 하자. $\pi \circ \sigma : k \to i$의 세분 $\mathcal{W} > \mathcal{U}$의 세분사상을 정의하는 것과 $id : I \to I$의 세분 $\mathcal{U} > \mathcal{U}$의 세분사상을 정의하는 사실로부터 다음 등식을 얻는다.

$$\tau_{\mathcal{U}}^{\mathcal{W}} = \tau_{\mathcal{V}}^{\mathcal{W}} \circ \tau_{\mathcal{U}}^{\mathcal{V}}, \ \ \tau_{\mathcal{U}}^{\mathcal{U}} = id. \tag{5.8}$$

X의 모든 열린 덮개 $\mathcal{U}$를 취해서 만드는 $H^q(\mathcal{U}, \mathcal{F})$들의 서로 소인 집합들의 합집합 $\coprod_{\mathcal{U}} H^q(\mathcal{U}, \mathcal{F})$을 생각해 보자. 그러면 $\coprod_{\mathcal{U}} H^q(\mathcal{U}, \mathcal{F})$의 원소 a에 대해서 $a \in H^q(\mathcal{U}_a, \mathcal{F})$인 X의 열린 덮개 $\mathcal{U}_a$가 유일하게 존재한다. $\coprod_{\mathcal{U}} H^q(\mathcal{U}, \mathcal{F})$의 두 개의 원소 $a \in H^q(\mathcal{U}_a, \mathcal{F})$와 $b \in H^q(\mathcal{U}_b, \mathcal{F})$에 대해서 $a \sim b$인 것을 $\mathcal{U}_a$ 와 $\mathcal{U}_b$의 공통 세분 $\mathcal{W}$ ($\mathcal{W} < \mathcal{U}_a, \mathcal{W} < \mathcal{U}_b$)가 존재해서 $\tau^{\mathcal{W}}_{\mathcal{U}_a}(a) = \tau^{\mathcal{W}}_{\mathcal{U}_b}(b)$일 때라고 정의한다. (5.8)에 의해서 이 관계 $\sim$은 $\coprod_{\mathcal{U}} H^q(\mathcal{U}, \mathcal{F})$에서 정의되는 동치관계이다.

정의 5.38

$H^q(X, \mathcal{F}) := \coprod_{\mathcal{U}} H^q(\mathcal{U}, \mathcal{F})/\sim$으로 정의하고 $H^q(X, \mathcal{F})$를 X의 층 $\mathcal{F}$의 q**차 (체흐) 코호몰로지 군**이라고 부른다.

정의로부터 $H^q(X, \mathcal{F})$의 원소 α는 적당한 열린 덮개 $\mathcal{U}$를 이용해서 정의된 $H^q(\mathcal{U}, \mathcal{F})$의 적당한 원소 a에 의해서 대표된다: $\alpha = [a]$.

주의 5.39 q차 체흐 코호몰로지 군은 엄청나게 많은 정보를 내포하고 있는 이루 말할 수 없이 복잡한 개념이다. 정의만을 따라 계산해 나가면서 주의해야 할 점은 $H^q(X, \mathcal{F})$의 원소 φ는 X의 열린 덮개 $\mathcal{U}$와 $Z^q(\mathcal{U}, \mathcal{F})$의 원소 $(f_{i_0 i_1 \cdots i_q})$가 존재해서 이것의 코호몰로지 동치류 $[(f_{i_0 i_1 \cdots i_q})] \in H^q(\mathcal{U}, \mathcal{F})$로 대표되고 있다는 것이다. $\varphi = [[(f_{i_0 i_1 \cdots i_q})]] \in H^q(X, \mathcal{F})$. 예를 들면 $H^1(X, \mathcal{F})$는 X의 열린 덮개 $\mathcal{U}$와 $f_{jk} - f_{ik} + f_{ij} = 0$을 만족하는 1공사슬 $(f_{ij}) \in C^1(\mathcal{U}, \mathcal{F})$를 써서 $[[(f_{ij})]]$와 같이 표현되는 원소 전체로 이루어진다.

α, β를 $H^q(X, \mathcal{F})$의 원소라고 하고 k, l을 복소수라고 하자. X의 두 개의 열린 덮개 $\mathcal{U}_1 = \{U_{1i}\}_{i \in I}$, $\mathcal{U}_2 = \{U_{2j}\}_{j \in J}$에 대해서 $\{U_{1i} \cap U_{2j}\}_{(i,j) \in I \times J}$는 $\mathcal{U}_1$와 $\mathcal{U}_2$의 공통 세분이다. 따라서 α, β에 대해서 각각의 대표원소 $a, b \in H^q(\mathcal{U}, \mathcal{F})$를 같은 열린 덮개 $\mathcal{U}$안에서 고를 수있다. $H^q(X, \mathcal{F})$의 원소 $k\alpha + l\beta$를 $ka + lb \in H^q(\mathcal{U}, \mathcal{F})$의 동치류로 고정한다. $k\alpha + l\beta = [ka + lb]$, $\alpha = [a]$, $\beta = [b]$. $\tau^{\mathcal{V}}_{\mathcal{U}}$가 준동형사상이라는 사실로부터 $k\alpha + l\beta$를 정의할 때 사용한 $\mathcal{U}, a, b$에는 의존하지 않고 α, β, k, l에만 의존해서 유일하게 결정된다는 것을 알 수 있다. 이렇게 해서 정의되는 덧셈과 복소수 스칼라곱에 의해서 $H^q(X, \mathcal{F})$는 $\mathbb{C}$-선형공간이 된다.

주의 5.40 정의로부터 다음이 성립함을 알 수 있다.

(1) 자연스러운 사상 $\tau_{\mathcal{U}} : H^q(\mathcal{U}, \mathcal{F}) \to H^q(X, \mathcal{F}); a \mapsto [a]$는 준동형사상이다.

(2) 세분 $\mathcal{V} > \mathcal{U}$에 대해서 $\tau_{\mathcal{U}} = \tau_{\mathcal{V}} \circ \tau_{\mathcal{U}}^{\mathcal{V}}$가 성립한다.

(3) (2)와 주의 5.34 (1)로부터 자연스러운 사상 $\tau_{\{X\}} : \mathcal{F}(X) = H^0(\{X\}, \mathcal{F}) \to H^0(X, \mathcal{F})$는 임의의 세분사상과 교환가능한 동형사상이다. 아래에서는 이 동형 대응으로 $\mathcal{F}(X) = \Gamma(X, \mathcal{F})$와 $H^0(X, \mathcal{F})$를 같은 것으로 취급한다.

5.8 1차 코호몰로지 군의 간단한 성질

도움정리 5.41 X는 위상공간이고 $\mathcal{U} = \{U_i\}_{i \in I}$는 X의 열린 덮개라고 하자.

(1) $\mathcal{V} := \{V_k\}_{k \in K}$를 $\mathcal{U}$의 세분이라고 하자. 사상 $\tau_{\mathcal{U}}^{\mathcal{V}} : H^1(\mathcal{U}, \mathcal{F}) \to H^1(\mathcal{V}, \mathcal{F})$는 단사이다.

(2) 사상 $\tau_{\mathcal{U}} : H^1(\mathcal{U}, \mathcal{F}) \to H^1(X, \mathcal{F})$는 단사이다.

증명 (2)는 (1)로부터 따른다. 실제로 $\tau_{\mathcal{U}}(\eta) = 0$이라고 하면 $H^1(X, \mathcal{F})$의 정의로부터 $\mathcal{U}$의 세분 $\mathcal{V}$가 존재해서 $\tau_{\mathcal{U}}^{\mathcal{V}}(\eta) = 0$이다. (1)에 의해서 $\tau_{\mathcal{U}}^{\mathcal{V}}$는 단사라서 $\eta = 0$가 되기 때문이다. 이제 (2)를 가정하고 (1)을 보이도록 하자. $\eta = [(f_{ij})_{i,j \in I}] \in H^1(\mathcal{U}, \mathcal{F})$라고 하자. $\tau_{\mathcal{U}}^{\mathcal{V}}(\eta) = 0$라고 가정하고 $\eta = 0$인 것을 보이면 된다. 세분사상 $\pi : K \to I$를 하나 골라서 고정한다. 정의로부터 $\tau_{\mathcal{U}}^{\mathcal{V}} = [(g_{kl})], g_{kl} = f_{\pi(k)\pi(l)} | V_k \cap V_l$이다. $\tau_{\mathcal{U}}^{\mathcal{V}}(\eta) = 0$이므로 $g_{kl} = g_l - g_k$가 되는 0공사슬 $(g_k) \in C^0(\mathcal{V}, \mathcal{F}) = \prod_{k \in K} \mathcal{F}(V_k)$가 존재한다. 그러면 $U_i \cap U_k \cap U_l = (U_i \cap V_k) \cap (U_i \cap V_l)$에서

$$g_l - g_k = g_{kl} = f_{\pi(k)\pi(l)} = f_{\pi(k)i} + f_{i\pi(l)} = f_{i\pi(l)} = f_{i\pi(k)}$$

이다. 마지막 두 개의 등식은 (f_{ij})이 1공사슬이기 때문에 성립한다. (주의 5.34와 이어지는 문제를 참조하라.) 따라서 $(U_i \cap V_k) \cap (U_i \cap V_l)$에서 $g_k - f_{i\pi(k)} = g_l - f_{i\pi(l)}$을 만족한다. 그러므로 층의 조건 (2) (정의 5.7) 에 의해서 $g_k - f_{i\pi(k)} \in \mathcal{F}(U_i \cap V_k)$ $(k \in K)$들은 잘 포개져서 $h_i | U_i \cap V_k = g_k - f_{i\pi(k)}$가 되는 $\mathcal{F}(U_i)$ $(i \in I)$의 원소 h_i를 얻는다. $(U_i \cap U_j) \cap V_k = (U_i \cap V_k) \cap (U_j \cap V_k)$에서

$$f_{ij} = f_{i\pi(k)} - f_{j\pi(k)} = (g_k - h_i) - (g_k - h_j) = h_j - h_i$$

가 된다. 따라서 $k \in K$를 움직여서 층의 조건 (2)를 이용하면 $U_i \cap U_j$에서의 등식 $f_{ij} = h_j - h_i$를 얻는다. 그래서 $(f_{ij}) = \partial^0((h_i))$가 된다. 특히 (f_{ij})는 1공경계이다. 따라서 $\eta = 0$이다. □

도움정리 5.42 X를 위상공간이라고 하고 $\mathcal{F}$를 X에서 정의된 층이라고 하자. X의 열린 덮개 $\mathcal{U} = \{U_i\}_{i \in I}$는 조건 "임의의 $i \in I$에 대해서 $H^1(U_i, \mathcal{F}|_{U_i}) = 0$"을 만족한다고 가정하자. 그러면 사상 $\tau : H^1(\mathcal{U}, \mathcal{F}) \to H^1(X, \mathcal{F})$은 동형사상이 된다. (이 도움정리의 조건을 만족하는 열린 덮개 $\mathcal{U}$를 $(X, \mathcal{F})$의 **르레이 덮개**(Leray cover)라고 부른다.)

증명 $\mathcal{V} = (V_k)_{k \in K}$를 $\mathcal{U}$의 임의의 세분이라고 하자. 사상 $\tau_{\mathcal{U}}^{\mathcal{V}} : H^1(\mathcal{U}, \mathcal{F}) \to H^1(\mathcal{V}, \mathcal{F})$가 동형사상인 것을 보이면 된다. (이유는 각자 생각할 것.) 도움정리 5.41에 의해서 $\tau_{\mathcal{U}}^{\mathcal{V}}$는 단사이다. $\tau_{\mathcal{U}}^{\mathcal{V}}$가 전사인 것을 증명하도록 한다. $f = [(f_{kl})_{k,l \in K^2}] \in H^1(\mathcal{V}, \mathcal{F})$라고 하자. U_i의 열린 덮개 $\mathcal{V}_i$를 $\mathcal{V}_i := \{U_i \cap V_k\}_{k \in K}$로 정의한다. $(f_{kl})_{(k,l) \in K^2}$는 1공사슬이다. 즉, $Z^1(\mathcal{V}, \mathcal{F})$의 원소이므로 제한을 한 $(f_{kl}|U_i \cap V_k \cap V_l)_{(k,l) \in K^2}$도 $Z^1(\mathcal{V}_i, \mathcal{F}|_{U_i})$의 원소이다. 한편 가정과 도움정리 5.41 (2)에 의해서 $H^1(\mathcal{V}_i, \mathcal{F}|_{U_i}) = 0$이다. 이로 인해 $(f_{kl}|U_i \cap V_k \cap V_l)_{(k,l) \in K^2}$는 $B^1(\mathcal{V}_i, \mathcal{F}|_{U_i})$의 원소이다. 따라서 $f_{kl}|U_i \cap V_k \cap V_l = g_l(i) - g_k(i)$가 되는 $(g_k(i))_{k \in K} \in C^0(\mathcal{V}_i, \mathcal{F}|_{U_i})$가 존재한다. $V_k \cap V_l \cap U_i \cap U_j$에서

$$g_l(i) - g_k(i) = g_l(j) - g_k(j) = f_{kl}|V_k \cap V_l \cap U_i \cap U_j$$

이므로 $V_k \cap V_l \cap U_i \cap U_j$에서 $-(g_l(j) - g_l(i)) = -(g_k(j) - g_k(i))$이다. 따라서 k, l을 다른 값들로 바꿔가면서 층의 조건 (2)을 이용하면 임의의 $l \in K$에 대해서

$$F_{ij}|V_l = -(g_l(j) - g_l(i)) \tag{5.9}$$

을 만족하는 $\mathcal{F}(U_i \cap U_j)$의 원소 F_{ij}를 찾을 수 있다. (5.9) 및 층의 조건으로부터 $((F_{ij})_{(i,j) \in I^2})$는 $F_{ij} = F_{ih} + F_{hi}$를 만족한다. 따라서 $Z^1(\mathcal{U}, \mathcal{F})$에 속한다. $F := [(F_{ij})_{(i,j) \in I^2})] \in H^1(\mathcal{U}, \mathcal{F})$로 놓고 $\tau_{\mathcal{U}}^{\mathcal{V}}(F) = f$를 보이도록 한다. F_{ij}, f_{kl}의 정의로부터 $V_k \cap V_l (\subset U_{\pi(k)} \cap U_{\pi(l)})$에서

$$f_{kl} - F_{\pi(k)\pi(l)} = g_l(\pi(l)) - g_k(\pi(k))$$

를 만족한다. $V_k = U_{\pi(k)} \cap V_k$ 이므로 $(g_k(\pi(k)))_{k \in K} \in C^0(\mathcal{V}, \mathcal{F})$ 이다. 특히 $(F_{\pi(k)\pi(l)})$ 와 (f_{kl}) 들의 차이는 1공경계이다. 따라서 $[(F_{\pi(k)\pi(l)})] = [(f_{kl})]$ 이다. 이상으로부터 $\tau_{\mathcal{U}}^{\mathcal{V}}(F) = f$ 이다. □

5.9 층의 짧은 완전열로부터 유도되는 층 코호몰로지 군의 긴 완전열

X 를 위상공간이라고 가정하고 $\mathcal{F}, \mathcal{G}$ 를 X 의 층이라고 하자. 또 $\alpha : \mathcal{F} \to \mathcal{G}$ 를 준동형사상이라고 하자.

α 는 코호몰로지 군 사이의 준동형사상 $\alpha^q : H^q(X, \mathcal{F}) \to H^q(X, \mathcal{G})$ 를 유도한다. 이 사상이 어떻게 정의되는지 살펴보도록 하자. 우선 X 의 열린 덮개 $\mathcal{U} = \{U_i\}_{i \in I}$ 를 고정한다. 그러면 $\mathcal{U}$ 에 대한 q 공사슬 사이의 준동형사상

$$\alpha_{\mathcal{U}}^q : C^1(\mathcal{U}, \mathcal{F}) \to C^q(\mathcal{U}, \mathcal{G}); (f_{i_0 i_1 \cdots i_1}) \mapsto (\alpha(f_{i_1 i_2 \cdots i_q}))$$

이 고정된다. $\alpha_{\mathcal{U}}^q (q = 0, 1, \cdots)$ 들은 경계작용소 ∂^q 들과 교환가능하므로

$$\alpha_{\mathcal{U}}^q(Z^q(\mathcal{U}, \mathcal{F})) \subset Z^q(\mathcal{U}, \mathcal{G}), \ \ \alpha_{\mathcal{U}}^q(B^q(\mathcal{U}, \mathcal{F})) \subset B^q(\mathcal{U}, \mathcal{G})$$

를 만족한다. 따라서 선형사상

$$\alpha_{\mathcal{U}}^q : H^q(\mathcal{U}, \mathcal{F}) \to H^q(\mathcal{U}, \mathcal{G}); [(f_{i_0 i_1 \cdots i_q})] \mapsto [(\alpha(f_{i_0 i_1 \cdots i_q}))]$$

이 유도된다. $\mathcal{V}$ 를 $\mathcal{U}$ 의 세분이라고 하면 $\alpha_{\mathcal{U}}^q$ 와 $\alpha_{\mathcal{V}}^q$ 는 사상 $\tau_{\mathcal{U}}^{\mathcal{V}} : H^q(\mathcal{U}, \mathcal{F}) \to H^q(\mathcal{V}, \mathcal{F})$, $\tau_{\mathcal{U}}^{\mathcal{V}} : H^q(\mathcal{U}, \mathcal{G}) \to H^q(\mathcal{V}, \mathcal{G})$ 와 교환가능한 사실을 확인할 수 있다. 이렇게 해서 다음과 같은 선형사상

$$\alpha^q : H^q(X, \mathcal{F}) \to H^q(X, \mathcal{G}); \ [[(f_{i_0 i_1 \cdots i_q})]] \mapsto [[(\alpha(f_{i_0 i_1 \cdots i_q}))]]$$

이 정의된다.

정의 5.43

여기서 구성한 사상 α^q 를 층의 준동형사상 α 가 **유도하는 코호몰로지 군의 준동형사상**이라고 부른다.

주의 5.44 위에서 언급한 바와 같이 자연스러운 동일시 $\mathcal{F}(X) = H^0(X, \mathcal{F})$, $\mathcal{G}(X) = H^0(X, \mathcal{G})$ 하에서는 $\alpha^0 = \alpha(X)$이다.

다음으로 층의 짧은 완전열

$$0 \to \mathcal{F} \xrightarrow{\alpha} \mathcal{G} \xrightarrow{\beta} \mathcal{H} \to 0 \tag{5.10}$$

이 주어졌다고 해 보자. 위에서 설명한 바와 같이 이 완전열은 다음 열을 유도한다.

$$0 \to H^0(X, \mathcal{F}) \xrightarrow{\alpha^0} H^0(X, \mathcal{G}) \xrightarrow{\beta^0} H^0(X, \mathcal{H}), \tag{5.11}$$

$$H^1(X, \mathcal{F}) \xrightarrow{\alpha^1} H^1(X, \mathcal{G}) \xrightarrow{\beta^1} H^1(X, \mathcal{H}). \tag{5.12}$$

도움정리 5.45 코호몰로지 군의 열 (5.11), (5.12)은 둘 다 완전열이다.

증명 (5.11)이 완전열이 되는 것은 도움정리 5.27에서 비롯된다. (5.12)가 완전열인 것을 보이기 위해 $\mathrm{Im}\alpha^1 = \mathrm{Ker}\beta^1$을 증명한다. $g \in \mathrm{Im}\alpha^1$라고 하자. $g = \alpha^1(f)(f \in H^1(X, \mathcal{F}))$와 같이 쓸 수 있다. X의 열린 덮개 $\mathcal{U} = \{U_i\}_{i \in I}$을 적당히 선택해서 f를 $f = [(f_{ij})](f_{ij} \in \mathcal{F}(U_{ij}))$와 같이 대표원소로 표시해 둔다. 사상의 구성 방식으로부터 $\beta^1(g) = \beta^1\alpha^1(f) = [\beta\alpha(f_{ij})_{(i,j) \in I^2}]$이다. 도움정리 5.27에 의해서 $\mathcal{H}(U_{ij})$의 원소로서 $\beta\alpha(f_{ij}) = 0$이다. 따라서 $\beta(g) = 0$이다. 이것은 $\mathrm{Im}\alpha^1 \subset \mathrm{Ker}\beta^1$를 의미한다. 역의 포함관계 $\mathrm{Im}\alpha^1 \supset \mathrm{Ker}\beta^1$를 보이도록 한다. $g \in \mathrm{Ker}\beta^1$라고 하자. X의 적당한 열린 덮개 $\mathcal{U} = \{U_i\}_{i \in I}$를 취하고 g를 $g = [(g_{ij})]$와 같이 대표원소로 표시해 둔다. $\beta^1(g) = [(\beta(g_{ij}))_{(i,j) \in I^2}] = 0$이므로 필요할 경우 $\mathcal{U}$를 적당히 세분화해서 생각하면 $\beta(g_{ij}) = h_j - h_i$를 만족하는 $C^0(\mathcal{U}, \mathcal{H})$의 원소 $(h_i)_{i \in I}$를 찾을 수 있다. X의 각 점 P에 대해서 $P \in U_{i(P)}$가 되는 I의 원소 $i(P)$를 한 개씩 골라 놓는다. $\beta_P : \mathcal{G}_P \to \mathcal{H}_P$는 전사이므로 $\beta(g^P) = h_{i(P)}|V_P$이면서 $P \in V_P \subset U_{i(P)}$인 열린 집합 V_P와 $\mathcal{G}(V_P)$의 원소 g^P를 잡을 수 있다. 여기서 $\mathcal{V} := \{V_P\}_{P \in X}$는 $\mathcal{U}$의 세분이며 $i : X \to I; P \mapsto i(P)$는 세분사상을 정의한다. $g^{PQ} := g_{i(P)i(Q)}|V_{PQ}$로 놓는다. 그러면 $H^1(X, \mathcal{G})$의 원소로서 $[(g^{PQ})] = [(g_{ij})] = g$이다. 이 $\mathcal{V}$를 애초에 고정한 열린 덮개 $\mathcal{U}$라고 가정한다. 이러면 $g = [(g_{ij})]$, $\beta(g_{ij}) = \beta(g_j) - \beta(g_i)$ $(g_i \in \mathcal{G}(U_i))$와 같이 쓸 수 있다. 특히 U_{ij}에서 $\beta(g_{ij} - g_j + g_i) = 0$이다. 따라서 도움정리 5.27에 의해서 U_{ij}에서

$$g_{ij} - g_j + g_i = \alpha(f_{ij}) \tag{5.13}$$

를 만족하는 $(f_{ij}) \in C^1(\mathcal{U}, \mathcal{F})$를 잡을 수 있다. (5.13)과 α가 단사라는 사실, 그리고 (g_{ij})가 1공사슬이라는 사실로부터 (f_{ij})도 1공사슬이다. 즉, $(f_{ij}) \in Z^1(\mathcal{U}, \mathcal{F})$이다. 한편 (5.13)은 $(g_{ij}) - \alpha(f_{ij}) = \partial^0((g_i))$를 의미하기 때문에 $g = [(g_{ij})] = [\alpha((f_{ij}))] = \alpha^1[(f_{ij})]$가 된다. 이렇게 해서 역의 포함관계도 증명되었다. □

완전열 (5.11), (5.12)만으로는 특별히 큰 활약을 못하지만 사실은 두 개의 완전열 (5.11), (5.12)를 연결해 주는 표준적인 준동형사상

$$\delta^0 : H^0(X, \mathcal{H}) \to H^1(X, \mathcal{F})$$

을 만들 수가 있다. δ^0의 유용함은 다음 정리에서 밝혀진다. 일단 δ^0가 어떻게 정의되지는지 알아본다.

P를 X의 점이라고 하자. (5.10)의 완전성으로부터 $\beta_P : \mathcal{G}_P \to \mathcal{H}_P$은 전사이다. 따라서 $\beta_P(x) = h_P$가 되는 $x \in \mathcal{G}_P$가 존재한다. 여기서 h_P는 h의 동치류로서 정의되는 $\mathcal{H}_P$의 원소이다. 그러므로 P의 근방 U_P와 $\mathcal{G}(U_P)$의 원소 g^P를 잡을 수 있어서 $\beta(U_P)(g^P) = h|U_P$가 된다. P를 X 안에서 움직임으로써 X의 열린 덮개 $\mathcal{U} = \{U_i\}_{i \in I}$와 $\beta(g_i) = h|U_i$를 만족하는 0공사슬 $(g_i)_{i \in I} \in C^0(\mathcal{U}, \mathcal{G})$을 찾아낼 수 있다. 이때 $U_i \cap U_j$에서 $\beta(g_i - g_j) = \beta(g_i) - \beta(g_j) = h - h = 0$를 만족한다. 따라서 도움정리 5.27에 의해서 어떤 $f_{ij} \in \mathcal{F}(U_i \cap U_j)$가 존재해서 $U_i \cap U_j$에서 $\alpha(f_{ij}) = g_i - g_j$가 된다. α는 단사이므로 (f_{ij})는 (g_i)에만 의존해서 유일하게 결정된다. 또 $U_i \cap U_j \cap U_k$에서

$$\alpha(f_{jk} - f_{ik} + f_{ij}) = (g_j - g_k) - (g_i - g_k) + (g_i - g_j) = 0$$

가 된다. 도움정리 5.27로부터 $\alpha(U_i \cap U_j \cap U_k)$는 단사이다. 따라서 $U_i \cap U_j \cap U_k$에서

$$f_{jk} - f_{ik} + f_{ij} = 0$$

이다. 이 등식은 $(f_{ij})_{(i,j) \in I^2} \in Z^1(\mathcal{U}, \mathcal{F})$인 것을 의미한다. $H^1(\mathcal{U}, \mathcal{F})$의 원소 $f_{\mathcal{U}}$를 $f_{\mathcal{U}} := [(f_{ij})_{(i,j) \in I^2}]$로 정의한다.

또 $H^1(X, \mathcal{F})$의 원소 f를 $f = \tau_{\mathcal{U}}(f_{\mathcal{U}})$로 고정한다. α의 단사성과 세분사상의 교환가능한 성질 때문에 이 f는 도중에 보조적으로 이용한 여러 가지 열린 덮개 또는 대표원소를 고르는 방식에 의존하지 않고 h에 의해서 유일하게 결정되는 것을 확인할 수 있다. (각자 도표를 그려서 확인할 것.) 또 h로부터 f를 정의해 나가는 일련의 과정은 덧셈이나 복소수 스칼라곱하고도 교환가능하다. 이와 같은 방식으로 $H^0(X, \mathcal{H})$의 각 원소 h에

대해서 위에서 정의한 f를 대응시킴으로써 준동형사상 $\delta^0 : H^0(X, \mathcal{H}) \to H^1(X, \mathcal{F})$이 정의된다.

정의 5.46

위에서 정의한 사상 $\delta^0 : H^0(X, \mathcal{H}) \to H^1(X, \mathcal{F})$를 **연결 준동형사상**이라고 부른다.

다음은 이 책에서 가장 중요한 정리 중 하나이다.

정리 5.47

X를 위상공간이라고 하자. 그리고 $0 \to \mathcal{F} \xrightarrow{\alpha} \mathcal{G} \xrightarrow{\beta} \mathcal{H} \to 0$를 X에서 정의된 층의 완전열이라고 하자. 그러면 다음 열도 완전하다.

$$0 \to H^0(X, \mathcal{F}) \xrightarrow{\alpha^0} H^0(X, \mathcal{G}) \xrightarrow{\beta^0} H^0(X, \mathcal{H}) \xrightarrow{\delta^0} H^1(X, \mathcal{F})$$
$$\xrightarrow{\alpha^1} H^1(X, \mathcal{G}) \xrightarrow{\beta^1} H^1(X, \mathcal{H}).$$

증명 아직 증명하지 않은 (1) $\mathrm{Im}\beta^0 = \mathrm{Ker}\delta^0$와 (2) $\mathrm{Im}\delta^0 = \mathrm{Ker}\alpha^1$를 증명하면 된다.

(1)의 증명 $h \in \mathrm{Im}\beta^0$라고 해 보자. 다시 말해 $h = \beta^0(g)(g \in H^0(X, \mathcal{G}))$라고 가정한다. X의 열린 덮개 $\mathcal{U} = \{U_i\}_{i \in I}$를 고정하면 U_i에서 $h|U_i = \beta(g|U_i)$를 만족한다. $g_i := g|U_i$로 놓는다. δ^0의 정의로부터 $\delta^0(h)$는 1공사슬 $(\alpha(f_{ij}) := g_i - g_j = 0)$를 결정하는 코호몰로지 동치류이다. 따라서 $\delta^0(h) = 0$이다. 역으로 $h \in \mathrm{Ker}\delta^0$라고 해 보자. $h \in H^0(X, \mathcal{H}) = \mathcal{H}(X)$와 β가 줄기사이에서 전사인 사실로부터 X의 열린 덮개 $\mathcal{U} = \{U_i\}_{i \in I}$와 $g_i \in \mathcal{G}(U_i)$가 존재해서 U_i에서 $\beta(g_i) = h|U_i$이다. 그러면 $\alpha(f_{ij}) = g_i - g_j$가 된다. $f_{ij} \in \mathcal{F}(U_{ij})$를 잡을 수 있어서 $\delta^0(h) = [(f_{ij})]$가 된다. $\delta^0(h) = 0$이므로 필요할 경우 $\mathcal{U}$를 세분화한 것과 교체함으로써 $f_{ij} = f_j - f_i$ $(f_i \in \mathcal{F}(U_i))$로 쓸 수 있다. 이때 U_{ij}에서 $g_i + \alpha(f)_i = g_j + \alpha(f_j)$이다. 따라서 $g_i + \alpha(f_i) \in \mathcal{G}(U_i)$들은 잘 포개져서 $g|U_i = g_i + \alpha(f_j)$인 원소 $g \in \mathcal{G}(X) = H^0(X, \mathcal{G})$를 결정한다. 위의 구성방식에 따라

$$\beta^0(g)|U_i = \beta(g_i + \alpha(f_i))|U_i = \beta(g_i)|U_i = h|U_i$$

이다. 이 등식과 층의 조건 (1)로부터 $\beta^0(g) = h$이다. 이렇게 (1)의 증명이 끝난다.

(2)의 증명 $f \in \mathrm{Im}\delta^0$라고 하자. 그러면 $f = \delta^0(h)$로 쓸 수 있다. δ^0의 정의로부터 X의 열린 덮개 $\mathcal{U} = \{U_i\}$와 함께 U_i에서 $\beta(g_i) = h|U_i$가 되는 $g_i \in \mathcal{G}(U_i)$와 U_{ij}에서 $\alpha(f_{ij}) = g_i - g_j$가 되는 $f_{ij} \in \mathcal{F}(U_{ij})$가 존재해서 $f = [(f_{ij})]$가 된다. 따라서

$$\alpha^1(f) = [\alpha(f_{ij})] = [(g_i - g_j)] = [\partial^0(-(g_i))] = 0$$

이다. 이렇게 해서 $\mathrm{Im}\delta^0 \subset \mathrm{Ker}\alpha^1$이다. 역의 포함관계를 보이도록 한다. $f \in \mathrm{Ker}\alpha^1$라고 하자. X의 적당한 열린 덮개 $\mathcal{U} = \{U_i\}$에 대해서 f를 $f = [(f_{ij})]$와 같이 대표원소로 표시해 둔다. $[(\alpha(f_{ij}))] = \alpha^1(f) = 0$이다. 따라서 필요할 경우 $\mathcal{U}$를 세분화된 것으로 교체함으로써 $\alpha(f_{ij}) = g_j - g_i$가 되는 $C^0(\mathcal{U}, \mathcal{G})$의 원소 $(g_i)_{i \in I}$를 찾을 수 있다. U_{ij}에서 $0 = \beta\alpha(f_{ij}) = \beta(g_j) - \beta(g_i)$가 된다. 따라서 $-\beta(g_i) \in \mathcal{H}(U_i)$들은 잘 포개져서 $h|U_i = \beta(-g_i)$가 되는 $\mathcal{H}(X) = H^0(X, \mathcal{H})$의 원소 h를 결정한다. 이 h에 대해서 $\delta^0(h) = [(f_{ij})] = f$이다. □

주의 **5.48** X가 콤팩트 (예를 들어, 복소다양체)일 경우 더 높은 차수의 연결준동형 사상 $\delta^q : H^1(X, \mathcal{H}) \to H^{q+1}(X, \mathcal{F})$도 비슷한 방식으로 정의되고 다음 완전열

$$\begin{aligned}
&0 \to H^0(X,\mathcal{F}) \xrightarrow{\alpha^0} H^0(X,\mathcal{G}) \xrightarrow{\beta^0} H^0(X,\mathcal{H}) \\
&\xrightarrow{\delta^0} H^1(X,\mathcal{F}) \xrightarrow{\alpha^1} H^1(X,\mathcal{G}) \xrightarrow{\beta^1} H^1(X,\mathcal{H}) \\
&\xrightarrow{\delta^1} H^2(X,\mathcal{F}) \xrightarrow{\alpha^2} H^2(X,\mathcal{G}) \xrightarrow{\beta^2} H^2(X,\mathcal{H}) \\
&\quad \cdots \\
&\xrightarrow{\delta^{q-1}} H^q(X,\mathcal{F}) \xrightarrow{\alpha^{q-1}} H^q(X,\mathcal{G}) \xrightarrow{\beta^{q-1}} H^q(X,\mathcal{H}) \\
&\xrightarrow{\delta^q} H^{q+1}(X,\mathcal{F}) \xrightarrow{\alpha^q} H^{q+1}(X,\mathcal{G}) \xrightarrow{\beta^q} H^{q+1}(X,\mathcal{H}) \\
&\quad \cdots
\end{aligned}$$

로 확장된다는 것이 알려져 있다. 이 완전열을 층의 완전열로부터 유도되는 (체흐) 코호몰로지 군의 **긴 완전열**이라고 부른다. 위에서 본 완전열은 긴 완전열의 1차 코호몰로지 군까지만 적은 것이다. 이 책에서는 2차 이상의 코호몰로지 군에 대한 긴 완전열을 쓸 일은 없으므로 증명은 생략하기로 한다.

5.10 여러 가지 층의 1차 코호몰로지 군

이 절에서 X는 리만면으로 가정한다. 다음 정리는 실 다양체론에서 배우는 기초적인 결과들이다.

정리 5.49

M을 제2가산공리를 만족하는 C^∞급 다양체라고 하자. 그러면 다음 명제들이 성립한다.

(1) M의 임의의 열린 덮개 $\mathcal{U} = \{U_i\}_{i \in I}$에 대해서 그것의 국소적으로 유한인 세분 $\mathcal{V} = \{V_j\}_{j \in J}$이 존재한다. **국소적으로 유한**하다는 것은 M의 각 점 P에 대해서 P의 근방 W_P를 $W_P \cap V_j \neq \emptyset$인 j가 유한개가 되도록 취할 수 있다는 뜻이다.

(2) M의 국소적으로 유한인 열린 덮개 $\mathcal{U} = \{U_i\}_{i \in I}$에 대해서 $\mathcal{U}$에 의존하는 **단위분할** (partition of unity)을 취할 수 있다. 다시 말해 다음 세 가지 조건을 만족하는 함수의 집합 $\varphi_i \in \mathcal{A}^0_M(M)$이 존재한다.

(i) $\mathrm{Supp}\varphi_i := \overline{\{x \in M | \varphi_i \neq 0\}} \subset U_i$.

(ii) 각 $x \in M$에 대해서 $\varphi_i(x) \neq 0$이 되는 $i \in I$는 유한개.

(iii) $\sum_{\in I} \varphi_i \equiv 1$.

도움정리 5.50 $\mathcal{S}$를 X에서 정의된 마천루 층이라고 하자. 그러면 $H^1(X, \mathcal{S}) = 0$이다.

증명 $\mathrm{Supp}\mathcal{S} = \{P_1, \cdots, P_n\}$이라고 하자. X의 국소적으로 유한인 열린 덮개 $\mathcal{U} = \{U_1, \cdots, U_n, U_{i+n} | i \in \mathbb{Z}_{i>0}\}$를 다음 세 가지 조건을 만족하도록 잡는다: 1) $P_k \in U_k$, 2) $l \neq k$일 경우에는 $P_k \notin U_l$, 3) $1 \leq k \neq l \leq n$일 경우에는 $U_k \cap U_l = \emptyset$. 이런 덮개 $\mathcal{U}$를 취하는 것은 물론 가능하다. 그러면 임의의 $i \neq j$에 대해서 $U_i \cap U_j \cap \mathrm{Supp}\mathcal{S} = \emptyset$을 만족한다. 특히 $\mathcal{S}(U_i \cap U_j) = \{0\}$이다. 이것으로부터 $Z^1(\mathcal{U}, \mathcal{S}) = \{0\}$이다. 따라서 $H^1(\mathcal{U}, \mathcal{S}) = \{0\}$이다. X의 임의의 열린 덮개는 위와 같은 덮개를 항상 세분으로 갖는다. 이상으로부터 $H^1(X, \mathcal{S}) = 0$이다. □

도움정리 5.51 **C^∞급 층의 1차 코호몰로지 군** $\mathcal{U}$를 국소적으로 유한인 X의 열린 덮개라고 하자. 그러면 $H^1(\mathcal{U}, \mathcal{A}_X^{p,q}) = 0$이다. 특히 $H^1(X, \mathcal{A}_X^{p,q}) = 0$도 성립한다.

증명 정리 5.49 (1)에 의해서 X의 임의의 열린 덮개는 국소적으로 유한인 열린 덮개로 세분화할 수 있다. 따라서 η가 $H^1(X, \mathcal{A}_X^{p,q})$의 원소라면 η의 대표원소를 적당한 국소적으로 유한인 열린 덮개 $\mathcal{U}$로 정의된 $H^1(\mathcal{U}, \mathcal{A}_X^{p,q})$의 원소로 뽑는 것이 가능하다. 따라서 두 번째 등식은 첫 번째 등식에서 비롯된다. $H^1(\mathcal{U}, \mathcal{A}_X^{p,q}) = Z^1(\mathcal{U}, \mathcal{A}_X^{p,q})/B^1(\mathcal{U}, \mathcal{A}_X^{p,q})$이므로 $f_{ij} = f_j - f_i$가 되는 $(f_i) \in C^0(\mathcal{U}, \mathcal{A}_X^{p,q})$가 존재하는 것을 보이면 된다. 정리 5.49 (2)에서와 같이 $\mathcal{U}$에 의존하는 단위분할 $(\varphi_i)_{i \in I}$를 잡는다. 그러면 $\varphi_k f_{ik} \in \mathcal{A}_X^{p,q}(U_i \cap U_k)$가 된다. 단위분할의 조건 (i)로부터 $\varphi_k f_{ik}$를 $U_i \cap U_k$의 바깥에서는 0으로 정의하면 $\varphi_k f_{ik} \in \mathcal{A}^{p,q}(U_i)$이 된다. 또 단위분할의 조건 (ii)에 의해서 $f_i := -\sum_{k \in I} \varphi_k f_{ik}$가 정의되고 f_i는 $\mathcal{A}_X^{p,q}(U_i)$의 원소가 된다. 그러면 정의와 공사슬의 조건 $f_{ij} = f_{ik} - f_{jk}$에 의해서

$$\begin{aligned} f_j - f_i &= \sum_k \varphi_k f_{ik} - \sum_k \varphi_k f_{jk} = \sum_k \varphi_k (f_{ik} - f_{jk}) \\ &= \sum_k \varphi_k f_{ij} = \left(\sum_k \varphi_k \right) f_{ij} = f_{ij} \end{aligned}$$

이다. 이렇게 증명을 마친다. □

위에서 본 바와 같이 단위분할을 이용해서 자유롭게 자르고 붙이기가 가능한 C^∞급 함수, C^∞급 형식의 층으로 정의되는 높은 차수의 코호몰로지 군은 소멸해 버린다. 이와는 반대로 강성이 강한 유리형 함수 또는 유리형 형식의 층으로 정의되는 높은 차수의 코호몰로지 군은 항상 까다로운 조건하에서만 소멸한다. 아래의 따름정리 5.53이 그러한 현상의 국소판이다.

정리 5.52 (돌보(Dolbeault)의 보조정리)

$0 < R \leq \infty$라고 하자. Δ_R을 $\mathbb{C}$에서 원점을 중심으로 갖는 반경이 R인 열린 원판이라고 하자. $R = \infty$인 경우에는 $\Delta_\infty = \mathbb{C}$로 정의한다. $h \in \mathcal{A}_{\Delta_R}^0(\Delta_R)$라고

하면 다음 편미분방정식의 해 $g \in \mathcal{A}^0_{\Delta_R}(\Delta_R)$가 존재한다.

$$\frac{\partial g}{\partial \bar{z}} = h.$$

정리 5.52의 증명을 보기 전에 먼저 정리 5.52와 도움정리 5.51로부터 다음의 소멸정리가 성립하는 것을 확인해 둔다.

따름정리 5.53 $H^1(\Delta_R, \mathcal{O}_{\Delta_R}) = 0$이 성립한다. 특히 $H^1(\mathbb{C}, \mathcal{O}_{\mathbb{C}}) = 0$이다.

증명 표기의 단순화를 위해 Δ_R을 Δ로 쓰기로 한다. 도움정리 5.51의 증명과 마찬가지로 Δ의 임의의 국소적으로 유한인 열린 덮개 $\mathcal{U} = (U_i)_{i \in I}$에 대해서 $H^1(\mathcal{U}, \mathcal{O}_\Delta) = 0$를 보이면 된다. $(f_{ij}) \in Z^1(\mathcal{U}, \mathcal{O}_\Delta)$라고 하자. $f_{ij} = f_j - f_i$가 되는 $(f_i) \in C^0(\mathcal{U}, \mathcal{O}_\Delta)$를 찾으면 된다. 정칙함수는 $\mathbb{C}^\infty$급 함수이기 때문에 $(f_{ij}) \in Z^1(\mathcal{U}, \mathcal{A}^0_\Delta)$이기도 하다. 도움정리 5.51으로부터 $H^1(\mathcal{U}, \mathcal{A}^0_\Delta) = 0$이다. 그러므로 각 $U_i \cap U_j$에서

$$f_{ij} = g_j - g_i \tag{5.14}$$

을 만족하는 $C^0(\mathcal{U}, \mathcal{A}^0_\Delta)$의 원소 (g_i)를 잡을 수 있다. 앞의 경우와는 다르게 단위분할을 정칙함수의 범주에서 취하는 것은 불가능하다. 일단 정칙함수를 C^∞급 함수로 간주함으로써 이 난관을 헤쳐나간다. (5.14)의 양변을 $\bar{z}$로 편미분하면 $U_i \cap U_j$에서

$$\frac{\partial g_j}{\partial \bar{z}} - \frac{\partial g_i}{\partial \bar{z}} = \frac{\partial f_{ij}}{\partial \bar{z}} = 0$$

를 얻는다. 여기서 마지막 등호는 f_{ij}가 정칙함수이기 때문에 성립한다. 따라서 $\frac{\partial g_j}{\partial \bar{z}}$들을 잘 겹쳐서 $h|U_i = \frac{\partial g_i}{\partial \bar{z}}$를 만족하는 $\mathcal{A}^0_\Delta(\Delta)$의 원소 h를 얻을 수 있다. 한편 정리 5.52를 이용하면 이 h에 대해서 $h = \frac{\partial g}{\partial \bar{z}}$를 만족하는 C^∞급 함수 $g \in \mathcal{A}^0_\Delta(\Delta)$가 존재하는 것을 알 수 있다. $f_i := g_i - g|U_i$로 놓으면

$$\frac{\partial f_i}{\partial \bar{z}} = \frac{\partial g_i}{\partial \bar{z}} - \frac{\partial g}{\partial \bar{z}} = h - h = 0$$

이다. 따라서 $f_i \in \mathcal{O}_\Delta(U_i)$이다. 또 $f_{ij} = g_j - g_i = (g_j - g) - (g_i - g) = f_j - f_i$임을 확인할 수 있다. 이렇게 해서 따름정리 5.53이 증명되었다. □

이제 정리 5.52를 증명하기로 한다.

증명 이 증명에서도 $\Delta := \Delta_R$로 간단하게 쓰기로 한다. 이 증명에서 어려운 부분은 $R < \infty$일지라도 h는 경계 $\partial\Delta$를 향해서 발산해버릴 가능성 때문에 생기는 문제를

해결하는 것이다. 여기서 "일단 h의 받침이 콤팩트인 경우를 먼저 증명하고 그렇지 않은 일반적인 경우에는 받침이 콤팩트인 함수의 수열로 근사시킨 다음 극한을 취함으로써 증명을 완성"하는 것이 이 증명의 기본 방침이다. 아래에서는 $i = \sqrt{-1}$로 줄여서 쓴다.

제1단계 $0 < R_0 < R$을 만족하는 실수 R_0가 존재해서 $\mathrm{Supp}(h) := \overline{\{z \in \Delta | h(z) \neq 0\}} \subset \Delta_{R_0}$ 라고 가정한다. 그러면

$$g(w) := \frac{1}{2\pi i} \iint_{\mathbb{C}} \frac{h(z)}{z - w} dz \wedge d\overline{z} \ (w \in \Delta)$$

는 Δ에서 C^∞급 함수를 정의하며 심지어는 다음 등식도 만족한다. $\frac{\partial g}{\partial \overline{z}} = h$.

증명 가정에 의해서 피적분함수 $\frac{h(z)}{z-w}$는 Δ_{R_0} 바깥에서는 0이다. 특히 유계이고 닫힌 영역에서 적분하는 것으로 생각할 수 있다. 한편, 피적분함수는 $z = w$에서 정의되어 있지 않다. 따라서 $g(w)$를 정의하는 적분은 $z \to w$를 이용한 부정적분이다. 일단 w를 고정하고 w를 중심으로 갖는 극좌표 $z = w + re^{i\theta}$를 생각한다. z를 $z = x + iy$와 같이 실수부와 허수부로 나누면 $x = \mathrm{Re}(w) + r\cos\theta, y = \mathrm{Im}(w) + r\sin\theta$이다. 또 $dz \wedge d\overline{z} = -2idx \wedge dy = -2irdr \wedge d\theta$이다. R을 R_0보다 큰 실수로 고정한다. $\frac{h(z)}{z-w}$는 Δ_R 바깥에서 0인 사실을 이용해서

$$\begin{aligned} g(w) &= \lim_{\epsilon \to 0} \frac{-1}{\pi} \iint_{[\epsilon, R] \times [0, 2\pi]} h(w + re^{i\theta}) e^{-i\theta} dr \wedge d\theta \\ &= \frac{-1}{\pi} \iint_{[0, R] \times [0, 2\pi]} h(w + re^{i\theta}) e^{-i\theta} dr \wedge d\theta \end{aligned}$$

을 얻는다. 이렇게 해서 극한 $z \to w$을 취하는 과정에서 피적분함수의 특이성은 실제로는 없으며 $g(w)$는 Δ 전체에서 정의된 함수가 된다. 함수 $h(w + re^{i\theta})e^{-i\theta}$는 $w, \overline{w}$에 대해서 C^∞급이며 심지어는 피적분영역이 콤팩트인 사실로부터 적분과 편미분의 순서를 바꿀 수가 있기 때문에

$$\frac{\partial g(w)}{\partial \overline{w}} = \frac{-1}{\pi} \iint_{[0, R] \times [0, 2\pi]} \frac{\partial h(w + re^{i\theta})}{\partial \overline{w}} e^{-i\theta} \wedge d\theta$$

가 된다. 이 등식의 우변을 I로 놓는다. 증명해야 하는 것은 I가 $h(w)$와 일치한다는 것이다.

I를 계산하기 위해서는 $z := re^{i\theta}$로 놓고 다시 한번 복소수로 돌아가서 생각한다. 여기에서는 w가 등장하지 않는다는 사실에 주의하자. $z^{-1}dz \wedge d\overline{z} = -2ie^{-\theta}dr \wedge d\theta$

이므로

$$I = \lim_{\epsilon\to 0}\iint_{\epsilon\le|z|\le R}\frac{1}{2\pi i}\frac{\partial h(w+z)}{\partial \overline{w}}\frac{1}{z}dz\wedge d\overline{z} \tag{5.15}$$

와 같이 I를 극한의 형태로 표현할 수 있다. $\epsilon \le |z| \le R$에서 C^∞급 1형식

$$w := \frac{1}{2\pi i}\frac{h(w+z)}{z}dz$$

를 정의해서 생각해 본다. $dz\wedge dz = 0, \partial z/\partial\overline{z} = 0$이므로 w의 외적분은 다음과 같이 계산된다.

$$\begin{aligned} dw &= \frac{1}{2\pi i}\frac{\partial}{\partial\overline{z}}\left(\frac{h(w+z)}{z}\right)d\overline{z}\wedge dz \\ &= -\frac{1}{2\pi i}\frac{\partial h(w+z)}{\partial\overline{z}}\frac{1}{z}dz\wedge d\overline{z} \\ &= -\frac{1}{2\pi i}\frac{\partial h(w+z)}{\partial\overline{w}}\frac{1}{z}dz\wedge d\overline{z}. \end{aligned} \tag{5.16}$$

(5.16)을 (5.15)에 대입해서

$$I = \lim_{\epsilon\to 0}\iint_{\epsilon\le|z|\le R} -d\omega \tag{5.17}$$

를 얻는다. (5.17)의 우변에 실평면 영역에 대한 그린의 정리를 적용하면

$$I = \lim_{\epsilon\to 0} -\left(\int_{|z|=R}\omega - \int_{|z|=\epsilon}\omega\right)$$

가 된다. 가정에 의해서 $\mathrm{Supp}(h) \subset \Delta_{R_0}$이므로 ω는 $|z| = R$에서 0인 상수함수이다. 따라서

$$I = \lim_{\epsilon\to 0}\int_{|z|=\epsilon}\omega$$

이다. $z = \epsilon e^{i\theta}$로 놓고 우변의 선적분의 계산을 해보면

$$\begin{aligned} I &= \lim_{\epsilon\to 0}\frac{1}{2\pi}\int_0^{2\pi} h(w+\epsilon e^{i\theta})d\theta = \frac{1}{2\pi}\int_0^{2\pi}\lim_{\epsilon\to 0} h(w+\epsilon^{i\theta})d\theta \\ &= \frac{1}{2\pi}\int_0^{2\pi} h(w)d\theta = h(w) \end{aligned}$$

가 된다. 이렇게 해서 제1단계가 증명되었다.

제2단계 h가 일반적인 경우

증명 양의 실수로 이루어진 수열 $\{R_n\}$이 순증가하며 $\lim_{n\to\infty} R_n = R$를 만족한다고 가정하자. 원점을 중심으로 갖는 반경 R_n의 열린 원판 Δ_n의 열 $\Delta_0 \subset \Delta_1 \subset \cdots \subset \Delta_n \subset \cdots \subset \Delta$를 만든다.

주장 다음 조건을 만족하는 함수의 수열 $\{g_n\}_{n\geq 1} \subset \mathcal{A}^0_\Delta(\Delta)$이 존재한다.

(1) Δ_n에서 $\frac{\partial g_n(z)}{\partial \bar{z}} = h(z)$.

(2) $\sup_{z\in\overline{\Delta_{n-1}}} |g_{n+1}(z) - g_n(z)| \leq 2^{-n}$

주장의 증명 $\mathrm{Supp}\varphi_n \subset \Delta_{n+1}$이면서 $\varphi_n|\Delta_n \equiv 1$이 되는 C^∞급 함수 $\varphi_n \in \mathcal{A}^0_\Delta(\Delta)$를 한 개씩 고른다. $h_n := \varphi_n h$로 놓으면 $h_n|\Delta_n = h|\Delta_n$이면서 $\mathrm{Supp}h_n \subset \Delta_{n+1}$이다. 따라서 제1단계의 결과를 h_n에 적용할 수 있으며 $\frac{\partial f_n}{\partial \bar{z}} = h_n$이 되는 $f_n \in \mathcal{A}^0_\Delta(\Delta)$가 존재한다. 아래에서는 f_n들을 귀납적으로 수정해 가면서 우리가 우너하는 g_n들을 만들어 나간다. 일단 $g_1 := f_1$로 정의한다. g_n까지 이미 정의되어 있다고 가정하고 g_{n+1}을 어떻게 정의하면 되는지 살펴본다. Δ_n에서 $\frac{\partial f_{n+1}}{\partial \bar{z}} = h = \frac{\partial g_n}{\partial \bar{z}}$이므로 $f_{n+1} - g_n$는 Δ_n에서 정칙이다. $\overline{\Delta_{n-1}} \subset \Delta_n$이므로 $f_{n+1} - g_n$의 테일러 급수를 충분히 높은 차수까지 전개해서 얻은 다항식 $P(z)$를 고정함으로써

$$\sup_{z\in\overline{\Delta_{n-1}}} |f_{n+1}(z) - g_n(z) - P(z)| \leq 2^{-n}$$

를 얻는다. $g_{n+1}(z) := f_{n+1}(z) - P(z)$로 정의한다. 정의한 방식으로부터 $g_{n+1}(z)$는 주장의 조건 (2)를 만족한다. 또 다항식은 정칙이고 $\varphi_{n+1}|\Delta_n \equiv 1$이므로 Δ_n에서

$$\frac{\partial g_{n+1}}{\partial \bar{z}} = \frac{\partial f_{n+1}}{\partial \bar{z}} - \frac{\partial P}{\partial \bar{z}} = \frac{\partial f_{n+1}}{\partial \bar{z}} = \varphi_{n+1} h = h$$

가 된다. 이렇게 주장의 조건 (1)도 만족하는 것을 알 수 있다. □

제2단계의 증명으로 돌아가자. 주장에서 발견한 함수의 수열 $\{g_n\}$의 극한으로서 원하는 g를 정의하려고 한다. 주장의 조건 (2)로부터 함수의 수열 $\{g_n\}$은 코시수열이며 Δ의 콤팩트인 부분집합에서 고르게 수렴(compact convergence)한다. 따라서 극한 $g(z) = \lim_{N\to\infty} g_N(z)$는 Δ에서 연속함수이다. 이 $g(z)$가 정리의 식 $\frac{\partial g}{\partial \bar{z}} = h$를 만족하는 것을 확인해 보도록 하자. $\Delta = \cup_{n\geq 1}\Delta_n$이므로 n을 임의로 고른 다음 Δ_n에서 확인하기만 하면 된다. $g_{N+1}(z) = g_n(z) + \sum_{k=n}^{N}(g_{k+1}(z) - g_k(z))$이므로 $g(z) = g_n(z) + \lim_{N\to\infty} \sum_{k=n}^{N}(g_{k+1}(z) - g_k(z))$이다. $G_n(z) = \lim_{N\to\infty} \sum_{k=n}^{N}(g_{k+1}(z) - g_k(z))$로

둔다. 주장의 조건 (1)로부터 $k \geq n$인 경우

$$\frac{\partial(g_{k+1}(z) - g_k(z))}{\partial \overline{z}} = h - h = 0$$

이다. 따라서 $g_{k+1}(z) - g_k(z)$는 정칙이다. 또 주장의 조건 (2)로부터

$$G_n(z) = \lim_{N \to \infty} \sum_{k=n}^{N} (g_{k+1}(z) - g_k(z))$$

는 콤팩트인 부분집합에서 고르게 수렴한다. 따라서 $G_n(z)$도 정칙이 된다. 그러므로 $g(z) = g_n(z) + G_n(z)$는 C^∞급이며

$$\frac{\partial g(z)}{\partial \overline{z}} = \frac{\partial g_n(z)}{\partial \overline{z}} + \frac{\partial G_n(z)}{\partial \overline{z}} = \frac{\partial g_n(z)}{\partial \overline{z}} = h$$

를 만족한다. 이렇게 제2단계도 확인되었다. □

6

콤팩트 리만면의 종수와 리만-로흐의 정리

일단 콤팩트 리만면 X의 종수를 $H^1(X, \mathcal{O}_X)$의 차원으로 정의하고 차원의 유한성을 증명한다. 다음으로 콤팩트 리만면을 다루는데 있어서 기본적인 정리인 리만-로흐의 정리, 세르의 쌍대성 정리 그리고 소멸정리를 증명한다. 주요한 결과들은 6.54에 요약해 두었다. 첫 응용으로서 콤팩트 리만면에서 상수가 아닌 대역적인 유리함수, 유리형 함수체의 구조, 0이 아닌 대역적 유리형 1형식의 존재와 표준인자의 개념 등을 다룬다. 또 콤팩트 리만면의 C^∞급 삼각형 분할 가능성, 비특이 사영평면곡선의 연결성에 대해서도 다룬다.

6.1 콤팩트 리만면의 종수

이 절에서 X는 콤팩트 리만면이라고 하자. 이 절에서는 다음 정리를 증명한다.

> **정리 6.1**
>
> $h^1(\mathcal{O}_X) := \dim_C H^1(X, \mathcal{O}_X) < \infty$이다.

주의 6.2 $H^1(X, \mathcal{O}_X)$는 $\mathbb{C}$-선형공간이다. 하지만 그 차원의 유한성은 자명하지 않다. 이 책에서 가장 복잡한 증명이 정리 6.1의 증명이다.

> **정의 6.3**
>
> $h^1(\mathcal{O}_X)$를 리만면 X의 **종수** 또는 **산술종수**라고 부르며 $g(X)$ 또는 g로 표기한다.

정리 6.1에 의해서 콤팩트 리만면의 종수는 0 이상의 정수이다.

종수는 콤팩트 리만면을 연구하는데 있어서 가장 중요한 불변량 중의 하나이다. 이 장과 다음 장에서 밝혀지는 것처럼 콤팩트 리만면에 부수적으로 따라오는 많은 중요한 성질이나 불변량이 종수를 이용해서 표현되기 때문이다. 바꿔 말하면 위에서 소개한 정의 외에도 종수는 여러 가지 방법으로 특징지어질 수 있다. (제 7장의 요약 7.13을 참조.)

예제 6.4 $g(\mathbb{P}^1) = 0$을 증명하시오.

풀이 여기서는 $H^1(\mathbb{P}^1, \mathcal{O}_{\mathbb{P}^1})$를 체흐 코호몰로지 군의 정의를 이용해서 직접 구해본다. $\mathbb{P}^1$을 두 장의 복소평면 $U_0 := (X_0 \neq 0) = \mathbb{C}_w$와 $U_1 := (X_1 \neq 0) = \mathbb{C}_z$으로 덮는다. 따름정리 5.53에 의해서 $H^1(\mathbb{C}, \mathcal{O}_{\mathbb{C}}) = 0$이다. 그러므로 $\mathcal{U} := \{U_0, U_1\}$는 $(\mathbb{P}^1, \mathcal{O}_{\mathbb{P}^1})$의 르레이 덮개 (도움정리 5.42)이다. 따라서

$$H^1(\mathbb{P}^1, \mathcal{O}_{\mathbb{P}^1}) \cong H^1(\mathcal{U}, \mathcal{O}_{\mathbb{P}^1}) = Z^1(\mathcal{U}, \mathcal{O}_{\mathbb{P}^1})/B^1(\mathcal{U}, \mathcal{O}_{\mathbb{P}^1}) \tag{6.1}$$

이다. (6.1)의 우변을 계산해 보자. $f \in Z^1(\mathcal{U}, \mathcal{O}_{\mathbb{P}^1})$라고 하면 $f = (f_{00}, f_{01}, f_{10}, f_{11})$ $(f_{ij} \in \mathcal{O}_{\mathbb{P}^1}(U_{ij}))$로 쓸 수 있다. 공사슬의 조건에 의해서 $f_{00} = 0, f_{11} = 0, f_{10} = -f_{01}$이다. 따라서 f_{01}이 주어지면 f는 유일하게 결정되는데 아래에서는 f와 $f_{01} \in \mathcal{O}_{\mathbb{P}^1}(U_{01})$을 동일시한다. $U_{01} = \mathbb{C}_z - \{0\}$이다. 원환(고리, annulus) 영역에서 정의되는 정칙함수의 구조정리로부터 f_{01}는 다음과 같이 생긴 U_{01}에서 대역적인 전개식을 갖는 정칙함수이다.

$$f_{01} = \sum_{k=1}^{\infty} \frac{a_{-k}}{w^k} + \sum_{k=0}^{\infty} a_k w^k.$$

$f_0 := -\sum_{k=0}^{\infty} a_k w^k, f_1 := \sum_{k=1}^{\infty} a_{-k} z^k$로 놓는다. $f_0 \in \mathcal{O}_{\mathbb{P}^1}(U_0), f_1 \in \mathcal{O}_{\mathbb{P}^1}(U_1)$이다. 또 $z = 1/w$이므로 U_{01}에서 $f_{01} = f_1 - f_0$이다. 이 등식은 $f = \partial^0((f_0, f_1))$이라는 사실, 특히 f가 $B^1(\mathcal{U}, \mathcal{O}_{\mathbb{P}^1})$의 원소라는 것을 뜻한다. 따라서 $Z^1(\mathcal{U}, \mathcal{O}_{\mathbb{P}^1})/B^1(\mathcal{U}, \mathcal{O}_{\mathbb{P}^1}) = 0$임을 알 수 있다. 이 등식과 (6.1)로부터 $H^1(\mathbb{P}^1, \mathcal{O}_{\mathbb{P}^1}) = 0$이다. 따라서 $g(\mathbb{P}^1) = 0$이다. □

문제 6.1 $0 \leq r < R \leq +\infty$라고 하자. $\Delta_{r,R} = \{a \in \mathbb{C}_z | r < |a| < R\}$로 놓자. 함수 f는 $\Delta_{r,R}$에서 정칙이라고 하자. 그러면 $\{a \in \mathbb{C}_z \,||a| < R\}$에서 정칙인 함수 f_0

와 $\{a \in \mathbb{C}_z \,||a| > r\}$에서 정칙인 함수 f_1가 존재해서 $f = f_1 - f_0$ 꼴로 쓸 수 있음을 보이시오.

문제 6.2 1변수 다항식환 $\mathbb{C}[X]$을 자연스럽게 $\mathbb{C}$-선형공간으로 취급한다.

(1) $V_n := \{f(X) \in \mathbb{C}[X] | f(0) = f'(0) = \cdots = f^{(n)}(0) = 0\}$은 $\mathbb{C}[X]$의 무한차원 선형 부분공간임을 보여라. 그리고 몫선형공간 $\mathbb{C}[X]/V_n$의 차원을 구하여라.

(2) $E := \{f(X) \in \mathbb{C}[X] | f(X) = f(-X)\}$도 $\mathbb{C}[X]$의 무한차원 선형 부분공간임을 보여라. 몫선형공간 $\mathbb{C}[X]/E$는 유한차원인가?

6.1.1 힐베르트 공간론의 준비

정리 6.1의 증명에 필요한 힐베르트 공간론에 관한 기본적인 사항들을 복습해 둔다.

정의 6.5

H를 유한차원이 아닐 수도 있는 $\mathbb{C}$-선형공간이라고 하자. 다음 조건 (1)~(3)을 모두 만족하는 사상 $\langle *, * \rangle : H \times H \to \mathbb{C}; (u, v) \mapsto \langle u, v \rangle$을 H의 **에르미트 내적**(Hermitian inner product)이라고 부른다.

(1) 준이중 선형성: 임의의 $u_i, v_j \in H$, $a_i, b_j \in \mathbb{C} (1 \le i \le n, 1 \le j \le m)$에 대해서

$$\left\langle \sum_{i=1}^{n} a_i u_i, \sum_{j=1}^{m} b_j v_j \right\rangle = \sum_{1 \le i \le n, 1 \le j \le m} a_i \overline{b_j} \langle u_i, v_j \rangle$$

이 성립한다. 여기서 $\overline{a}$는 복소수 a의 켤레복소수를 나타낸다.

(2) 준대칭성: 임의의 $u, v \in H$에 대해서 $\langle u, v \rangle = \overline{\langle u, v \rangle}$이 성립한다. 특히 $\langle u, u \rangle$은 실수이다.

(3) 양성(positivity): 임의의 $u \in H$에 대해서 $\langle u, u \rangle \ge 0$이다. 게다가 $\langle u, u \rangle = 0$를 만족하는 u는 0밖에 없다.

$\mathbb{C}$-선형공간과 여기서 정의된 에르미트 내적으로 이루어진 쌍 $H = (H, \langle *, * \rangle)$을 **에르미트 공간**이라고 부른다.

H를 에르미트 공간이라고 하자. 등식 $\langle u, v\rangle = 0$을 만족하는 H의 원소 u, v를 서로 직교한다고 말한다. H의 원소 u에 대해서 $\|u\| := \sqrt{\langle u, u\rangle}$로 정의한다. $\|u\|$는 0이상의 실수이다. $\|u\|$를 u의 크기 또는 노름(norm)이라고 부른다. $\| * \|$은 거리의 공리, 즉 다음 성질들을 만족한다.

(1) 준양성 (nonnegativity): 임의의 $u, v \in H$에 대해서 $\|u - v\| \geq 0$. 여기서 등호는 $u = v$인 경우에만 성립한다.

(2) 대칭성: 임의의 $u, v \in H$에 대해서 $\|u - v\| = \|v - u\|$.

(3) 삼각부등식: 임의의 $u, v, w \in H$에 대해서 $\|u - v\| + \|v - w\| \geq \|u - w\|$.

이렇게 해서 에르미트 공간 H는 $\|u-v\|$을 두 점 u, v 사이의 거리로 갖는 거리공간이 된다. $u \in H$와 $\epsilon > 0$에 대해서 $B_\epsilon(u) := \{x \in H | \|x - u\| < \epsilon\}$로 정의하고 $B_\epsilon(u)$를 u의 ϵ근방이라고 부른다. H에는 거리공간으로서의 위상이 도입되는데 이 위상의 열린 집합 U는 공집합이거나 임의의 $u \in U$에 대해서 $B_\epsilon(u) \subset U$를 만족시키는 $\epsilon = \epsilon(u, U) > 0$가 존재하는 집합이다. 아래에서는 특별한 언급이 없는 한, 에르미트 공간은 위에서 도입된 위상을 갖는 위상공간으로 취급한다.

정의-주의 6.6

$(H, \langle *, * \rangle)$을 에르미트 공간이라고 하자. $\| * \|$이 이 공간의 노름이라고 하자.

(1) $\{u_n\}_{n\geq 0}$를 H의 수열이라고 하자. $\lim_{n\to\infty} \|u_n - u\| = 0$가 되는 H의 원소 u가 존재할 경우 수열 $\{u_n\}_{n\geq 0}$은 u에 노름 수렴한다고 말한다. 또 위와 같은 u를 수열 $\{u_n\}_{n\geq 0}$의 극한이라고 부른다. H는 거리공간이므로 주어진 수열 $\{u_n\}_{n\geq 0}$에 대해서 극한이 존재할 경우 기껏해야 한 개이다.

(2) 임의의 $\epsilon > 0$에 대해서 자연수 $N > 0$이 존재해서 $m, n > N$을 만족하기만 하면 $||u_n - u_m|| < \epsilon$이 되는 조건을 만족하는 H의 수열 $\{u_n\}_{n\geq 0}$을 코시수열이라고 부른다. 수렴하는 수열은 코시수열이다.

정의 6.7

임의의 코시수열이 수렴하는 에르미트 공간을 **완비 에르미트 공간** 또는 **힐베르트**

공간이라고 부른다.

이어지는 다음 두 개의 예제는 정리 6.1의 증명에서 이용된다.

예제 6.8 U를 복소평면 $\mathbb{C}$에서 유계인 영역이라고 하자. z를 $\mathbb{C}$의 표준좌표라고 하자. x, y를 z의 실수부, 허수부라고 하자. 즉, $z = x + y\sqrt{-1}$.

$$L^2(U) := \left\{ f(z) \in \Gamma(U, \mathcal{O}_U) \,\middle|\, \iint_U |f(x + y\sqrt{-1})|^2 dxdy < \infty \right\}$$

로 두자. 즉, $L^2(U)$는 U에서 제곱적분 가능한 U에서 정의된 대역적인 정칙함수 전체로 이루어진 집합이다. (U에서 정칙인 함수는 경계 ∂U에서 발산할 수도 있기 때문에 정의에서 나타나는 적분은 이상적분이라는 사실에 주의하자.) 또 $f, g \in L^2(U)$에 대해서

$$\langle f, g \rangle := \iint_U f(x + y\sqrt{-1})\overline{g(x + y\sqrt{-1})}dxdy, \quad \|f\|_{L^2(U)} := \sqrt{\langle f, f \rangle}$$

로 정의하자. 다음을 증명하시오.

(1) $f, g \in L^2(U)$에 대해서 적분 $\langle f, g \rangle$은 수렴한다. 다시 말해 $\langle f, g \rangle \in \mathbb{C}$.

(2) $L^2(U)$는 함수의 통상적인 덧셈과 스칼라곱에 의해서 $\mathbb{C}$-선형공간이다. 또 $\dim L^2(U) = \infty$이다.

(3) $\langle *, * \rangle$은 $L^2(U)$에서 에르미트 내적이다.

(4) $(L^2(U), \langle *, * \rangle)$은 힐베르트 공간이다.

풀이

(1)의 풀이 임의의 $z \in \mathbb{C}$에 대해서

$$|f(z)\overline{g(z)}| = |\overline{f(z)}g(z)| = |f(z)||g(z)| \le (|f(z)|^2 + |g(z)|^2)/2$$

이다. 따라서 $f, g \in L^2(U)$일 경우 $\iint_U |f\overline{g}|dxdy$은 수렴한다. 이상적분은 절대수렴하면 수렴한다. 그래서 $\langle f, g \rangle = \iint_U f\overline{g}dxdy$도 수렴한다.

(2)의 풀이 $f, g \in L^2(U)$라고 하자. $f + g \in L^2(U), cf \in L^2(U)$ $(c \in \mathbb{C})$를 보이면 된다. $f + g$는 정칙이다. 또 등식 $|f + g|^2 = |f|^2 + |g|^2 + f\overline{g} + \overline{f}g$와 (1)에서 한 계산으로부터 $\iint_U |f + g|^2 dxdy$은 수렴한다. 따라서 $f + g \in L^2(U)$이다. $cf \in L^2(U)$인 것은 자명하다. U는 유계이므로 $\iint_U |z^n|^2 dxdy$ (n은 0이상의 정수)는 모두 수렴한다. 그러므로 $z^n \in L^2(U)$이다. z^n들은 1차독립이므로 $\dim L^2(U) = \infty$이다.

(3)의 풀이 (1)에 의해서 $f, g \in L^2(U)$일 경우 $\langle f, g\rangle \in \mathbb{C}$이다. $\langle *, *\rangle$의 준이중선형성, 준대칭성은 자명하다. $f \in L^2(U)$라고 하자. $\langle f, f\rangle = \iint_U |f|^2 dxdy \geq 0$이다. 정칙함수는 연속이므로 이 적분값이 0이 된다는 것은 f가 항등적으로 0이라는 것을 의미한다. 따라서 $\langle *, *\rangle$은 $L^2(U)$에서 에르미트 내적을 정의한다.

(4)의 풀이 일단 다음 사실에 주의한다.

주장 6.9 K를 U에 포함되는 $\mathbb{C}$의 콤팩트 부분집합이라고 하자. $2M := \min\{|u - k| \mid u \in \partial U, k \in K\}$라고 하자. ($U$는 유계인 열린 집합이므로 경계 $\partial U = \overline{U} - U$는 콤팩트 집합이다. 따라서 최솟값 $2M$이 존재해서 $2M > 0$을 만족한다.) 그러면 임의의 $f \in L^2(U)$과 임의의 $k \in K$에 대해서 부등식

$$|f(k)| \leq \frac{\|f\|_{L^2(U)}}{\sqrt{\pi}M}, \quad \text{다시 말해서} \quad \sup_{k\in K} |f(k)| \leq \frac{\|f\|_{L^2(U)}}{\sqrt{\pi}M}$$

가 성립한다. 이 부등식으로부터 함수의 수열 $\{f_n\}_{n\geq 1} \subset L^2(U)$가 $f \in L^2(U)$에 노름 수렴할 경우 $\{f_n\}_{n\geq 1}$은 U에서 f로 점마다 수렴한다는 사실을 확인할 수 있다.

주장의 증명 B를 중심이 k이며 반경이 M인 열린 원판이라고 하자. M의 정의에 의해서 $B \subset \overline{B} \subset U$이다. 여기서 $\overline{B}$는 B의 $\mathbb{C}$안에서 폐포를 나타낸다. $f(z)$는 B에서 정칙이므로 B에서 테일러 급수로 전개할 수 있다. 즉, $f(z)$는 B에서

$$f(z) = f(k) + \sum_{n\geq 1} a_n(z-k)^n \tag{6.2}$$

와 같이 급수로 표현할 수 있다. 극좌표변환 $x = x(k) + r\cos\theta$, $y = y(k) + r\sin\theta$를 써서 계산하면 $n \neq m$일 경우

$$\iint_B (z-k)^n \overline{(z-k)^m} dxdy = 0$$

인 것과

$$\iint_B (z-k)^n \overline{(z-k)^n} dxdy = \frac{\pi M^{2(n+1)}}{n+1} > 0$$

인 것을 확인할 수 있다. 따라서 (6.2)를 이용해서 등식

$$\iint_B |f(z)|^2 dxdy = \iint_B f(z)\overline{f(z)} dxdy$$

$$= |f(k)|^2\pi M^2 + \sum_{n\geq 1} |a_n|^2 \frac{\pi M^{2(n+1)}}{n+1} \tag{6.3}$$

을 얻을 수 있다. 여기서 두 번째 항의 합은 음이 아니다. 또 $B \subset U$이기 때문에 부등식

$$\begin{aligned} |f(k)|^2\pi M^2 &\leq \iint_B |f(z)|^2 dxdy \\ &\leq \iint_U |f(z)|^2 dxdy = (\|f\|_{L^2(U)})^2 \end{aligned}$$

이 성립한다. 양변을 양의 상수 πM^2로 나누고 제곱근을 취함으로써 원하는 부등식을 얻을 수 있다. □

(4)의 풀이로 돌아간다. 아래의 증명은 야마모토 슈지(山本修司)씨로부터 배운 것이다. $\{f_n\}_{n\geq 0}$을 $(L^2(U), \langle *, * \rangle)$의 코시수열이라고 하자. U에 포함되는 $\mathbb{C}$의 콤팩트 부분집합 K를 고정한다. 위의 주장에 의해서 양의 상수 $C := C(K)$가 존재해서 임의의 n, m과 임의의 $k \in K$에 대해서

$$|f_n(k) - f_m(k)| \leq C\|f_n - f_m\|_{L^2(U)} \tag{6.4}$$

를 만족한다. $\{f_n\}_{n\geq 0}$은 $(L^2(U), \langle *, * \rangle)$의 코시수열이므로 주어진 $\epsilon > 0$에 대해서 양의 정수 N을 적당히 취하면 $n, m > N$을 만족하는 임의의 정수 n, m에 대해서

$$C\|f_n - f_m\|_{L^2(U)} < \epsilon \tag{6.5}$$

이 성립한다. (6.4), (6.5)에 의해서 $n, m > N$일 경우 K의 임의의 점 k에 대해서 $|f_n(k) - f_m(k)| < \epsilon$이다. 이 부등식은 함수의 수열 $\{f_n(z)\}$이 U에서 콤팩트 고른 수렴한다는 것을 의미한다. $\{f_n(z)\}$가 U에서 함수 f로 콤팩트 고른 수렴한다고 하자. 정칙함수로 이루어진 수열의 콤팩트 고른 수렴의 극한도 역시 정칙이기 때문에 f는 U에서 정칙함수이다. $\sup_K$은 $K \subset U$를 만족하는 콤팩트 집합 K의 전체에 대한 상한을 나타낸다고 하자. 이상적분의 정의와 수렴의 고른 성질에 의해서

$$\begin{aligned} \iint_U |f - f_n|^2 dxdy &= \sup_K \iint_K |f - f_n|^2 dxdy \\ &= \sup_K \limsup_{m\to\infty} \iint_K |f_n - f_m|^2 dxdy \\ &\leq \sup_K \limsup_{m\to\infty} \iint_U |f_n - f_m|^2 dxdy \\ &= \limsup_{m\to\infty} \|f_n - f_m\|^2_{L^2(U)} \xrightarrow{n\to\infty} 0 \end{aligned}$$

이다. 마지막 극한은 $\{f_n\}_{n\geq 0}$가 코시수열이기 때문이다. 이 부등식으로부터 특히 $f_n - f \in L^2(U)$이다. 따라서 $f \in L^2(U)$이다. 또 마지막 극한은 $\{f_n\}_{n\geq 0}$이 f에 노름 수렴한다는 것을 뜻한다. 이렇게 해서 코시수열의 수렴성을 확인할 수 있으며 $(L^2(U), \langle *, * \rangle)$은 힐베르트 공간이다. □

문제 6.3 $\Delta \subset \mathbb{C}$를 원점을 중심으로 갖는 열린 단위 원판이라고 하자. $f(z) = 1/(1-z)$, $f_n(z) = 1 + z + z^2 + \cdots + z^n$ (n은 0이상의 정수)라고 하자.

(1) $f(z) \in \Gamma(\Delta, \mathcal{O}_\Delta)$이지만 $f(z) \notin L^2(\Delta)$임을 보여라.

(2) $f_n(z)$는 Δ에서 $f(z)$로 콤팩트 고른 수렴하는 것을 보여라.

(3) $\{f_n(z)\}$은 $(L^2(U), \langle *, * \rangle)$의 코시수열인가?

이 결과와 주장 6.9 (4)의 주장으로부터 함수 수열의 노름 수렴은 모든 콤팩트 부분집합에서 고른 수렴하는 콤팩트 수렴보다 훨씬 강력한 수렴이라는 것을 알 수 있다.

예제 6.10 **(슈바르츠 도움정리)** U, V를 $\overline{V} \subset U$를 만족하는 $\mathbb{C}$의 유계영역이라고 하자. (여기서 $\overline{V}$는 V의 폐포이다.) 그러면 임의로 주어진 양의 실수 ϵ에 대해서 다음 조건 (1),(2)를 동시에 만족시키는 $L^2(U)$의 닫힌 부분공간 L이 존재함을 보여라. 여기서 닫힌 부분공간이란 선형 부분공간이면서 동시에 닫힌 부분집합이기도 한 부분집합을 일컫는다.

(1) L은 여차원이 유한이다. 다시 말해 몫선형공간 $L^2(U)/L$은 유한차원이다.

(2) 임의의 $f \in L$에 대해서 $\|f\|_{L^2(V)} \leq \epsilon \|f\|_{L^2(U)}$. 여기서 $\|f\|_{L^2(V)}$는 f의 정의역을 V로 제한해서 $L^2(V)$의 원소로 취급했을 때의 노름이다.

풀이 $\Delta(P, r)$은 P를 중심으로 갖는 반경 r인 열린 원판이라고 하자. $\overline{V}$는 $\overline{V} \subset U$를 만족하는 콤팩트 집합이므로 양의 수 r과 V의 유한개의 점 $P_1, \cdots, P_m$을 적당히 선택해서 $V \subset \cup_{i=1}^m \Delta(P_i, r/2)$이면서 각 i $(1 \leq i \leq m)$에 대해서 $\Delta(P_i, r) \subset U$를 만족시키도록 할 수 있다.

주장 6.11 양의 정수 N에 대해서 $L_N := \{f \in L^2(U) | \mathrm{ord}_{P_i}(f) \geq N \ \forall i\}$로 두자. 그러면 L_N은 $L^2(U)$의 여차원이 유한인 닫힌 부분공간이다.

주장의 증명 f를 P_i에서 테일러 급수로 전개한 $f_i = \sum_{n\ge 0} a_n(z-P_i)^n$를 살펴보면 $L_N = \mathrm{Ker}(L^2(U) \to \oplus_{i=1}^{n}\mathbb{C}\{z-P_i\}/(z-P_i)^N; f \mapsto (f_i \bmod((z-P_i)^N))_{i=1}^{m})$인 것을 알 수 있다. $\mathbb{C}$-선형공간으로서 $\oplus_{i=1}^{m}\mathbb{C}\{z-P_i\}/(z-P_i)^N \cong \mathbb{C}^{(N+1)m}$이다. 따라서 L_N은 $L^2(U)$의 여차원이 기껏해야 $(N+1)m$인 선형부분 공간이다. $\{f_n\}_{n\ge 0}$을 L_N의 원소로 이루어진 수열이라고 하자. 그리고 $L^2(U)$ 안에서 노름 수렴하는 것을 $\lim_{n\to\infty} f_n = f$, $f \in L^2(U)$로 표현하자. 그러면 주장 6.9에 의해서 $\lim_{n\to\infty} f_n = f$를 U에서 정의된 정칙함수에 대한 콤팩트 수렴으로도 이해할 수 있다. 그러면 U의 점 P와 음이 아닌 정수 k에 대해서 $f_n^{(k)}(P) = 0$ $(n \ge 0)$일 경우 $f^{(k)}(P) = 0$이다. 따라서 $f \in L_N$이며 L_N은 닫힌 부분집합이기도 하다. □

아래에서는 L_N이 예제 6.10 (2)의 조건을 만족하도록 주장 6.11에서와 같이 N을 고를 수 있다는 사실을 증명하도록 한다. $f \in L_N$, $\rho \le r$이라고 하자. $\Delta(P_i,\rho) \subset U$이기 때문에 f는 $\Delta(P_i,\rho)$에서 테일러 급수로 전개가 가능하다. $f \in L_N$이므로 $f(z) = \sum_{n\ge N} a_n(z-P_i)^n$와 같이 전개된다. 이때 예제 6.8 (4) 및 주장 6.9의 계산으로부터

$$\|f\|^2_{L^2(\Delta(P_i,\rho))} = \sum_{n\ge N} \frac{\pi\rho^{2n+2}|a_n|^2}{n+1}$$

인 것을 알 수 있다. 이 부등식에서 $\rho = r/2$인 경우에 $\Delta(P_i,r) \subset U$인 사실을 이용해서 부등식 $\|f\|_{L^2(P_i,r/2)} \le 2^{-(N+1)}\|f\|_{\Delta(P_i,r)} \le 2^{-(N+1)}\|f\|_{L^2(U)}$를 얻는다. 한편, $V \subset \cup_{i=1}^{m}\Delta(P_i,r/2)$이므로 부등식 $\|f\|_{L^2(V)} \le \sum_{i=1}^{m}\|f\|_{L^2(\Delta(P_i,r/2))}$이 성립한다. 이 두 개의 부등식으로부터 부등식 $\|f\|_{L^2(V)} \le 2^{-(N+1)}m\|f\|_{L^2(U)}$를 얻는다. 따라서 N을 $2^{-(N+1)}m \le \epsilon$을 만족하는 정수로 취함으로써 (2)의 조건도 만족하는 것을 알 수 있다. □

다음은 정리 6.1을 증명하기 위해서 필요한 힐베르트 공간과 관련된 기초적인 사실들을 명제의 형태로 정리해 둔다. 모두 3학년 함수해석학 과목에서 배우는 기본적인 것들이다.

명제 6.12

(1) 유한개의 힐베르트 공간 $(H_i, \langle *,* \rangle_i)$ $(1 \le i \le n)$의 직합 $(\oplus_{i=1}^{n}H_i, \sum_{i=1}^{n}\langle *,* \rangle_i)$은 다시 힐베르트 공간이 된다. 또 정의하는 방식에 의해서 $\oplus_{i=1}^{n}H_i$의 원소 $u = \sum_{i=1}^{n} u_i$ $(u_i \in H_i)$의 노름은 $\sqrt{\sum_{i=1}^{n}\|u_i\|_i^2}$이다.

(2) 힐베르트 공간 $(H, \langle *, * \rangle)$의 닫힌 부분공간 L은 H의 에르미트 내적의 자연스러운 제한을 에르미트 내적으로 갖는 힐베르트 공간이 된다.

(3) 힐베르트 공간 $(H, \langle *, * \rangle)$의 닫힌 부분공간 L에 대한 직교공간

$$L^{\perp} := \{v \in H \mid \langle u, v \rangle = 0 \,\forall u \in L\}$$

도 H의 닫힌 부분공간이다. 또 H는 L과 $L^{\perp}$의 직합이 된다. $H = L \oplus L^{\perp}$.

(4) **바나흐의 열린 사상 정리:** 힐베르트 공간 H로부터 힐베르트 공간 K으로 가는 연속이면서 전사인 선형사상 $f : H \to K$는 열린 사상이다. □

바나흐의 열린 사상 정리는 다음과 같은 형태로 쓰인다.

따름정리 6.13 $f : H \to K$를 힐베르트 공간 H로부터 힐베르트 공간 K로 가는 연속이면서 전사인 선형사상이라고 하자. 그러면 다음 조건을 만족하는 양의 실수 $C > 0$가 존재한다.

$$\forall y \in K \;\exists x \in f^{-1}(y) \;\; \text{s.t} \;\; \|x\|_H \leq C\|y\|_K.$$

증명 $U := \{u \in H \mid \|u\|_H < 1\}$로 두자. U는 H의 열린 집합이다. 바나흐의 정리에 의해서 이 경우 $f(U)$는 K의 열린집합이다. 또 f는 선형사상이므로 $0 = f(0) \in f(U)$이다. 따라서 양의 실수 ϵ을 $V := \{v \in K \mid \|v\|_K < \epsilon\| \subset f(U)$를 만족하도록 취할 수 있다. $C := 2/\epsilon > 0$로 두자. 이 C가 원하는 조건을 만족하는 것을 확인하면 된다. K의 점 y를 임의로 고르자. $y = 0$일 경우 $x = 0$로 잡으면 된다. 아래에서는 $y \neq 0$라고 가정한다. $D := \|y\|_K$로 두면 $D > 0$이다. $y' := \frac{y}{DC}$로 정의하면

$$\|y'\|_K = \|\frac{y}{DC}\|_K = \frac{D}{DC} = \frac{1}{C} = \frac{\epsilon}{2} < \epsilon$$

이 성립한다. 따라서 $y' \in V$이다. $V \subset f(U)$이므로 $f(x') = y'$가 되는 $x' \in U$가 존재한다. $x := DCx'$로 두면 $f(x) = f(DCx') = DCy' = y$이다. 그러므로 $x \in f^{-1}(y)$이다. 또 $\|x'\|_H < 1$이므로 이 x는

$$\|x\|_H = \|DCx'\|_H = DC\|x'\|_H < DC = C\|y\|_K$$

를 만족한다. 이렇게 증명이 된다. □

6.1.2 종수의 유한성 증명

도움정리 6.14 다음 (1)~(3)의 조건을 모두 만족하는 4개가 한 조인 X의 좌표근방계

$$\mathcal{U}_0 := (z_{0i} : U_{0i} \to \Delta_{0i})_{i=1}^{n_0},\ \mathcal{U}_1 := (z_{1i} : U_{1i} \to \Delta_{1i})_{i=1}^{n_0}$$
$$\mathcal{U}_2 := (z_{2i} : U_{2i} \to \Delta_{2i})_{i=1}^{n_0},\ \mathcal{U}_3 := (z_{3i} : U_{3i} \to \Delta_{3i})_{i=1}^{n_0}$$

가 존재한다.

(1) Δ_{ai}는 모두 $\mathbb{C}$의 열린 원판이다.

(2) 각 $a(0 \leq a \leq 3)$에 대해서 $X = \cup_{i=1}^{n_0} U_{ai}$이다.

(3) 모든 a, i에 대해서 $\overline{U_{(a+1)i}} \subset U_{ai}$이면서 $z_{(a+1)i} = z_{ai}|U_{(a+1)i}$가 성립한다. 특히 $\mathcal{U}_{(a+1)}$는 $\mathcal{U}_a$의 세분이다. 단 $\overline{*}$는 $*$의 X 안에서의 폐포를 나타낸다.

증명 X는 콤팩트이므로 Δ_k가 모두 $\mathbb{C}$의 열린 원판인 유한개의 좌표근방계로 이루어진 X의 열린 덮개 $\mathcal{U} := (w_k : U_k \to \Delta_k)_{k=1}^{N}$을 고를 수가 있다. X의 각 점 P에 대해서 $P \in U_k$가 되는 k를 한 개씩 고른다. 또 $w_k(P)$를 포함하는 4개의 열린 원판 $\Delta_{aP}(a = 0, 1, 2, 3)$을 $\overline{\Delta_{3P}} \subset \Delta_{2P}$, $\overline{\Delta_{2P}} \subset \Delta_{1P}$, $\overline{\Delta_{1P}} \subset \Delta_{0P} \subset \Delta_k$가 되도록 고른다. $U_{aP} = w_k^{-1}(\Delta_{aP})$, $z_{aP} = w_k|U_{aP}$로 두자. 이렇게 해서 얻어지는 네 짝의 국소 좌표근방계 $(z_{aP} : U_{aP} \to \Delta_{aP})_{P \in X}$ $(a = 0, 1, 2, 3)$는 도움정리의 조건 (1)~(3)을 모두 만족한다. 한편 X는 콤팩트이고 $X = \cup_{P \in X} U_{3P}$이므로 유한개의 점 $P_i(i = 1, 2, \cdots, n_0)$가 존재해서 $X = \cup_{i=1}^{n_0} U_{3P_i}$가 된다. 따라서 네 개의 국소 좌표근방계 $\mathcal{U}_a = (z_{aP_i} : U_{aP_i} \to \Delta_{aP_i})_{i=1}^{n_0}$ $(a = 0, 1, 2, 3)$은 도움정리 6.14에서 필요한 모든 조건을 만족한다. □

이 절의 마지막까지 도움정리 6.14의 $\mathcal{U}_a(a = 0, 1, 2, 3)$을 고정하고 생각한다.

따름정리 6.15 다음 자연스러운 사상은 모두 동형사상이다.

$$\tau_1^3 := \tau_{\mathcal{U}_1}^{\mathcal{U}_3} : H^1(\mathcal{U}_1, \mathcal{O}_X) \to H^1(\mathcal{U}_3, \mathcal{O}_X);$$
$$\tau_3 := \tau_{\mathcal{U}_3} : H^1(\mathcal{U}_3, \mathcal{O}_X) \to H^1(X, \mathcal{O}_X).$$

증명 Δ_{ai}는 열린 원판이므로 따름정리 5.53로부터 $H^1(U_{ai}, \mathcal{O}_{ai}) \cong H^1(\Delta_{ai}, \mathcal{O}_{\Delta_{ai}}) = 0$이다. 특히 $\mathcal{U}_a$는 $(X, \mathcal{O}_X)$의 르레이 덮개이며 도움정리 5.42에 의해서 $\tau_a : H^1(\mathcal{U}_a, \mathcal{O}_X) \to$

$H^1(X, \mathcal{O}_X)$는 동형사상이다. $\mathcal{U}_3$은 $\mathcal{U}_1$의 세분이기 때문에 $\tau_1 = \tau_3 \circ \tau_1^3$이다. 따라서 τ_1^3도 동형사상이다. $\square$

이 따름정리에 의해서 $\mathrm{Im}(\tau_1^3 : H^1(\mathcal{U}_1, \mathcal{O}_X) \to H^1(\mathcal{U}_3, \mathcal{O}_X)) = H^1(\mathcal{U}_3, \mathcal{O}_X) \cong H^1(X, \mathcal{O}_X)$이다. 그러므로 $\mathrm{Im}\tau_1^3$가 유한차원인 것을 알면 $\mathrm{Im}\tau_1^3$과 동형인 $H^1(X, \mathcal{O}_X)$도 유한차원이다. 이제 $\mathrm{Im}\tau_1^3$가 유한차원인 사실을 증명하기로 한다. 이 증명을 위해서 필요한 도구가 앞 절에서 준비한 힐베르트공간에 대한 이론이다.

아래에서는 $I = \{1, 2, \cdots, n_0\}$로 고정한다. $(i, j) \in I^2$에 대해서 $U_{aij} = U_{ai} \cap U_{aj} \subset U_{aj}, \Delta_{aij} = \Delta_{ai} \cap \Delta_{aj} \subset \Delta_{aj}$와 같이 쓰기로 한다. 그리고 z_{aj}로 U_{aj}, Δ_{aj}를 각각 U_{aij}, Δ_{aij}와 동일시한다. 마찬가지로 U_{aji}와 Δ_{aji}는 z_{ai}로 동일시된다. 이렇게 동일시함으로써 다음을 얻을 수 있다.

$$C^0(\mathcal{U}_a, \mathcal{O}_X) = \oplus_{i \in I} \Gamma(U_{ai}, \mathcal{O}_{U_{ai}}) = \oplus_{i \in I} \Gamma(\Delta_{ai}, \mathcal{O}_{\Delta_{ai}}), \tag{6.6}$$

$$C^1(\mathcal{U}_a, \mathcal{O}_X) = \oplus_{(i,j) \in I^2} \Gamma(U_{aij}, \mathcal{O}_{U_{aij}}) = \oplus_{(i,j) \in I^2} \Gamma(\Delta_{aij}, \mathcal{O}_{\Delta_{aij}}). \tag{6.7}$$

정의-주의 6.16

(6.6), (6.7)에서와 같은 동일시하에서 힐베르트 공간

$$\oplus_{i \in I} L^2(\Delta_{ai}) \ (\subset \oplus_{i \in I} \Gamma(\Delta_{ai}, \mathcal{O}_{\Delta_{ai}}))$$
$$\oplus_{(i,j) \in I^2} L^2(\Delta_{aij}) \ (\subset \oplus_{i,j=1}^{n} \Gamma(\Delta_{aij}, \mathcal{O}_{\Delta_{aij}}))$$

에 대응되는 $C^0(\mathcal{U}_{a, \mathcal{O}_X}), C^1(\mathcal{U}_a, \mathcal{O}_X)$의 부분공간을 각각 $C^0_{L^2}(\mathcal{U}_a), C^1_{L^2}(\mathcal{U}_a)$로 표시한다. 즉, $C^0_{L^2}(\mathcal{U}_a), C^1_{L^2}(\mathcal{U}_a)$는 각각 제곱 적분 가능한 0공사슬 전체, 제곱적분 가능한 1공사슬 전체가 이루는 힐베르트 공간이다. $Z^1_{L^2}(\mathcal{U}_a) := Z^1(\mathcal{U}_a, \mathcal{O}_X) \cap C^1_{L^2}(\mathcal{U}_a) \ (\subset C^1(\mathcal{U}_a, \mathcal{O}_X))$로 정의하자. $Z^1_{L^2}(\mathcal{U}_a)$은 제곱적분 가능한 1공사슬 전체로 이루어진 집합이다.

(6.6), (6.7)에서 한 것과 같은 동일시하에서

$$C^0_{L^2}(\mathcal{U}_a) = \oplus_{i \in I} L^2(\Delta_{ai}), \quad C^1_{L^2}(\mathcal{U}_a) = \oplus_{(i,j) \in I^2} L^2(\Delta_{aij})$$

이다. 또 직합의 정의로부터 $\alpha = (a_i) \in C^0_{L^2}(\mathcal{U}_a), \beta = (b_{ij}) \in C^1_{L^2}(\mathcal{U}_a)$의 노름은

각각

$$\|\alpha\|^2_{L^2(\mathcal{U}_a)} = \sum_{i=1}^{n_0} \|a_i\|^2_{L^2(\Delta_{ai})}, \quad \|\beta\|^2_{L^2(\mathcal{U}_a)} = \sum_{i,j=1}^{n_0} \|b_{ij}\|^2_{L^2(\Delta_{aij})}$$

로 주어진다.

주의 6.17 $\beta = (b_{ij}) \in Z^1(\mathcal{U}_1, \mathcal{O}_X)$은 반드시 $Z^1_{L^2}(\mathcal{U}_1, \mathcal{O}_X)$의 원소일 필요는 없다. 경계에서 취하는 값에 따라서 이상적분 $\iint_{\Delta_{1ij}} |b_{ij}|^2 dxdy$이 발산해 버릴 수도 있기 때문이다. 하지만 $\mathcal{U}_2$가 $\mathcal{U}_1$의 세분이라는 사실을 이용해서 자연스럽게 $\beta = (b_{ij}) \in Z^1(\mathcal{U}_2, \mathcal{O}_X)$로 간주하면 $\beta = (b_{ij}) \in Z^1_{L^2}(\mathcal{U}_2, \mathcal{O}_X)$이다. 실제로 $\overline{\Delta_{2ij}} \subset \Delta_{1ij}$이며 b_{ij}는 Δ_{1ij}에서 정칙이므로 b_{ij}는 $\overline{\Delta_{2ij}}$에서 유계가 되고 이상적분 $\iint_{\Delta_{2ij}} |b_{ij}|^2 dxdy$는 수렴하기 때문이다. 이것이 바로 도움정리 6.14에서 세분을 정성들여 취해야 했던 이유이다.

도움정리 6.18 $Z^1_{L^2}(\mathcal{U}_a)$는 $C^1_{L^2}(\mathcal{U}_a)$의 닫힌 부분공간, 특히 힐베르트 공간이다. 또 임의로 주어진 양의 실수 $\epsilon > 0$에 대해서 다음 성질을 만족하는 $Z^1_{L^2}(\mathcal{U}_1)$의 여차원이 유한인 닫힌 부분공간 L이 존재한다. 임의의 $\beta \in L$에 대해서 $\|\beta\|_{L^2(\mathcal{U}_2)} \le \epsilon \|\beta\|_{L^2(\mathcal{U}_1)}$.

증명 $Z^1_{L^2}(\mathcal{U}_a)$의 원소로 이루어진 수열 $\beta_n = (b^n_{ij})$중에서 $C^1_{L^2}(\mathcal{U}_a)$의 원소 $\beta = (b_{ij})$에 노름 수렴하는 것을 고정하자. $\beta_n \in Z^1(\mathcal{U}_a, \mathcal{O}_X)$이므로 임의의 i, j, k에 대해서 $b^n_{ij} + b^n_{jk} = b^n_{ik}$이다. $n \to \infty$을 취하면 함수의 수열 $\{b^n_{ij}\}_{n \ge 1}$은 함수 b_{ij}에 점마다 수렴한다. 따라서 $\{b_{ij}\}_{i,j}$는 임의의 I, j, k에 대해서 $b_{ij} + b_{jk} = b_{ik}$를 만족한다. 따라서 $\beta \in Z^1(\mathcal{U}_a, \mathcal{O}_X)$이다. 이상으로부터 $\beta \in Z^1_{L^2}(\mathcal{U}_a)$이다. 따라서 $Z^1_{L^2}(\mathcal{U}_a)$는 $C^1_{L^2}(\mathcal{U}_a)$의 닫힌 부분집합이다. 또 $Z^1_{L^2}(\mathcal{U}_a)$가 $C^1_{L^2}(\mathcal{U}_a)$의 선형부분 공간인 것은 자명하다. 후반부를 보이도록 하자. 슈바르츠의 도움정리를 $\overline{\Delta_{2ij}} \subset \Delta_{1ij}$와 ϵ / n_0^2 $(n_0 = |I|)$에 적용해서 얻어지는 공간 $L_{ij} \subset L^2(\Delta_{1ij})$의 유한 직합 $\oplus_{(i,j) \in I^2} L_{ij}$를 생각해 보자. 이 $\oplus_{(i,j) \in I^2} L_{ij}$는 임의의 $\beta \in \oplus_{(i,j) \in I^2} L_{ij}$에 대해서 $\|\beta\|_{L^2(\mathcal{U}_2)} \le \epsilon \|\beta\|_{L^2(\mathcal{U}_1)}$를 만족하는 $C^1_{L^2}(\mathcal{U}_1)$의 여차원이 유한인 닫힌 부분공간이다. 따라서 $L = (\oplus_{(i,j) \in I^2} L_{ij}) \cap Z^1_{L^2}(\mathcal{U}_1)$로 두면 이 L은 도움정리의 조건을 모두 만족한다. □

도움정리 6.19 다음 조건을 만족하는 양의 실수 $C > 0$가 존재한다.

(조건) $Z^1_{L^2}(\mathcal{U}_2)$의 임의의 원소 β에 대해서 다음 (1),(2)를 동시에 만족하는 원소 $\alpha \in Z^1_{L^2}(\mathcal{U}_1), \gamma \in C^0_{L^2}(\mathcal{U}_3)$가 존재한다.

(1) $Z^1_{L^2}(\mathcal{U}_3)$의 원소로서 $\alpha = \beta + \partial^0(\gamma)$가 성립한다. ($\partial^0$은 공경계 작용소.)

(2) $\|\alpha\|_{L^2(\mathcal{U}_1)} \leq C\|\beta\|_{L^2(\mathcal{U}_2)}, \|\gamma\|_{L^2(\mathcal{U}_3)} \leq C\|\beta\|_{L^2(\mathcal{U}_2)}$가 성립한다.

증명 $H := Z^1_{L^2}(\mathcal{U}_1) \oplus Z^1_{L^2(\mathcal{U}_2)} \oplus C^0_{L^2(\mathcal{U}_3)}$으로 두자. 명제 6.12 (1)에 의해서 H는 힐베르트 공간이다. H의 닫힌 부분공간 $L := \{(\alpha, \beta, \gamma) \in H | \alpha = \beta + \partial^0(\gamma)\}$를 생각해 보자. 여기서 L의 정의에서 나오는 등식은 $Z^1_{L^2}(\mathcal{U}_3)$에서 만족하는 등식이다. 도움정리 6.18의 증명과 마찬가지로 조건 $\alpha = \beta + \partial^0(\gamma)$는 H 안에서 선형이며 닫힌 조건이다. 이렇게 해서 L은 명백히 H의 닫힌 부분공간이다. 두 번째 사영 $\mathrm{pr}_2 : H \to Z^1_{L^2}(\mathcal{U}_2)$를 L에 제한하는 사상 $\pi := \mathrm{pr}_2|L : L \to Z^1_{L^2}(\mathcal{U}_2)$를 생각해 보자. pr_2는 선형사상이므로 π도 연속인 선형사상이다.

주장 6.20 π는 전사이다.

주장의 증명 $b = (b_{ij}) \in Z^1_{L^2}(\mathcal{U}_2)$라고 하자. b_{ij}를 C^∞급 함수로 간주함으로써 $(b_{ij}) \in Z^1(\mathcal{U}_2, \mathcal{A}^0_X)$으로 볼 수 있다. 도움정리 5.51에 의해서 $H^1(\mathcal{U}_2, \mathcal{A}^0_X) = 0$이다. 따라서 0공사슬 $\gamma = (\gamma_i) \in C^0(\mathcal{U}_2, \mathcal{A}^0_X)$이고 각 $\Delta_{2i} \cap \Delta_{2j}$에서 $\overline{\partial}\gamma_i = \overline{\partial}\gamma_j$가 된다. 그러므로 $\overline{\partial}\gamma_i \in \Gamma(U_{2i}, \mathcal{A}^{01}_X)$들은 잘 포개져서 $\Gamma(X, \mathcal{A}^{01}_X)$의 원소 η를 정의한다. η를 정의한 방식에 의해서 $\eta|U_{2i} = \overline{\partial}\gamma_i$이다. 특히 $\overline{\partial}\eta = 0$이다. 또 돌보의 도움정리 5.52를 $\eta|U_{0i}$에 적용함으로써 $\eta|U_{0i} = \overline{\partial}f_i$를 만족하는 $f_i \in \Gamma(U_{0i}, \mathcal{A}^0_X)$가 존재하는 것을 알 수 있다. 정의한 방식에 의해서 $U_{0ij} = U_{0i} \cap U_{oj}$에서 $\overline{\partial}f_i = \overline{\partial}f_j$를 만족한다. U_{0ij}에서 함수 a_{ij}를 $a_{ij} := f_j - f_i$로 정의한다. 그러면 $\overline{\partial}a_{ij} = \overline{\partial}f_i - \overline{\partial}f_j = 0$이다. 따라서 $a_{ij} \in \Gamma(U_{0ij}, \mathcal{O}_{U_{0ij}})$이다. 게다가 $U_{0i} \cap U_{0j} \cap U_{0k}$에서 $a_{ij} + a_{jk} - a_{ik} = f_j - f_i + f_k - f_j - (f_k - f_i) = 0$을 만족한다. 그러므로 $(a_{ij}) \in Z^1(\mathcal{U}_0, \mathcal{O}_X)$이다. 또 $\overline{U_{1ij}} \subset U_{0ij}$이므로 a_{ij}는 U_{1ij}에서 제곱적분가능하다. $a := (a_{ij}) \in Z^1(\mathcal{U}_0, \mathcal{O}_X)$로 두자. 세분 $\mathcal{U}_1 > \mathcal{U}_0$에 의해서 a를 자연스럽게 $Z^1(\mathcal{U}_1, \mathcal{O}_X)$의 원소로 취급하면 a는 $Z^1_{L^2}(\mathcal{U}_1)$에도 속하게 된다. 구성 방식에 의해서 U_{2ij}에서

$$a_{ij} - b_{ij} = f_j - f_i - (\gamma_j - \gamma_i) = (f_j - \gamma_j) - (f_i - \gamma_i) \tag{6.8}$$

가 된다. 또 $f_i - \gamma_i$는 U_{2ij}에서 정칙이므로 $\overline{U_{3ij}}$에서 제곱적분 가능하다. $c := (f_i - \gamma_i)$로 두자. 그러면 구성에 의해서 c는 $C^0_{L:2}(\mathcal{U}_3)$의 원소이다. 또 (6.8)로부터 $Z^1_{L^2}(\mathcal{U}_3)$의

원소로서 $a = b + \partial^0(c)$와 같이 분해된다. 따라서 $(a, b, c) \in L$이다. $\pi((a, b, c)) = b$이므로 이로 인해 π는 전사이다. □

이렇게 해서 π는 전사이고 연속인 선형사상이다. 따라서 따름정리 6.13에 의해서 양의 실수 $C > 0$를 적당히 고르면 임의의 $\beta \in Z^1_{L^2}(\mathcal{U}_2)$에 대해서 $\|(\alpha, \beta, \gamma)\|_L \leq C\|\beta\|_{L^2(\mathcal{U}_2)}$를 만족하는 L의 원소 $(\alpha, \beta, \gamma) \in L$이 존재하게 된다. L의 노름의 정의로부터

$$\|(\alpha, \beta, \gamma)\|_L = \sqrt{\|\alpha\|^2_{L^2(\mathcal{U}_1)} + \|\beta\|^2_{L^2(\mathcal{U}_2)} + \|\gamma\|^2_{L^2(\mathcal{U}_3)}}$$

가 된다. 따라서 이 C는 원하는 조건을 만족한다. □

도움정리 6.21 다음 조건을 만족하는 $Z^1_{L^2}(\mathcal{U}_1)$의 유한차원 부분공간 S가 존재한다. 임의의 $b \in Z^1(\mathcal{U}_1, \mathcal{O}_X)$에 대해서 $a \in S$와 $c \in C^0(\mathcal{U}_3, \mathcal{O}_X)$를 적당히 선택하면 $Z^1(\mathcal{U}_3, \mathcal{O}_X)$안에서 등식

$$a = b + \partial^0(c) \tag{6.9}$$

가 성립한다.

이 도움정리가 증명되면 (6.9)에 의해서 $\mathrm{Im}\tau^3_1 = \tau^3_1(S)$이다. S는 유한차원이므로 $\mathrm{Im}\tau^3_1$도 유한차원이 되서 정리 6.1이 증명된다.

증명 $C > 0$를 도움정리 6.19에서 얻은 상수라고 하자. $\epsilon := \frac{1}{2C}$로 고정하자. 도움정리 6.18에 의해서 이 ϵ에 대해서 조건 $\forall\beta \in L\ \|\beta\|_{L^2(\mathcal{U}_2)} \leq \epsilon\|\beta\|_{L^2(\mathcal{U}_1)}$를 만족하는 $Z^1_{L^2}(\mathcal{U}_1)$의 여차원이 유한인 닫힌 부분공간 L이 존재한다. S를 L의 $Z^1_{L^2}(\mathcal{U}_1)$ 직교 여공간이라고 하자. 이 경우 $Z^1_{L^2}(\mathcal{U}_1) = L \oplus S$ (직교직합)이다. 또 두 번째 사영 $p_2 : Z^1_{L^2}(\mathcal{U}_1) \to S$는 선형동형사상 $p_2 : Z^1_{L^2}(\mathcal{U}_1)/L \simeq S$를 유도한다. 따라서 S는 유한차원 선형공간이다. 또 $Z^1_{L^2}(\mathcal{U}_1) \subset Z^1(\mathcal{U}_1, \mathcal{O}_X)$이므로 S는 $Z^1(\mathcal{U}_1, \mathcal{O}_X)$의 부분공간이기도 하다. 아래에서는 이 S가 조건 (6.9)를 만족하는 사실을 증명하기로 한다. $\beta \in Z^1(\mathcal{U}_1, \mathcal{O}_X)$라고 하자. 주의 6.17에 의해서 자연스러운 방법으로 $\beta \in Z^1_{L^2}(\mathcal{U}_2)$로 간주할 수 있다. $M := \|\beta\|_{L^2(\mathcal{U}_2)}$로 두자.

주장 6.22 다음 조건 (1)(2)(3)을 모두 만족하는 수열 $\{d_n\}_{n\geq 0} \subset Z^1_{L^2}(\mathcal{U}_1)$, $\{c_n\}_{n\geq 0} \subset C^0_{L^2}(\mathcal{U}_3)$, $\{b_n\}_{n\geq 0} \subset L$, $\{a_n\}_{n\geq 0} \subset S$가 존재한다. 또 $b_{-1} := \beta$로 정의한다.

(1) $Z^1_{L^2}(\mathcal{U}_3)$안에서 $d_n = b_{n-1} + \partial^0(c_n)$.

(2) $Z^1_{L^2}(\mathcal{U}_1)$안에서 $d_n = b_n + a_n$.

(3) $\|d_n\|_{L^2(\mathcal{U}_1)} \leq 2^{-n}CM$, $\|c_n\|_{L^2(\mathcal{U}_3)} \leq 2^{-n}CM$, $\|b_{n-1}\|_{L^2(\mathcal{U}_2)} \leq 2^{-n}M$.

주장의 증명 귀납적으로 조건을 만족하는 수열을 만들어 나간다. 도움정리 6.19와 C를 취하는 방법으로부터 $d_0 \in Z^1_{L^2}(\mathcal{U}_1)$과 $c_0 \in C^0_{L^2}(\mathcal{U}_3)$을 $Z^1_{L^2}(\mathcal{U}_3)$ 안에서 $d_0 = \beta + \partial^0(c_0)$, $\|d_0\|_{L^2(\mathcal{U}_1)} \leq CM$, $\|c_0\|_{L^2(\mathcal{U}_3)} \leq CM$을 모두 만족하도록 취할 수 있다. $Z^1_{L^2}(\mathcal{U}_1) = L \oplus S$이므로 $d_0 \in Z^1_{L^2}(\mathcal{U}_1)$은 $d_0 = b_0 + a_0, b_0 \in L$, $a_0 \in S$로 분해가 가능하다. 이러한 a_0, b_0, c_0, d_0는 $n = 0$에 대한 조건을 만족한다. n번째 항까지 우리가 원하는 수열을 얻었다고 가정하자. $d_n = b_n + a_n$은 직교분할이므로 $\|b_n\|_{L^2(\mathcal{U}_1)} \leq \|d_n\|_{L^2(\mathcal{U}_1)} \leq 2^{-n}CM$이다. 이 부등식과 $b_n \in L$로부터 $\|b_n\|_{L^2(\mathcal{U}_2)} \leq \epsilon\|b_n\|_{L^2(\mathcal{U}_1)} \leq \epsilon 2^{-n}CM = 2^{-(n+1)}M$이 된다. 이 경우 도움정리 6.19를 b_n에 적용함으로써

$$d_{n+1} = b_n + \partial^0 c_{n+1}, \|d_{n+1}\|_{L^2(\mathcal{U}_1)} \leq 2^{-n}CM,$$
$$\|c_{n+1}\|_{L^2(\mathcal{U}_3)} \leq 2^{-(n+1)}CM$$

를 모두 만족하는 $d_{n+1} \in Z^1_{L^2}(\mathcal{U}_1)$, $c_{n+1} \in C^0_{L^2}(\mathcal{U}_3)$을 잡을 수 있다. 이 d_{n+1}의 직교분해

$$d_{n+1} = b_{n+1} + a_{n+1}, b_{n+1} \in L, a_{n+1} \in S$$

를 생각해 보자. 이때 $z_{n+1}, b_{n+z}, c_{n+z}, d_{n+z}$은 $n+1$의 경우 요구되는 모든 조건을 만족하는 원소들이다. 이렇게 해서 $n+1$번째 항도 얻을 수 있다. □

도움정리의 증명으로 돌아오자. $d_0 = b + \partial^0(c_0)$ 와 주장의 (1) (2)의 식으로부터 임의의 음이 아닌 정수 N에 대해서 등식

$$b_N + \sum_{n=0}^{N} a_n = b + \partial^0 \left(\sum_{n=0}^{N} c_n \right)$$

이 성립한다. 한편 주장 6.22 (3)의 식으로부터 노름 수렴한다는 뜻으로 $\lim_{N\to\infty} b_N = 0$이다. 또 $\sum_{n=0}^{\infty} a_n, \sum_{n=0}^{\infty} c_n$은 S의 원소이며 $C^0_{L^2}(\mathcal{U}_3)$의 원소로 각각 노름 수렴한다. $a = \sum_{n=0}^{\infty} a_n, c = \sum_{n=0}^{\infty} c_n$로 두면 $a \in S, c \in C^0_{L^2}(\mathcal{U}_3)$이다. ∂^0의 연속성에 주의하면서 식 (6.1.2)의 극한을 취하면 이 a와 c는 $Z^1_{L^2}(\mathcal{U}_3)$ 안에서 등식 $a = b + \partial^0(c)$를 만족하는 것을 알 수 있다. 이상으로 증명을 마친다. □

6.2 리만-로흐의 정리와 첫 응용

이 절에서는 콤팩트 리만면을 다루는데 있어서 가장 중요한 정리인 리만-로흐의 정리와 그것의 증명을 제시하기로 한다. 몇 가지 기본적인 응용에 대해서도 언급할 것이다. 이 절에서는 X 는 종수가 g 인 콤팩트 리만면이라고 가정한다.

정리 6.23 (리만-로흐의 정리)

D를 X 의 인자라고 하자. 그러면

$$h^0(\mathcal{O}_X(D)) := \dim_{\mathbb{C}} H^0(X, \mathcal{O}_X(D)),$$
$$h^1(\mathcal{O}_X(D)) := \dim_{\mathbb{C}} H^1(X, \mathcal{O}_X(D))$$

는 유한이며 다음 등식을 만족한다.

$$h^0(\mathcal{O}_X(D)) - h^1(\mathcal{O}_X(D)) = 1 - g + \deg D.$$

주의 6.24

(1) 리만-로흐의 정리는 차원에 대한 정리가 아니라 차원의 교대합에 대한 정리이다. 오일러 수도 교대합으로 정의되는 수이다. 일상생활에서는 합을 계산해야 하는 경우는 있어도 교대합을 계산해야 하는 경우는 거의 없다. 이유는 명확하지 않지만 수학에서는 교대합을 계산함으로써 논의가 간결해지는 경우가 종종 있다.

(2) 정리에서 나오는 차원의 교대합 $h^0(\mathcal{O}_X(D)) - h^1(\mathcal{O}_X(D))$을 $\mathcal{O}_X(D)$의 **오일러-푸앵카레 표수**라고 부르며 $\chi(\mathcal{O}_X(D))$로 표기한다. X 의 대역적인 정칙함수는 상수밖에 없다는 사실과 $g = g(X)$의 정의로부터 $\chi(\mathcal{O}_X) = 1 - g$로 쓸 수 있다. 또 리만-로흐의 정리는 $\chi(\mathcal{O}_X(D)) = \deg D + \chi(\mathcal{O}_X)$로 쓸 수 있다.

유한차원 선형공간의 완전열을 다루는데 있어서 기본적인 다음 도움정리를 증명해 둔다.

도움정리 6.25 $0 \to V_1 \xrightarrow{f_1} V_2 \xrightarrow{f_2} V_3 \xrightarrow{f_3} \cdots \xrightarrow{f_{n-2}} V_{n-1} \xrightarrow{f_{n-1}} V_n \to 0$을 유한차원 선형공간 V_i로 이루어진 완전열이라고 하자. 그러면 V_i들의 차원의 교대합은 0이다. 다시 말해, 다음 등식이 성립한다. $\sum_{i=1}^{n}(-1)^i \dim_{\mathbb{C}} V_i = 0.$

증명 $V_0 = V_{n+1} = 0,\ f_0 = 0,\ f_n = 0$이라고 두자. 차원 공식으로부터 $\dim V_i = \dim \operatorname{Ker} f_i + \dim \operatorname{Im} f_i$이다. 열의 완전성으로부터 $\operatorname{Ker} f_i = \operatorname{Im} f_{i-1}$이다. 특히, $\dim \operatorname{Ker} f_i = \dim \operatorname{Im} f_{i-1}$이다 따라서 $\dim V_i = \dim \operatorname{Im} f_{i-1} + \dim \operatorname{Im} f_i\ (1 \leq i \leq n)$이다. 이 식과 $\dim \operatorname{Im} f_0 = \dim \operatorname{Im} f_n = 0$으로부터 V_i들의 차원의 교대합은 0이 된다. □

정리 6.23의 증명 인자 D의 생김새에 따라 다음 세 경우로 나눠서 증명한다.

경우 1: $D = 0$

증명 $\mathcal{O}_X(D) = \mathcal{O}_X$, $\deg D = 0$이므로 양변 모두 $1 - g$이 되어 참이다.

경우 2: $D \geq 0$

증명 D의 차수 $d := \deg D \geq 0$에 대한 귀납법으로 증명한다. 여기서 귀납법의 가정과 결론 사이의 징검다리 역할을 해 주는 것이 앞 절에서 본 층의 짧은 완전열이다. $D \geq 0$이라는 가정하에서 $d = 0$인 경우 $D = 0$이다. 따라서 $d = 0$이면 경우 1로부터 참이다. $d - 1 \geq 0$ 까지 참이라고 가정하고 d인 경우도 참인 것을 증명하려고 한다. d인 경우를 살펴본다.

$$D = P_1 + \cdots + \cdots P_{d-1} + P,\quad D^- := P_1 + \cdots + P_{d-1}$$

로 둔다. 여기서 P_i들이 중복되는 것도 허용한다. 정의로부터 $D = D^- + P$, $\deg D^- = d - 1$이다. 또 예제 5.26을 $C = P$에 적용함으로써 층의 완전열

$$0 \to \mathcal{O}_X(D^-) \to \mathcal{O}_X(D) \to \mathbb{C}_P \to 0$$

을 얻는다. 정리 5.47에 의해서 이 짧은 완전열은 다음 코호몰로지 군의 완전열을 유도한다.

$$\begin{aligned} 0 &\to H^0(X, \mathcal{O}_X(D^-)) \to H^0(X, \mathcal{O}_X(D)) \to H^0(X, \mathbb{C}_P) = \mathbb{C} \\ &\to H^1(X, \mathcal{O}_X(D^-)) \to H^1(X, \mathcal{O}_X(D)) \to H^1(X, \mathbb{C}_P) = 0. \end{aligned} \tag{6.11}$$

여기서 등식 $H^1(X, \mathbb{C}_P) = 0$은 도움정리 5.50으로부터 비롯된다. 이 완전열과 귀납법의 가정에 의해서 일단

$$h^1(\mathcal{O}_X(D)) \leq h^1(\mathcal{O}_X(D^-)) < \infty,\quad h^0(\mathcal{O}_X(D)) \leq h^0(\mathcal{O}_X(D^-)) + 1 < \infty$$

가 성립하는 것을 확인할 수 있다. 따라서 완전열 (6.11)에 도움정리 6.25를 적용할 수 있어서 등식

$$h^0(\mathcal{O}_X(D)) - h^1(\mathcal{O}_X(D)) = h^0(\mathcal{O}_X(D^-)) - h^1(\mathcal{O}_X(D^-)) + 1$$

를 얻는다. 이 등식에 귀납법의 가정에 의한 등식

$$h^0(\mathcal{O}_X(D^-)) - h^1(\mathcal{O}_X(D^-)) = 1 - g + \deg D^- = 1 - g + (d-1)$$

를 대입해서 원하는 등식 $h^0(\mathcal{O}_X(D)) - h^1(\mathcal{O}_X(D)) = 1 - g + d = 1 - g + \deg D$를 얻는다. 이렇게 해서 $\deg D = d$인 경우도 참이 된다.

경우 3: D가 일반적인 경우

증명 $D = P_1+P_2+\cdots+P_n-Q_1-Q_2-\cdots-Q_{m-1}-Q_m$ $(P_i \neq Q_j)$로 두자. m에 관한 귀납법으로 증명한다. $m=0$일 때는 경우 2보다 나은 상황이다. $m-1$까지 참이라고 가정하고 m인 경우에도 참인지 알아본다. $D^+ := P_1+P_2+\cdots+P_n-Q_1-Q_2-\cdots-Q_{m-1}$, 그리고 $Q := Q_m$로 두자. 이 경우 예제 5.26를 이용해서 층의 완전열

$$0 \to \mathcal{O}_X(D) \to \mathcal{O}_X(D^+) \to \mathbb{C}_Q \to 0$$

을 만들 수 있다. 이것으로부터 경우 2와 마찬가지로 코호몰로지 군의 완전열

$$\begin{aligned} 0 &\to H^0(X, \mathcal{O}_X(D)) \to H^0(X, \mathcal{O}_X(D^+)) \to H^0(X, \mathbb{C}_Q) = \mathbb{C} \\ &\to H^1(X, \mathcal{O}_X(D)) \to H^1(X, \mathcal{O}_X(D^+)) \to H^1(X, \mathbb{C}_Q) = 0. \end{aligned} \tag{6.12}$$

이 만들어진다. 경우 2에서와 같이 이 완전열과 귀납법의 가정으로부터

$$h^0(\mathcal{O}_X(D)) \leq h^0(\mathcal{O}_X(D^+)) < \infty, \quad h^1(\mathcal{O}_X(D)) \leq h^1(\mathcal{O}_X(D^+)) + 1 < \infty$$

를 얻는다. 따라서 도움정리 6.25를 완전열 (6.12)에 적용할 수 있기 때문에 등식

$$h^0(\mathcal{O}_X(D)) - h^1(\mathcal{O}_X(D)) = h^0(\mathcal{O}_X(D^+)) - h^1(\mathcal{O}_X(D^+)) - 1$$

을 얻는다. 이 등식에 귀납법의 가정에 의한 등식

$$h^0(\mathcal{O}_X(D^+)) - h^1(\mathcal{O}_X(D^+)) = 1 - g + \deg D^+ = 1 - g + \deg D + 1$$

을 대입해서 원하는 등식 $h^0(\mathcal{O}_X(D)) - h^1(\mathcal{O}_X(D)) = 1 - g + \deg D$를 얻는다.

이렇게 정리 6.23의 증명을 마친다. □

따름정리 6.26 (리만-로흐의 부등식) X의 인자 D에 대해서 $h^0(\mathcal{O}_X(D)) \geq 1 - g + \deg D$가 성립한다.

증명 $h^1(\mathcal{O}_X(D)) \geq 0$이므로 정리 6.23으로부터 따른다. □

문제 6.4 층의 짧은 완전열을 이용해서 다음을 보여라. 단 D는 X의 인자이고 P, P_i는 X의 점이다.

(1) $h^0(\mathcal{O}_X(D-P)) = h^0(\mathcal{O}_X(D)) - 1$ 또는 $h^0(\mathcal{O}_X(D-P)) = h^0(\mathcal{O}_X(D))$.

(2) $h^0(\mathcal{O}_X(D - P_1 - P_2 - \cdots - P_n) \geq h^0(\mathcal{O}_X(D)) - n$.

리만-로흐의 부등식만으로도 어느 정도 유용한 정보를 캐낼 수 있다는 것을 시사한다.

6.2.1 응용 1 : 상수가 아닌 대역적인 유리형 함수의 존재성

정리 6.27

임의로 주어진 X의 두 점 $P, Q (P \neq Q)$에 대해서 $f(P) \neq f(Q)$가 되는 X의 대역적 유리형 함수 f가 존재한다. 특히 X에는 상수가 아닌 대역적 유리형 함수가 존재한다. 또 X에서 $\mathbb{P}^1$으로 가는 전사 정칙사상이 존재한다.

증명 도움정리 2.17과 정리 2.22에 의해서 X에서 상수가 아닌 대역적 유리형 함수는 콤팩트 리만면 X에서 $\mathbb{P}^1$으로 가는 전사 정칙사상을 결정한다. 따라서 정리의 앞부분만 증명하면 된다. $X \neq \emptyset$이므로 X의 임의의 점 P를 고정해서 생각할 수 있다. X의 인자 $D = (g+1)P$를 생각해 보자. 리만-로흐의 부등식에 의해서 $h^0(\mathcal{O}_X(D)) \geq 1 - g + (g+1) = 2$이다. 그러므로 $H^0(X, \mathcal{O}_X(D)) = \{f \in \mathcal{M}(X) | \text{div}(f) + D \geq 0\}$는 상수 이외의 원소를 갖는다. 그런 원소 한 개 f를 잡자. f는 P를 제외하고는 극을 갖지 않는 유리형 함수이다. 만약에 P에서도 극을 갖지 않는다면 f는 X 전체에서 정칙이 된다. 따름정리 2.23으로부터 이 경우 f는 상수함수이다. 이것은 f가 상수가 아니라는 사실과 모순이다. 따라서 f는 P에서 위수 1이상인 극을 갖는다. f는 P에서만 극을 가지므로 $P \neq Q$일 경우 $f(P) \neq f(Q)$를 만족한다. 이렇게 증명을 마친다. □

정의로부터 $D \geq 0$인 경우 X에서 정의된 상수함수의 전체집합 $\mathbb{C}$는 $H^0(X, \mathcal{O}_X(D))$의 선형부분 공간이다. $h^0(\mathcal{O}_X(D)) \geq 2$를 만족하는 인자 D를 한 개 고른 이유는 상수 이외의 대역적인 유리형 함수를 찾기 위해서이다.

정리 6.28

f를 X에서 정의된 상수가 아닌 대역적 유리형 함수라고 하자. $\tilde{f} : X \to \mathbb{P}^1; P \mapsto [f(P) : 1]$를 f가 정의하는 X에서 $\mathbb{P}^1$로 가는 전사사상이라고 하자. $\tilde{f}$의 차수를 d라고 하자. 또 유리함수체 $\mathbb{C}(f)$를 계수로 갖는 1변수 다항식환을 $\mathbb{C}(f)[T]$로 놓자. 그러면 이 경우 T에 관한 차수가 d인 기약다항식 $\varphi(T) = \tilde{\varphi}(f, T) \in \mathbb{C}(f)[T]$가 존재해서 $\mathbb{C}$-대수로서 $\mathcal{M}(X)$와 $\mathbb{C}(f)[T]/(\phi(T))$는 동형이 된다. 특히 적당한 h가 존재해서 $\mathcal{M}(X) = \mathbb{C}(f, h)$, $\tilde{\varphi}(f, h) = 0$이며 X에서 정의된 대역적 유리형 함수 전체로 이루어진 체 $\mathcal{M}(X)$는 $\mathbb{C}$에서 초월차수 1인 유한생성 확대체이다.

명제 1.10에서 검증한 바와 같이 $\mathbb{P}^1 = \mathbb{C}_z \cup \{\infty\}$로 생각을 하면 $\mathcal{M}(\mathbb{P}^1) = \mathbb{C}(z)$이다. 증명의 기본적인 아이디어는 전사 정칙사상 $\tilde{f} : X \to \mathbb{P}^1$으로 $\mathcal{M}(\mathbb{P}^1)$를 X로 끌어당겨서 $\mathcal{M}(X)$를 $\mathcal{M}(\mathbb{P}^1)$의 확대체로 간주하고, $\mathcal{M}(X)$의 원소에 대한 $\tilde{f}$의 화이버들의에 평균을 취함으로써 $\mathcal{M}(X)$의 원소로부터 $\mathcal{M}(\mathbb{P}^1)$의 원소를 만들어내는 것 두 가지이다. $\tilde{f}$는 전사이므로 체의 끌어당김 사상 $\tilde{f}^* : \mathcal{M}(\mathbb{P}^1) \to \mathcal{M}(X); g \mapsto \tilde{f}^* g = g \circ \tilde{f}$는 $\tilde{f}^*(z) = f$를 만족하는 단사 준동형 사상이다.

증명 $\tilde{f}$의 분지점 집합을 $R := \{a_1, \cdots, a_N\} \subset X$라고 하자. 그리고 $V := \mathbb{P}^1 - \tilde{f}(R), U := \tilde{f}^{-1}(V)$로 두자. $\tilde{f}|U : U \to V$는 불분지 덮개이며 $P \in V$의 역상 $\tilde{f}^{-1}(P)$는 d개의 서로 다른 점으로 이루어져 있다. $\tilde{f}^{-1}(P) = \{P_1, \cdots, P_d\}$라고 하자. 여기서 필요할 경우 $\tilde{f}$를 $\mathbb{P}^1$의 사영변환과 합성함으로써 $\infty \notin \tilde{f}(R)$가 되게 만들수 있으며 아래에서는 이것을 가정한다.

h를 X의 대역적 유리형 함수라고 하자. $V_0 \subset V$를 V에서 h의 극에 대한 상을 제외한 부분으로 고정한다. 또 $U_0 = f^{-1}(V_0)$로 두자. $P \in V_0$라고 하자. h, P로 결정되는 부정원 T의 다항식

$$(T - h(P_1))(T - h(P_2)) \cdots (T - h(P_d)) \in \mathbb{C}[T]$$

를 생각해보자. 이 다항식을

$$(T - h(P_1))(T - h(P_2)) \cdots (T - h(P_d)) = \sum_{k=0}^{d} (-1)^k s(h)_k T^{d-k} \tag{6.13}$$

와 같이 전개한다. $P \in V_0$일 경우 P의 역상 $P_1, P_2, \cdots, P_d$ 및 이 점들에서 취하는 h의 값 $h(P_i)$이 결정되고 (6.13)의 좌변의 다항식이 결정된다. 따라서 이 전개식의 계수인 $s(h)_k$들의 값도 P에 의해서 유일하게 결정된다. 바꿔 말하면 $s(h)_k$는 V_0에서 정의된 함수이다. P의 근방과 P_i의 근방은 $\tilde{f}$에 의해서 동형인데다가 h는 정칙이므로 $s(h)_k$는 V_0에서 정의된 정칙함수이다.

주장 6.29 $s(h)_k$는 모두 $\mathbb{P}^1$의 대역적 유리형 함수로 유일하게 확장된다.

주장의 증명 로랑 급수 전개의 유일성으로부터 확장이 가능하다면 유일하게 가능하다. 또 보여야 하는 성질은 h를 1차 분수변환의 합성 $\tilde{h} = (ah+b)/(ch+d)$으로 치환해도 불변이라는 것이다. 대칭식의 기본정리에 의해서 $s(h)_k$들은 $s(\tilde{h})_k$들의 분수식이 되기 때문이다. 따라서 h는 R에서 정칙이라고 가정해도 무방하다. 아래에서는 이 가정하에서 $s(h)_k$가 $\mathbb{P}^1$의 대역적 유리형 함수로 확장되는 것을 보이도록 한다. P가 V의 점 일 경우 P의 근방과 P_i의 근방은 $\tilde{f}$에 의해서 동형이다. U에서 h는 유리형인 사실로부터 $s(h)_k$는 V에서 정의되는 유리형 함수로 확장된다.

다음으로 Q를 $\tilde{f}(R)$에 속하는 점이라고 하자. Q에서 $s(h)_k$가 어떤 성질을 만족하는지를 조사해보자. Q의 근방 U를 작게 잡으면 $U - \{Q\} \subset V_0$이다. 따라서 $U - \{Q\}$의 점 P에 대해서는 $s(h)_k(P)$는 $h(P_i)$들의 다항식 $H(h(P_1), h(P_2), \cdots, h(P_d))$와 같이 생겼다. 여기서 다항식 H는 P에 의존하지 않는다. 가정으로부터 Q의 역상의 점은 h의 극이 아니다. 따라서 $\tilde{f}^{-1}(Q)$의 원소를 중복도를 고려해서 $Q_1, \cdots, Q_d$와 같이 나열하고 적절하게 순서를 바꿔서

$$\begin{aligned}\lim_{P \to Q} s(h)_k(P) &= \lim_{P \to Q} H(h(P_1), h(P_2), \cdots, h(P_d)) \\ &= H(h(Q_1), h(Q_2), \cdots, h(Q_d)) \in \mathbb{C}\end{aligned}$$

를 얻는다. $s(h)_k(Q) = \lim_{P \to Q} s(h)_k(P)$로 정의하자. 이 경우 없앨 수 있는 특이점에 대한 리만의 정리에 의해서 $s(h)_k$는 Q에서 정칙이 된다. 이렇게 해서 $s(h)_k$들은 $\mathbb{P}^1$에서 정의되는 대역적 유리형 함수로 확장되었다. □

(6.13)의 T에 h를 대입하면 X에서 정의되는 유리형 함수로서의 등식

$$h^d - \tilde{f}s(h)_1 h^{d-1} + \cdots + (-1)^d \tilde{f}^* s(h)_d = 0 \tag{6.14}$$

를 얻는다. $s(h)_k \in \mathcal{M}(\mathbb{P}^1)$이므로 (6.14)에 의해서 $[\tilde{f}^*\mathcal{M}(\mathbb{P}^1)(h) : \tilde{f}^*\mathcal{M}(\mathbb{P}^1)] \leq d$이다. 여기서 d는 h에 의존하지 않는 수이므로 확대 차수 $[\tilde{f}^*\mathcal{M}(\mathbb{P}^1)(h) : \tilde{f}^*\mathcal{M}(\mathbb{P}^1)]$를 최댓값으로 만들어주는 h가 존재한다. 이런 h를 한 개 선택해서 고정한다. $\mathcal{M}(X)$의 임의의 원소 k를 잡는다. 표수가 0인 체 위에서 유한 차수 대수확장은 **단순확대**이므로 $\tilde{f}^*\mathcal{M}(\mathbb{P}^1)(h,k) = \tilde{f}^*\mathcal{M}(\mathbb{P}^1)(l)$인 $\mathcal{M}(X)$의 원소 l이 존재한다. 이 경우 $\tilde{f}^*\mathcal{M}(\mathbb{P}^1)(h) \subset \tilde{f}^*\mathcal{M}(\mathbb{P}^1)(l)$이다. h를 선택한 방식에 의해서 이 포함관계는 등호일 수밖에 없다. 따라서 $k \in \tilde{f}^*\mathcal{M}(\mathbb{P}^1)(h)$이다. k는 $\mathcal{M}(X)$의 임의의 원소이므로 이로 인해 $\mathcal{M}(X) = \tilde{f}^*\mathcal{M}(\mathbb{P}^1)(h)$가 된다. $\tilde{f}$의 정의로부터 $\tilde{f}^*\mathcal{M}(\mathbb{P}^1) = \tilde{f}^*\mathbb{C}(z) = \mathbb{C}(f)$이다. 따라서 $\mathcal{M}(X) = \mathbb{C}(f,h)$이다. $[\mathbb{C}(f,h) : \mathbb{C}(f)] = d'$으로 두자. 이제 증명해야 할 것은 등식 $d' = d$이다. h를 고른 방식에 의해서 $d' \leq d$이다. 아래에서는 $d' \geq d$인 것을 보이도록 한다. h가 $\mathbb{C}(f)$에서 다음 최소다항식을 갖는다고 하자.

$$h^{d'} + a_1(f)h^{d'-1} + \cdots + a_{d'}(f) = 0. \tag{6.15}$$

여기서 $a_i(f)$들은 f의 유리함수이다. V_0의 점 P 한 개를 고른다. $\tilde{f}^{-1}(P) = \{P_i\}_{i=1}^d$는 d개의 원소로 이루어진 집합이다. $\{P_i\}$의 정의로부터 임의의 i,j에 대해서 $f(P_i) = f(P_j)$이다. 이 값을 A로 두자. 만약에 어떤 $i \neq j$가 존재해서 $h(P_i) = h(P_j)$를 만족하면 임의의 $g \in \mathbb{C}(f,h) = \mathcal{M}(X)$에 대해서도 $g(P_i) = g(P_j)$를 만족한다. 이것은 정리 6.27에 모순이다. 따라서 $\{h(P_i)\}_{i=1}^d$도 역시 d개의 원소를 갖는 집합이다. 한편 (6.15)에 의해서 이 집합 $\{h(P_i)\}_{i=1}^d$의 원소는 모두 방정식

$$T^{d'} + a_1(A)T^{d'-1} + \cdots + a_{d'}(A) = 0$$

의 복소수해이다. 또 복소수 계수 d'차 다항식의 서로 다른 복소수해는 기껏해야 d'개이다. 따라서 $d' \geq d$를 만족한다. 이로써 증명을 모두 마친다. □

주의 6.30 h는 $\mathbb{C}(f)$에서 다음과 같은 최소다항식을 갖는다고 하자.

$$\phi(T,f) = a_0(f)T^d + a_1(f)T^{d-1} + \cdots + a_d(f), \ \ a_i(f) \in \mathbb{C}(f).$$

f의 유리함수 $a_i(f)$들의 분모를 일제히 곱해줌으로써 $a_i(f)$는 모두 f의 다항식이라고 가정해도 좋다. 또 $\mathbb{C}(f,h) = \mathbb{C}(f, c(f)h)$ ($c(f)$는 f의 0이외의 유리함수)이다. 따라서

$a_0(f)h$를 다시 h로 교체해서 생각함으로써 $\mathcal{M}(X) = \mathbb{C}(f,h)$를 만족하는 h가 f의 다항식을 계수로 갖는 일계수 다항식을 최소다항식 $\phi(T,f)$으로 갖도록, 다시 말해 최소다항식이

$$\phi(T,f) = T^d + a_{d-1}(f)T^{d-1} + \cdots + a_d(f), \quad a_i(f) \in \mathbb{C}[f]$$

와 같은 식이 되도록 선택할 수 있다.

이제 제3, 4장에서 예고한 대로 다음 사실들을 증명하기로 한다.

명제 6.31 X는 C^∞급 삼각형 분할이 가능하다.

증명 X에서 $\mathbb{P}^1$으로 가는 전사 정칙사상 $f : X \to \mathbb{P}^1$를 한 개 고정해서 생각한다. f의 분지점 집합을 $R := \{P_1, \cdots, P_n\}$로 두고 $B = f(R) = \{Q_1, \cdots, Q_m\}$로 두자. $\mathbb{P}^1$의 국소 좌표근방계를 이용해서 정의되는 유한인 열린 덮개 $\mathbb{P}^1 = \cup_{j=1}^{M}(s_{Q_j}, V_{Q_j})$ $(M \geq m)$와 X의 국소 좌표근방계를 이용해서 정의되는 유한인 열린 덮개 $X = \cup_{i=1}^{N}(t_{P_i}, U_{P_i})$ $(N \geq 1)$를 $\{P_i\}_{i=1}^{N} = f^{-1}(\{Q_j\}_{j=1}^{M})$이면서 $P_i \in f^{-1}(Q_j)$일 경우 $f(U_{P_i}) = V_{Q_j}$이면서 $f|U_{P_i}$의 (t_{P_i}, U_{P_i}), (s_{Q_j}, V_{Q_j})를 이용한 좌표 표시가 $s_{Q_j} = t_{P_i}^{e_i}$ (e_i는 P_i에 대한 f의 분지지수)가 되도록 잡는다. 정리 2.26에 의해서 이런 작업이 가능하다. $\mathbb{P}^1$의 C^∞급 삼각형 분할 $\{T_k\}_{k=1}^{l}$를 B의 모든 점이 삼각형 T_k들의 꼭짓점으로 이루어진 집합에 속해 있으며 각 삼각형 T_k는 적당한 U_j에 포함되도록 잡는다. 입체사영에 의해서 $\mathbb{P}^1$는 구면 S^2와 C^∞급 위상동형이기 때문에 가능하다. 한편 정리 2.26에서 본 바와 같이 사상의 정의(주의 2.28)로부터 이 삼각형 분할은 분지점을 제외하고 X의 삼각형 분할로 매끄럽게 들어올릴 수가 있다. 게다가 T_k가 Q_j를 꼭짓점으로 갖지 않으면 좌표 표시하는 방식으로부터 $(f|V_{P_i})^{-1}(T_k)$는 U_{P_i} 안의 e_i개의 교차하지 않는 삼각형의 합집합이 되고 Q_i가 삼각형 T_k의 꼭짓점이면 좌표 표시하는 방식으로부터 $(f|V_{P_i})^{-1}(T_k)$는 P_i를 꼭짓점으로 갖는 e_i개 삼각형들의 합집합이 된다. 이렇게 얻은 X의 삼각형 전체는 X의 C^∞급 삼각형 분할을 정의한다. □

명제 6.32 $F(X_0, X_1, X_2) \in \mathbb{C}[X_0, X_1, X_2]$를 상수가 아닌 비특이 동차 다항식이라고 하자. 이 경우 F로 정의되는 사영 평면 곡선 $C := (F = 0) \subset \mathbb{P}^2$는 연결되어 있다. 특히 C는 콤팩트 리만면이다.

증명 4.5절에서 이미 다룬 바와 같이 연결성만 증명하면 된다. 연결성을 두 단계에 걸쳐서 증명하기로 한다.

제1단계 추가적으로 F가 기약 다항식일 경우 C는 연결되어 있다.

증명 $\deg F = d$라고 하자. 필요할 경우 $\mathbb{P}^2$의 사영변환을 적용해서 F는

$$F = X_2^d + F_1(X_0, X_1)X_2^{d-1} + \cdots + F_{d-1}(X_0, X_1)X_2 + F_d(X_0, X_1)$$

와 같이 쓸 수 있다고 가정해도 무방하다. 이 경우 $[0:0:1] \notin C$이다. 또 가정으로부터 F는 기약이므로

$$f(S,T) := F(1,S,T) = T^d + f_1(S)T^{d-1} + \cdots + f_{d-1}(S)T + f_d(S) \tag{6.16}$$

(단 $f_i(S) := F_i(1,S)$) 는 2변수다항식환 $\mathbb{C}[S,T]$의 원소로서 기약이다.

$\mathbb{P}^2$는 콤팩트이고 C는 닫힌 부분집합이다. 따라서 C는 콤팩트이다. C_1를 C의 연결성분 중 하나라고 하자. 증명해야 할 것은 $C = C_1$이다. $C \neq C_1$라고 가정하고 모순을 이끌어내기로 한다. $C \setminus C_1$의 연결성분 중 하나를 C_2라고 하자. F는 비특이이므로 C_1, C_2들도 역시 콤팩트 리만면이다.

$$\pi : C \to \mathbb{P}^1 = (X_2 = 0) \subset \mathbb{P}^2; \quad [a:b:c] \mapsto [a:b:0]$$

라고 하자. 또 $\pi_i := \pi|C_i$ $(i = 1, 2)$로 두자. $[0:0:1] \notin C$이므로 π는 모순되지 않게 정의되는데 각 π_i는 전사이며 정칙사상이다. $d_i := \deg \pi_i$로 두자. $\deg F = d$이고 위의 구성방법으로부터 $d \geq d_1 + d_2, d_1 > 0, d_2 > 0$이다. C의 연결성분 개수를 r로 두자. 그러면 $r \geq 2$을 가정하고 있으므로 이 등식에 의해서 $d_1 < d$이다. $x := \frac{X_1}{X_0}, y := \frac{X_2}{X_0}$로 두자. x, y를 C_1에 제한해서 얻어지는 C_1의 유리형 함수를 각각 x_1, y_1로 쓰자. 대응관계

$$\begin{aligned}&\mathbb{P}^1 := \mathbb{C}_{x_0} \cup \{\infty\},\ \mathbb{C}_{x_0} \ni b \leftrightarrow [1:b:0] \in \{[1:b:0] | b \in \mathbb{C}\},\\ &\infty := [0:1:0]\end{aligned}$$

에 의해서 x_0를 $\mathbb{P}^1$의 비동차좌표로 간주한다. π_1이 정의된 방식으로부터 C_1에서 정의된 유리형 함수로서의 등식 $\pi_1^*(x_0) = x_1$이 성립한다. 또 $b \in \mathbb{C}_{x_0}$에 대해서 $\pi_1^{-1}(b)$의 점은 $[1:b:c_j](1 \leq j \leq d_1)$와 같은 꼴이므로 $\pi_1^{-1}(b)$의 점을 지정하는 것과 그 점에서 주어진 유리형 함수 y_1의 값을 부여하는 것은 같다고 할 수 있다. 특히 y_1는 $x_1 = \pi_1^*(x_0)$의 d_1중치 (d_1 valued) 함수이다. 따라서 정리 6.28의 증명에 의해서 $\mathcal{M}(C_1) = \mathbb{C}(x_1, y_1)$이다. 따라서 1변수 유리함수체 $\mathbb{C}(S)$를 계수로 갖는 1변수 다항식환 $\mathbb{C}(S)[T]$에 속하는

d_1차 기약다항식

$$g(S,T) := T^{d_1} + g_1(S)T^{d_1-1} + \cdots + g_{d_1-1}(S)T + g_{d_1}(S)$$

가 존재해서 x_1과 y_1은 $\mathcal{M}(C_1)$의 원소로서 등식 $g(x_1, y_1) = 0$을 만족한다. 다시 말해, $g(x_1, T)$는 $\mathbb{C}(x_1)$상에서 y_1의 최소다항식이다. 한편 $C_1 \subset C$이므로 (6.16)의 다항식 $f(S,T)$도 $f(x_1, y_1) = 0$을 만족한다. 따라서 $\mathbb{C}(x_1)[T]$의 원소로서 $f(x_1, T)$은 $g(x_1, T)$로 나누어떨어진다. x_1은 $\mathbb{C}$ 위에서 초월적이므로 $\mathbb{C}(S)[T]$의 원소로서 $f(S,T)$는 $g(S,T)$로 나누어떨어진다. 또 $f(S,T) \in \mathbb{C}[S][T] = \mathbb{C}[S,T]$이다. 따라서 다항식의 기약분해에 관한 가우스의 보조정리로부터 $g_i(S) \in \mathbb{C}[S]$이며 $\mathbb{C}[S,T]$의 원소로서 $f(S,T)$는 $g(S,T)$로 나누어떨어지게 된다. $1 \leq d_1 < d$이므로 이것은 $f(S,T)$가 $\mathbb{C}[S,T]$의 원소로서 기약이라는 가정과 모순이 된다. 따라서 $r = 1$이다.

제 2단계 비특이 동차다항식 $F(X_0, X_1, X_2) \in \mathbb{C}[X_0, X_1, X_2]$는 기약이다.

증명 F가 기약이 아닐 경우 상수가 아닌 기약다항식 G와 G로 나누어떨어지지 않는 다항식 H와 양의 정수 m이 존재해서 $\mathbb{C}[X_0, X_1, X_2]$의 원소로서

$$F = G^m H \tag{6.17}$$

와 같이 쓸 수 있다. $m = 1$일 경우 H도 상수가 아니다. F는 동차다항식이므로 G, H도 필연적으로 동차다항식이다. 또 필요할 경우 $\mathbb{P}^2$의 사영변환을 적용함으로써 G는 X_0로 나누어떨어지지 않는다고 가정할 수 있다. $m \geq 2$라고 해보자. G는 상수가 아니므로 $G(P) = 0$인 $\mathbb{P}^2$의 점 P가 존재한다. (6.17)에 곱에 대한 미분 공식을 적용해서 계산해보면 이 점 P에 대해서 $\frac{\partial F}{\partial X_i}(P) = 0$ $(i = 0, 1, 2)$을 만족하는 것을 알 수 있다. 이것은 F가 비특이인 것에 모순이다. 아래에서는 $m = 1$인 경우를 생각하면 된다. $C := (G = 0) \subset \mathbb{P}^2$라고 두자. 만약 어떤 $P \in \mathbb{P}^2$에 대해서 $\frac{\partial G}{\partial X_i}(P) = 0$ $(i = 0, 1, 2)$일 경우 $G(P)$와 곱에 대한 미분 공식을 이용하면 역시 $\frac{\partial F}{\partial X_i}(P) = 0$ $(i = 0, 1, 2)$가 되어 모순이다. 아래에서 G는 비특이라고 가정해도 무방하다. 더군다나 G는 기약이므로 이 경우 제1단계에 의해서 C는 콤팩트 리만면이다. $\deg H = n$이라고 해보자. $m = 1$이므로 H는 상수가 아니며 $m \geq 1$이다. 또 가정 및 힐베르트의 영점 정리에 의해서 X_0, H 어느 쪽도 C에서 항등적으로 0은 아니다. 따라서 $h := \frac{H}{X_0^n}$은 C의 0이 아닌 대역적 유리형 함수를 정의한다. C는 콤팩트 리만면이므로 도움정리 5.18에 의해서

$$\deg \operatorname{div}(h) = 0 \tag{6.18}$$

이다. 한편 $G(0, X_1, X_2)$는 상수가 아닌 동차다항식이므로 대수학의 기본정리에 의해서 $G(0, b, c) = 0$가 되는 $[0 : b : c] \in \mathbb{P}^2$가 존재한다. 다시 말해, $X_0 = 0$가 되는 C의 점이 존재한다. 한편 $h(P) \in \mathbb{C}$일 경우 $H(P) = 0$가 되는 C의 점 P가 존재한다. 이 점 P는

$$G(P) = H(P) = 0 \tag{6.19}$$

을 만족한다. $F = GH$에 곱에 대한 미분 공식을 적용해서 편미분한 후 그 식에 (6.19)를 대입하면 $\frac{\partial F}{\partial X_i}(P) = 0$ $(i = 0, 1, 2)$를 얻는다. 이것은 F가 비특이라는 사실에 모순이다. 따라서 F는 기약이다. □

문제 6.5 $d \geq 2$를 만족하는 정수 d에 대해서 C를 d차 동차다항식 $f(X_0, X_1, X_2)$으로 정의되는 비특이 사영 평면곡선이라고 하자. 또 $x = X_1/X_0$, $y = X_2/X_0$을 C의 유리형 함수로 간주한다. 다음이 성립함을 보이시오.

(1) $f(1, x, y) = 0$.

(2) $\mathcal{M}(C) = \mathbb{C}(x, y) \simeq \mathbb{C}(x)[T]/(f(1, x, T))$.

문제 6.6

(1) C를 문제 4.15에서 다룬 초타원 곡선이라고 하자. 이때 $\mathcal{M}(C) = \mathbb{C}(x, y)$인 것과 $\mathbb{C}(x, y) \simeq \mathbb{C}(x)[T]/(T^2 - (x - a_1) \cdots (x - a_{2g+1}))$인 것을 보여라.

(2) E를 1차원 복소 원환면, $\wp(z)$를 E의 $\wp$-함수라고 하자. $\mathcal{M}(E) = \mathbb{C}(\mathfrak{p}(z), \mathfrak{p}'(z))$를 증명하시오. 또 이 체의 구조에 대해서 (1)과 마찬가지로 논하시오.

6.2.2 응용 2 : 대역적 유리형 1형식의 존재와 표준인자

정리 6.33

X에는 0이 아닌 대역적인 유리형 1형식이 존재한다.

증명 정리 6.27에 의해서 전사 정칙사상 $f : X \to \mathbb{P}^1$가 존재한다. $\mathbb{P}^1$의 대역적 유리형 1형식 $\omega = dz$를 f로 끌어당긴 $f^*\omega$는 따름정리 3.26에 의해서 X에서 0이 아닌 대역적 유리형 1형식이다. □

명제 6.34 ω_1, ω_2를 X에서 0이 아닌 대역적 유리형 1형식이라고 하자. 이 경우 0이 아닌 대역적 유리형 함수 φ가 존재해서 유리형 1형식으로서의 등식 $\omega_2 = \varphi\omega_1$이 성립한다. 이때

$$\operatorname{div}(\omega_2) = \operatorname{div}(\omega_1) + \operatorname{div}(\varphi) \tag{6.20}$$

이다. (1형식으로 정의되는 인자의 정의는 정의 3.12를 참조.)

증명 $X = \cup(z, U_z)$를 국소 좌표근방계로 이루어진 열린 덮개라고 하자. (z, U_z)에서 $\omega_1|U_z = f_z dz, \omega_2|U_z = g_z dz$ (f_z, g_z는 U_z에서 0이 아닌 유리형 함수)로 쓸 수 있다. 또 다른 좌표근방계 (w, U_w)에서도 비슷하게 다음과 같이 표시할 수 있다 : $\omega_1|U_w = f_w dw$, $\omega_2|U_w = g_w dw$ (f_w, g_w는 U_w에서 0이 아닌 유리형 함수). $U_z \cap U_w \neq \emptyset$일 때 $U_z \cap U_w$에서 $dz = (dz/dw)dw$를 이용해서 $w_1 = f_z(dz/dw)dw$, $\omega_2 = g_z(dz/dw)dw$와 같이 계산되며 등식 $f_w = f_z(dz/dw), g_w = g_z(dz/dw)$를 얻을 수 있다. 이로 인해 $U_z \cap U_w$에서 유리형 함수로서 $g_z/f_z = g_w/f_w$이다. 따라서 국소 유리형 함수들 $g_z/f_z \in \mathcal{M}(U_z)$은 잘 포개져서 임의의 (z, U_z)에 대해서 $\varphi|U_z := g_z/f_z$인 X에서 정의된 대역적 유리형 함수 φ를 정의한다. 정의된 방식으로부터 유리형 1형식으로서 $\omega_1 = \varphi\omega_2$이다. 이 등식과 유리형 함수가 정의하는 인자의 정의 5.17로부터 (6.20)이 성립한다. □

정의 6.35

D_1, D_2를 X의 인자라고 하자. $D_2 = D_1 + \operatorname{div}(f)$를 만족하는 대역적 유리형 함수 f가 존재할 때 D_1와 D_2는 선형 동치라고 하며 $D_2 \sim D_1$로 표기한다. 다시 말해 차이가 대역적 유리형 함수의 인자가 되는 두 개의 인자를 선형동치라고 정의한다.

문제 6.7 D_1, D_2, D를 X의 인자라고 한자.

(1) $D_2 \sim D_1$일 경우 $\deg D_2 = \deg D_1$, $\mathcal{O}_X$-모듈의 층으로서 $\mathcal{O}_X(D_2) \simeq \mathcal{O}_X(D_1)$인 것을 보여라.

(2) D와 선형 동치인 유효인자들의 집합을 $|D|$로 쓰며 **인자 D가 정의하는 완비 선형시스템**이라고 부른다. $h^0(\mathcal{O}_X(D)) \geq 1$라고 하자. 이 경우 다음의 대응관계

$$\begin{aligned}(H^0(X, \mathcal{O}_X(D)) - \{0\})/\mathbb{C}^\times &\ni [f] \\ := \{cf | c \in \mathbb{C}^\times\} &\mapsto D + \text{div}(f) \in |D|\end{aligned}$$

는 $(H^0(X, \mathcal{O}_X(D)) - \{0\})/\mathbb{C}^\times$와 $|D|$ 사이의 1대1 대응을 모순되지 않게 정의하는 것을 보여라. 또 $h^0(\mathcal{O}_X(D)) = 0$인 경우는 양변 모두 공집합이 되는 것을 보여라.

정리 6.33은 X에서 0이 아닌 대역적 유리형 1형식의 인자 $\text{div}(\omega)$가 존재하는 것을 보장해주고 명제 6.34는 대역적 유리형 1형식의 인자가 선형동치 관계를 무시하면 유일하게 정의됨을 보여라.

정의 6.36

X에서 0이 아닌 대역적 유리형 1형식을 정의하는 인자의 선형 동치류를 K_X라고 쓰며 X의 **표준인자**(canonical divisor)라고 부른다.

주의 6.37 X에서 0이 아닌 대역적 유리형 1형식 ω를 한 개 고정하고 K_X를 $\text{div}(\omega)$와 같이 대표원소로 표시한다. 이때 다음이 성립한다.

(1) 대응 관계 $\mathcal{O}_X(K_X)(U) \leftrightarrow \Omega^1_X(U) : f \leftrightarrow f\omega$에 의해서 $\mathcal{O}_X$-모듈의 층으로서 동형 $\mathcal{O}_X(K_X) \simeq \Omega^1_X$를 얻는다.

(2) D를 X의 인자라고 하자. 층 $\Omega^1_X(D)$를

$$\Omega^1_X(D)(U) := \{\omega | \ \omega\text{는 } \text{div}(\omega) + D|U \geq 0\text{인 } U\text{의 유리형 1형식}\}$$

으로 정의한다. 대응 $\Gamma(U, \mathcal{O}_X(K_X + D)) \leftrightarrow \Gamma(U, \Omega^1_X(D)); f \leftrightarrow f\omega$에 의해서 역시 $\mathcal{O}_X$-모듈의 층으로서 동형 $\mathcal{O}_X(K_X + D) \simeq \Omega^1_X(D)$를 얻는다.

문제 6.7 (1)에 의해서 $K_X + D$의 차수나 $h^i(\mathcal{O}_X(K_X + D))$등은 K_X를 대표해주는 원소에 의존하지 않는다. 표준인자에 대해서는 다음 장에서 세르의 쌍대성 정리를 이용해서 자세히 다루도록 한다.

6.3 세르의 쌍대성 정리와 증명

이 절에서는 세르의 쌍대성 정리와 증명을 제시한다. 또 몇 가지 기본적인 응용도 함께 다룬다. 이 절에서 X는 종수가 g인 콤팩트 리만면으로 고정한다.

6.3.1 쌍대성

유한차원인 $\mathbb{C}$-선형공간 (아래에서는 그냥 선형공간이라고 부르겠다)의 경우에 대해서 생각해 보자.

제3장의 문제 3.2로부터 두 개의 선형공간의 차원이 일치하는 것을 보이기 위해서는 서로 쌍대 공간이라는 것을 보이면 충분하다. 그러기 위한 방법 중 하나가 **비퇴화 이중선형 형식**을 만드는 것이다.

정의 6.38

V, W를 선형 공간이라고 하자. 다음 조건 (1), (2)을 만족하는 사상

$$\langle *, ** \rangle : V \times W \to \mathbb{C}$$

를 이중선형 형식이라고 부른다.

(1) $\langle a_1 v_1 + a_2 v_2, w \rangle = a_1 \langle v_1, w \rangle + a_2 \langle v_2, w \rangle$이 모든 $a_i \in C$, $v_i \in V$, $w \in W$에 대해서 만족한다.

(2) $\langle v, b_1 w_1 + b_2 w_2 \rangle = b_1 \langle v, w_1 \rangle + b_2 \langle v, w_2 \rangle$이 모든 $b_i \in \mathbb{C}$, $v \in V$, $w_i \in W$에 대해서 만족한다.

다음 조건을 추가적으로 만족하면 비퇴화 이중선형 형식이라고 부른다.

(3) 모든 $w \in W$에 대해서 $\langle v, w \rangle = 0$이 되는 $v \in V$는 0뿐이다.

(4) 모든 $v \in W$에 대해서 $\langle v, w \rangle = 0$이 되는 $w \in V$는 0뿐이다.

V, W를 선형공간이라고 하자. V, W 사이에 비퇴화 이중선형 형식 $\langle *, ** \rangle$이 주어져 있다고 하자. 조건 (2)는 $v \in V$로부터 정의되는 사상 $\langle v, * \rangle : W \to \mathbb{C}; w \mapsto \langle v, w \rangle$이 선형사상이라는 것을 의미한다. 따라서 사상 $\iota_V : V \to W^*; v \mapsto \langle v, * \rangle$가 정의된다. 조건 (1)은 사상 ι_V가 선형사상이라는 것을 의미한다. 마찬가지로 조건 (1),(2)

로부터 선형사상 $\iota_W : W \to V^*; w \mapsto \langle *, w \rangle$이 정의된다. 비퇴화의 조건 (3)은 ι_V의 핵이 0이라는 것, 다시 말해, ι_V가 단사라는 것을 의미한다. 따라서 조건 (3),(4)하에서 $\dim V \leq \dim W^*$, $\dim W \leq \dim V^*$이다. 등식 $\dim V = \dim V^*$, $\dim W = \dim W^*$를 적용해서 등식 $\dim V = \dim V^* = \dim W^* = \dim W$를 얻는다. 따라서 단사사상인 ι_V, ι_W는 모두 동형사상이 된다. 이렇게 해서 비퇴화 이중선형 형식 $\langle *, ** \rangle$이 정의하는 사상 ι_V, ι_W에 의해서 V와 W를 서로 다른 쌍대 공간으로 간주할 수 있게 된다. 이상의 내용을 요약해 보면 다음과 같다.

명제 6.39 유한차원 선형공간 V, W 사이에 비퇴화 이중선형 형식 $\langle *, ** \rangle : V \times W \to \mathbb{C}$가 존재하면 $\langle *, ** \rangle$을 이용해서 자연스럽게 V를 W의 쌍대공간, W를 V의 쌍대공간으로 볼 수 있다. 특히 $\dim V = \dim W$이다.

주의 6.40 V, W, U를 세 개의 선형공간이라고 하자. 정의 6.38 (1),(2)와 같은 조건을 만족하는 사상 $B(*, **) : V \times W \to U$를 이중선형 형식이라고 부른다.

6.3.2 유수 사상 (residue map)

세르의 쌍대성 정리에 필요한 유수 사상 $\text{res} : H^1(X, \Omega^1_X) \to \mathbb{C}$가 어떻게 정의되는지 설명한다. 층의 열

$$0 \to \Omega^1_X \xrightarrow{\iota} \mathcal{A}^{1,0}_X \xrightarrow{d} \mathcal{A}^{1,1}_X = \mathcal{A}^2_X \to 0 \tag{6.21}$$

에 대해서 생각해 본다. 여기서 ι는 정칙 1형식을 C^∞급 1형식으로 본 사상이며 d는 외미분을 적용해서 얻을 수 있는 사상 $d(U) : \mathcal{A}^{1,0}(U) \to \mathcal{A}^2(U); \eta \mapsto d\eta$이다.

주장 6.41 (6.21)은 층의 완전열이다.

증명 P를 X의 점이라고 하자. P에서 정의되는 줄기 사이에 유도되는 열의 완전성을 증명하면 된다. ι_P는 명백하게 단사이다. (z, U)를 P를 포함하는 국소 좌표 근방계라고 하자. U는 열린 원판이라고 가정해도 무방하다. $\eta \in \mathcal{A}^{1,0}_{X,P}$라고 하자. η는 $f(z)dz$처럼 생긴 형식으로 대표된다. 여기서 $f(z)$는 P의 근방 U에서 C^∞급

함수이다. $d_P(\eta)$는 $d(f(z)dz)$로 대표된다. $dz \wedge dz = 0$인 사실에 주의해서 계산하면 $d(f(z)dz) = \frac{\partial f}{\partial \bar{z}} d\bar{z} \wedge dz$이다. 따라서 $d_P(\eta) = 0$이 성립하는 것과 충분히 작은 P의 근방 U에서 $\frac{\partial f}{\partial \bar{z}} = 0$가 성립하는 것, 즉 $f(z)$가 P의 근방에서 정칙인 것과 동치이다. 그러므로 $\mathrm{Im}(\iota_P) = \ker(d_P)$이다. $\mathcal{A}^2_{X,P}$의 원소는 $g(z)d\bar{z} \wedge dz$과 같이 생긴 형식으로 대표된다. 여기서 $g(z)$는 P의 근방 U에서 C^∞급 함수이다. 돌보의 보조정리 5.52에 의해서 $\frac{\partial f}{\partial \bar{z}} = g(z)$를 만족하는 U의 C^∞급 함수 $f(z)$가 존재한다. 이 경우 $(1,0)$형식 $f(z)dz$는 $d(f(z)dz) = g(z)d\bar{z} \wedge dz$를 만족한다. 따라서 d_P는 전사이다. 이렇게 완전성이 증명된다. □

층의 짧은 완전열 (6.21)가 유도되는 코호몰로지 군의 완전열

$$H^0(X, \mathcal{A}^{1,0}_X) \xrightarrow{d} H^0(X, \mathcal{A}^{1,1}_X) \xrightarrow{\delta^0} H^1(X, \Omega^1_X) \to H^1(X, \mathcal{A}^{1,0}_X) = 0$$

에 대해서 생각해 보자. 여기서 마지막 등식 $H^1(X, \mathcal{A}^{1,0}_X) = 0$은 도움정리 5.51에 의해서 성립한다. 이 완전열로부터 $\alpha \in H^1(X, \Omega^1_X)$에 대해서 $\delta^0(\beta) = \alpha$을 만족하는 $H^0(X, \mathcal{A}^{1,1}_X)$의 원소 β는 $d(H^0(X, \mathcal{A}^{1,0}_X))$에 속하는 원소가 더해지는 정도의 차이를 무시하면 유일하게 결정된다. 이 β를 α의 들어올림이라고 부른다. $\gamma \in H^0(X, \mathcal{A}^{1,0}_X)$라고 하자. 그린의 정리 3.32와 콤팩트 리만면은 C^∞급 삼각형 분할이 가능한 사실(명제 6.31)로부터

$$\iint_X d\gamma = \int_{\partial X} \gamma = \int_\emptyset \gamma = 0$$

이다. 그러므로 사상

$$\mathrm{res} : H^1(X, \Omega^1_X) \to \mathbb{C}; \alpha \mapsto \frac{1}{2\pi\sqrt{-1}} \iint_X \beta,\ \delta^0(\beta) = \alpha$$

는 α의 들어올림 β를 선택하는 방식에 무관하며 모순없이 정의된다.

정의 6.42

위의 사상 res를 **유수 사상**(residue map)이라고 부른다.

β, β'가 각각 α, α'의 들어올림이고 $a, a' \in \mathbb{C}$일 경우 $a\beta + a'\beta'$는 $a\alpha + a'\alpha'$의 들어올림이다. 따라서 res는 $\mathbb{C}$-선형사상이다.

6.3.3 세르의 쌍대성 정리

유수 사상을 이용해서 $H^0(X, \mathcal{O}_X(D))$와 $H^1(X, \Omega_X(-D))$ 사이의 이중선형 형식을 정의하고 세르의 쌍대성 정리의 원형을 다룬다. 리만-로흐의 정리에 의해서 $H^0(X, \mathcal{O}_X(D))$와 $H^1(X, \Omega^1_X(-D)) \simeq H^1(X, \mathcal{O}_X(K_X - D))$는 모두 유한차원이다. 또 $\mathcal{O}_X(D), \Omega^1_X(-D)$는 모두 계수 1인 국소 자유층 (5.4절)이다. 따라서 $\mathcal{O}_X(D)|_{U_i} \simeq \mathcal{O}_{U_i}$ 이면서 $\Omega^1_X(-D)|_{U_i} \simeq \mathcal{O}_{U_i}$가 되는 열린 원판으로 이루어진 $\mathcal{U} = \{U_i\}_{i \in I}$를 취할 수 있다. 도움정리 5.42, 따름정리 5.53에 의해서 이 열린 덮개 $\mathcal{U} = \{U_i\}$에 부수적으로 따라오는 자연스러운 사상

$$\tau_{\mathcal{U}} : H^1(\mathcal{U}, \mathcal{O}_X(D)) \to H^1(X, \mathcal{O}_X(D)),$$
$$\tau_{\mathcal{U}} : H^1(\mathcal{U}, \Omega^1_X(-D)) \to H^1(X, \Omega^1_X(-D))$$

은 모두 동형사상이다. 이 동형을 통해서 $H^1(X, \mathcal{O}_X(D))$과 $H^0(\mathcal{U}, \mathcal{O}_X(D))$를 $H^1(X, \Omega^1_X(-D))$과 $H^1(\mathcal{U}, \Omega^1_X(-D))$를 각각 동일시한다. 이때 합곱(cup product)이라고 불리는 이중선형 사상

$$\cup : H^0(X, \Omega^1_X(-D)) \times H^1(X, \mathcal{O}_X(D)) \to H^1(X, \Omega^1_X);\ (\alpha, (\beta_{ij})) \mapsto (\alpha\beta_{ij})$$

이 만들어진다. 유수 사상 res와 합곱 $\cup$의 합성

$$\begin{aligned}\langle *, ** \rangle = \mathrm{res} \circ \cup : &H^0(X, \Omega^1_X(-D)) \\ &\times H^1(X, \mathcal{O}_X(D)) \to \mathbb{C};\ (\alpha, (\beta_{ij})) \mapsto \mathrm{res}((\alpha\beta_{ij}))\end{aligned}$$

는 이중선형 사상이다. 정의로부터 $\langle *, ** \rangle$은 열린 덮개 $\mathcal{U}$의 세분사상과 양립된다. 따라서 $\langle *, ** \rangle$은 정의하기 위해 선택한 열린 덮개에는 의존하지 않는다.

정리 6.43 (세르의 쌍대성 정리)

D를 X의 인자라고 하자. 이때 이중선형 형식

$$\langle *, ** \rangle = \mathrm{res} \circ \cup : H^0(X, \Omega^1_X(-D)) \times H^1(X, \mathcal{O}_X(D)) \to \mathbb{C}$$

는 비퇴화이다. 특히 다음 식이 성립한다.

$$h^0(\mathcal{O}_X(K_X - D)) = h^0(\Omega^1_X(-D)) = h^1(\mathcal{O}_X(D)).$$

마지막 등식만을 따로 떼놓고 세르의 쌍대성 정리라고 부르는 경우도 있다. 이 등식은 1차원 코호몰로지 군 $H^1(\mathcal{O}_X(D))$의 차원이 0차원 코호몰로지 군 $H^0(\mathcal{O}_X(K_X - D))$의 차원과 일치한다는 것을 의미한다. 정말로 기적이라고밖에 표현할 수 없는 놀라운 등식이다.

6.3.4 세르의 쌍대성 정리의 증명

명제 6.39에 의해서 마지막 등식은 $\langle *, ** \rangle$의 비퇴화 성질로부터 비롯된다. 아래에서 증명해야 할 것은 이중선형 형식 $\langle *, ** \rangle$으로부터 유도되는 선형 사상 ι_D : $H^0(X, \Omega_X^1(-D)) \to H^1(X, \mathcal{O}_X(D))^*; \alpha \mapsto (\beta \mapsto \mathrm{res}(\alpha\beta))$가 동형사상이라는 것, 즉 단사이면서 전사라는 것이다. 두 단계에 걸쳐서 증명하도록 한다.

제1단계 ι_D는 단사이다.

증명 $H^0(X, \Omega_X^1(-D)) = 0$이라면 더 이상 증명할 것이 없다. $H^0(X, \Omega_X^1(-D)) \neq 0$이라고 하자. 증명해야 할 것은 $0 \neq \omega \in H^0(X, \Omega_X^1(-D))$일 경우 $\iota_D(\omega) \neq 0$이라는 것, 즉 $\langle \omega, \eta \rangle \neq 0$인 $\eta \in H^1(X, \mathcal{O}_X(D))$가 존재한다는 것이다. $\mathrm{Supp}D$에 속하지 않은 점 P를 잡자. 또 P를 포함하는 국소 좌표근방계 $(z = z_P, U_P)$를 $U_P \cap \mathrm{Supp}(D) = \emptyset$가 되도록 잡는다. 유리형 1형식 ω는 $\mathrm{Supp}(D)$ 바깥에서는 극을 갖지 않는다. 따라서 $\omega|U_P = f(z)dz$ $(f(z) \in \mathcal{O}_X(U_P))$와 같이 쓸 수 있다. 필요할 경우 U_P를 더 작게 잡아서 f는 U_P 안에서 오로지 P만을 영점으로 갖는다고 가정해도 된다. X의 열린 덮개 $\mathcal{U} := \{U_0, U_1\}$를 $U_0 := U_P$, $U_1 := X - \{P\}$로 정의한다. $\mathcal{M}$을 유리형 함수의 층이라고 하자. 0공사슬 $(g_0, g_1) \in C^0(\mathcal{U}, \mathcal{M})$를 $g_0 := -\frac{1}{zf}, g_1 := 0$을 정의한다. $C^*(\mathcal{U}, \mathcal{M})$에서 (g_i)의 공경계 $(g_{ij}) := \partial^0((g_i))$에 주목하자. $U_{ij} = U_i \cap U_j$로 놓으면 $g_{01} = (g_1 - g_0)|U_{01} = \frac{1}{zf} \in \mathcal{M}(U_{01})$, $g_{10} = -g_{01}$, $g_{00} = 0$, $g_{11} = 0$이다. 1공사슬 (g_{ij})는 g_{01}로부터 유일하게 결정된다. 아래에서는 (g_{ij})를 간단히 (g_{01})로 쓰기로 한다. $U_{01} \cap \mathrm{Supp}D = \emptyset$, $U_{01} \cap \{P\} = \emptyset$이다. 또 $\frac{1}{zf}$는 U_{01}에서 극도 영점도 갖지 않는다. 따라서 $g_{01} \in (\mathcal{O}_X(D))(U_{01})$이다. 게다가 $\mathcal{U}$는 두 개의 열린 집합으로 이루어진 덮개이므로 1공사슬은 1공순환이다. (각자 그 이유를 생각해 보도록.) 이렇게 해서 $(g_{01}) \in Z^1(\mathcal{U}, \mathcal{O}_X(D))$이다.

여기서 (g_i)는 $C^0(\mathcal{U}, \mathcal{M})$의 원소이지만 더 작은 $C^0(\mathcal{U}, \mathcal{O}_X(D))$의 원소일 필요는 없다. 따라서 여기서 구성한 (g_{01})는 복합체 $C^*(\mathcal{U}, \mathcal{M})$의 공경계이지만 복합체

$C^*(\mathcal{U}, \mathcal{O}_X(D))$의 공경계가 아닐 수도 있다. 이 차이는 미묘하지만 아주 중요한 차이이다.

1공사슬 $(g_{01}) \in Z^1(\mathcal{U}, \mathcal{O}_X(D))$의 동치류로서 $H^1(\mathcal{U}, \mathcal{O}_X(D))$를 경유해서 결정되는 $H^1(X, \mathcal{O}_X(D))$의 원소를 η라고 하자. $\eta := [(g_{01})] = [(\frac{1}{zf})] \in H^1(X, \mathcal{O}_X(D))$. $U_0 \cap U_1$에서 $\omega = f dz$이므로 $\omega\eta = [(\frac{dz}{z})] \in H^1(X, \Omega_X^1)$이다. 따라서 $\langle \omega, \eta \rangle = \mathrm{res}(\omega\eta) = \mathrm{res}([(\frac{dz}{z})])$이다. 그래서 ι_D의 단사성은 다음 등식으로부터 따르는데 이것이 유수 사상이라는 명칭의 유래이기도 하다.

주장 6.44 $\mathrm{res}([(\frac{dz}{z})]) = 1$.

증명 정의에 의해서 $[(\frac{dz}{z})] \in H^1(X, \Omega_X^1)$의 들어올림 $\alpha \in H^1(X, \mathcal{A}_X^{1,1})$를 찾은 후 적분의 계산을 실제로 하면서 검증하려고 한다. 정칙 1형식은 $(1,0)$형 C^∞급 형식이기도 하므로 $(\frac{dz}{z}) \in Z^1(\mathcal{U}, \Omega_X^1) \subset Z^1(\mathcal{U}, \mathcal{A}_X^{1,0})$이다. 한편, 도움정리 5.51에 의해서 $Z^1(\mathcal{U}, \mathcal{A}_X^{1,0})/B^1(\mathcal{U}, \mathcal{A}_X^{1,0}) = H^1(\mathcal{U}, \mathcal{A}_X^{1,0}) = 0$이다. 따라서 $(\frac{dz}{z}) \in B^1(\mathcal{U}, \mathcal{A}_X^{1,0})$이다. 다시 말해, C^∞급 $(1,0)$형식 $\tau_0 \in \mathcal{A}_X^{1,0}(U_0)$와 $\tau_1 \in \mathcal{A}_X^{1,0}(U_1)$가 존재해서 $U_0 \cap U_1$에서 $\frac{dz}{z} = \tau_0 - \tau_1$가 된다. 양변에 외미분을 취하면 $d(\frac{dz}{z}) = 0$이다. 따라서 U_{01}에서 $d\tau_1 = d\tau_0$이 성립한다. 그러므로 $d\tau_0 \in \mathcal{A}_X^2(U_0)$와 $d\tau_1 \in \mathcal{A}_X^2(U_1)$를 잘 포개서 $\alpha|U_i = d\tau_i$ $(i = 0, 1)$를 만족하는 $\mathcal{A}_X^2(X) = H^0(X, \mathcal{A}_X^2)$의 원소 α를 정의한다. 연결사상 δ^0의 정의로부터 이 α는 $(\frac{dz}{z})$의 한 개의 들어올림을 결정한다. 따라서 유수사상의 정의로부터

$$\mathrm{res}\left(\left[\left(\frac{dz}{z}\right)\right]\right) = \frac{1}{2\pi\sqrt{-1}} \iint_X \alpha$$

이다. 우변을 계산해보자. $U_{01} := U_P - \{P\}$이고 U_{01}에서 $\tau_1 = \tau_0 - \frac{dz}{z}$이다. 이 등식의 좌변은 U_1에서 C^∞급이며 우변은 $U_0 - \{P\}$에서 C^∞급이다. 이것들을 잘 포개서 얻어지는 미분 형식 τ_P는 $X - \{P\}$에서 C^∞급 $(1,0)$형식, 즉 $\mathcal{A}_X^{1,0}(X - \{P\})$의 원소이다. 또 α가 정의된 방식에 따르면 $X - \{P\}$에서 $\alpha = d\tau_P$이다. 이 등식을 X 전체에서 성립하도록 개량해 나가려고 한다. P를 중심으로 갖는 충분히 작은 열린 원판 $V_P(\subset U_0)$를 잡는다. 그리고 V_P에서 항등적으로 1이고 $\mathrm{Supp}(\varphi) \subset U_0$인 C^∞급 함수 $\varphi \in \mathcal{A}^0(X)$를 한 개를 취한다. 단위 분할을 이용하면 이것은 가능하다. $\varphi_P = 1 - \varphi$로 두자. φ_P는 V_P에서 항등적으로 0이다. 따라서 $(\varphi_P\tau_P)(P) = 0$으로 정의함으로써 $\varphi_P\tau_P$를 X 전체에서 C^∞급 형식으로 확장가능하다. 한편 $V_P - \{P\}$

에서 $\varphi = 1$이므로 $d(\varphi\tau_P) = d(\tau_0 - \frac{dz}{z}) = d\tau_0$이다. 여기서 $d\tau_0$는 V_P에서 C^∞급이다. 따라서 $d(\varphi\tau_P)(P) := d\tau_0(P)$로 정의함으로써 $d(\varphi\tau_P)$도 X 전체에서 정의된 C^∞급 형식으로 확장된다. 여기서 $d(\varphi\tau_P)$이 확장될 때 외미분하기 전의 $\varphi\tau_P$까지도 확장된 것은 아니라는 사실에 주의하자.

한편 $\varphi + \varphi_P = 1$이므로 $X - \{P\}$에서 $\alpha = d(\tau_P) = d(\varphi_P\tau_P) + d(\varphi\tau_P)$이다. 이 등식의 양끝의 항은 모두 X 전체에서 정의된 C^∞급 형식이다. 따라서 $\alpha = d(\varphi_P\tau_P) + d(\varphi\tau_P)$가 X 전체에서 성립한다. 그러므로

$$\iint_X \alpha = \iint_X d(\varphi\tau_P) + \iint_X d(\varphi\tau_P)$$

이다. $\varphi_P\tau_P$는 X 전체에서 C^∞급 형식이다. 따라서 그린의 정리에 의해서

$$\iint_X d(\varphi_P\tau_P) = \int_{\partial X} \varphi_P\tau_P = \int_{\emptyset} \varphi_P\tau_P = 0$$

이다. 이로 인해 첫 번째 항은 사라지고

$$\iint_X \alpha = \iint_X d(\varphi\tau_P)$$

가 된다. $\varphi\tau_P$는 $V_P(\subset U_0)$의 바깥에서 0이라는 사실과 $U_0 - \{P\}$에서 $\tau_P = \tau_0 - \frac{dz}{z}$을 이용해서 우변을 계산하면

$$\iint_{U_P} d(\varphi\tau_P) = \lim_{\epsilon\to 0} \iint_{\epsilon \le |z| \le R} d\left(\varphi\left(\tau_0 - \frac{dz}{z}\right)\right)$$

이다. 여기서 R은 U_0의 반경이다. $\epsilon \le |z| \le R$에서 $\varphi(\tau_0 - \frac{dz}{z})$은 C^∞급 형식이다. 따라서 그린의 정리를 이용해서 우변을 변형한 후 $\varphi|\partial U_P = 0$, $\varphi|V_P$를 대입해서

$$\begin{aligned}
&\lim_{\epsilon\to 0} \iint_{\epsilon \le |z| \le R} \left(\varphi\left(\tau_0 - \frac{dz}{z}\right)\right) \\
&= \int_{|z|=R} \varphi\left(\tau_0 - \frac{dz}{z}\right) - \lim_{\epsilon\to 0} \int_{|z|=\epsilon} \varphi\left(\tau_0 - \frac{dz}{z}\right) \\
&= -\lim_{\epsilon\to 0} \int_{|z|=\epsilon} \left(\tau_0 - \frac{dz}{z}\right)
\end{aligned}$$

를 얻는다. τ_0는 U_0 전체에서 C^∞급이라는 사실과 코시의 적분 공식을 이용해서 우변을

계산해보면

$$-\lim_{\epsilon\to 0}\int_{|z|=\epsilon}\left(\tau_0-\frac{dz}{z}\right)=-\lim_{\epsilon\to 0}\int_{|z|=\epsilon}\tau_0+\lim_{\epsilon\to 0}\int_{|z|=\epsilon}\frac{dz}{z}=2\pi\sqrt{-1}$$

이다. 이상으로부터 $\iint_X \alpha = 2\pi\sqrt{-1}$, 즉 $\mathrm{res}(([\frac{dz}{z}])) = 1$이다. □

제2단계 ι_D는 전사이다.

증명 $\lambda \in H^1(X, \mathcal{O}_X(D))^*$라고 하자. $\lambda = \iota_D(\alpha)$를 만족하는 $\alpha \in H^0(X, \Omega^1_X(-D))$가 존재하는 것을 보이면 된다. $\lambda = 0$이라면 $\alpha = 0$로 두면 된다. 아래에서는 $\lambda \neq 0$이라고 하자. 증명의 아이디어는 $-D$를 크게 취함으로써 $H^0(X, \Omega^1_X(-D))$를 확장해서 α의 후보를 찾기 쉽게 만드는 것이다. 일단 다음 사항에 주의해 둔다.

도움정리 6.45 Y를 콤팩트 리만면이라고 하자. E를 Y의 인자라고 하자. $\deg E < 0$일 경우 $h^0(\mathcal{O}_Y(E)) = 0$이다.

증명 대우를 증명하도록 한다. $h^0(\mathcal{O}_Y(E)) > 0$일 경우 $H^0(\mathcal{O}_X(E))$의 정의로부터

$$E' := \mathrm{div}(f) + E \geq 0 \tag{6.22}$$

을 만족하는 0이 아닌 유리형 함수 f가 존재한다. Y는 콤팩트이므로 도움정리 5.18에 의해서 $\deg\mathrm{div}(f) = 0$이다. 이 등식을 (6.22)에 대입하면 $\deg E = \deg E' \geq 0$가 되어 대우를 얻을 수 있다. □

제2단계의 주장으로 돌아오자. X의 점 P를 한 개 골라서 고정한 다음, 인자 $D_n := D - nP$를 생각하자. n은 양의 정수이다. $\varphi \in H^0(X, \mathcal{O}_X(nP))$이면서 $\beta = [(\beta_{ij})] \in H^1(X, \mathcal{O}_X(D_n))$일 경우 $\varphi\beta := [(\varphi\beta_{ij})] \in H^1(X, \mathcal{O}_X(D))$이다. 따라서 $(\varphi\lambda)(\beta) := \lambda(\varphi\beta)$로 정의함으로써 선형사상 $f_n : H^0(X, \mathcal{O}_X(nP)) \to H^1(X, \mathcal{O}_X(D_n))^*; \varphi \mapsto \varphi\lambda$를 얻을 수 있다. $\varphi \neq 0$이고 $\beta \in H^1(X, \mathcal{O}_X(D_n))$이라고 가정하자. 그러면 이 경우 일치의 정리에 의해서 $\varphi\beta = 0$일 경우 $\beta = 0$이다. 따라서 f_n은 단사이다. $\iota_n := \iota_{D_n}$이라고 두면 제 1단계에 의해서 각 n에 대해서 $\iota_n : H^0 \to H^1(X, \mathcal{O}_X(D_n))^*$도 단사 선형사상이다.

주장 6.46 n을 충분히 크게 잡으면 $\mathrm{Im}\, f_n \cap \mathrm{Im}\, \iota_n \neq \{0\}$이다.

증명 f_n이 단사라는 사실과 리만-로흐의 부등식 (따름정리 6.26)으로부터

$$\dim \operatorname{Im} f_n = \dim H^0(X, \mathcal{O}_X(nP)) \geq 1 - g + n$$

이다. 또 ι_n이 단사라는 사실과 리만-로흐의 부등식으로부터

$$\begin{aligned}\dim \operatorname{Im} \iota_n &= \dim H^0(X, \Omega^1_X(-D)n)) = \dim H^0(X, \mathcal{O}_X(K_X - D_n)) \\ &\geq 1 - g + \deg(K_X - D_n) = 1 - g + \deg(K_X) - \deg(D) + n\end{aligned}$$

이다. 따라서 n에 의존하지 않는 상수 C가 존재해서

$$\dim \operatorname{Im} f_n + \dim \operatorname{Im} \iota_n \geq 2n + C \tag{6.23}$$

를 만족한다. 한편 $\deg D_n = \deg D - n$와 리만-로흐의 정리 6.23으로부터

$$\begin{aligned}\dim H^1(X, \mathcal{O}_X(D_n))^* &= h^1(X, \mathcal{O}_X(D_n)) \\ &= h^0(X, \mathcal{O}_X(D_n)) - \deg D + n - (1 - g)\end{aligned}$$

이다. $n > \deg D$일 경우 $\deg D_n < 0$이다. 이때 도움정리 6.45으로부터 $h^0(X, \mathcal{O}_X(D_n)) = 0$이다. 따라서 $n > \deg D$일 경우

$$\dim H^1(X, \mathcal{O}_X(D_n))^* = n - \deg D - (1 - g) \tag{6.24}$$

이다. (6.23), (6.24)에 의해서 n이 충분히 크면

$$\dim \operatorname{Im} f_n + \dim \operatorname{Im} \iota_n > \dim H^1(X, \mathcal{O}_X(D_n))^*$$

이 성립하는데 이 경우 $\operatorname{Im} f_n \cap \operatorname{Im} \iota_n \neq \{0\}$이다. □

이렇게 해서 n이 충분히 클 경우 $\varphi_n \lambda = \iota_n(\alpha_n)$를 만족하는 $H^0(X, \mathcal{O}_X(nP)) - \{0\}$의 원소 φ_n과 $H^0(X, \Omega^1_X(-D_n)) - \{0\}$의 원소 α_n이 존재한다. $H^0(X, \Omega^1_X(-D_n)) = H^0(X, \Omega^1_X(-D + nP))$이다. $\alpha := \alpha_n / \varphi_n$로 놓자. α는 유리형 1형식이다. 다음을 보이면 증명이 완성된다.

주장 6.47 $\alpha \in H^0(X, \Omega^1_X(-D))$이면서 $\lambda = \iota_D(\alpha)$이다.

증명 $\operatorname{div}(\varphi_n) = A - B, A := (\varphi_n)_0, B := (\varphi_n)_\infty$로 놓자. A, B는 유효 인자이다. $\operatorname{div}(\alpha_n) \geq D_n$이므로

$$\operatorname{div}(\alpha) = \operatorname{div}(\alpha_n) - \operatorname{div}(\varphi_n) \geq D_n - A + B \geq D_n - A = -(-D + C)$$

이다. 여기서 $C := nP + A$로 놓았다. 이 부등식은 $\alpha \in H^0(X, \Omega_X^1(-(D-C)))$인 것을 의미한다. $C \geq 0$이므로 예제 5.26에 의해서 짧은 완전열

$$0 \to \mathcal{O}_X(D-C) \to \mathcal{O}_X(D) \to \mathcal{S} \to 0 \tag{6.25}$$

이 만들어진다. 여기서 $\mathcal{S}$는 $\text{Supp}\mathcal{S} = \text{Supp}C$를 만족하는 층이다. 따라서 도움정리 5.50에 의해서 $H^1(X, \mathcal{S}) = 0$이다. 그러므로 (6.25)로부터 유도되는 코호몰로지 군의 사상

$$\tau_{D-C}^D : H^1(X, \mathcal{O}_X(D-C)) \to H^1(X, \mathcal{O}_X(D))$$

는 전사이다. 따라서 쌍대사상 (문제 3.9 참조)

$${}^t\tau_{D-C}^D : H^1(X, \mathcal{O}_X(D))^* \to H^1(X, \mathcal{O}_X(D-C))^*$$

는 단사이다. $C \geq 0$이기 때문에 $H^0(X, \Omega_X^1(-D)) \subset H^0(X, \Omega_X^1(-D-C))$이고 $H^0(X, \Omega_X^1(-D))$의 임의의 원소 ω에 대해서 ${}^t\tau_{D-C}^D \circ \iota_D(\omega) = \iota_{D-C}(\omega)$이다. 다시 말해 사상으로서 ${}^t\tau_{D-C}^D \circ \iota_D = \iota_{D-C}$이다. $\varphi_n \lambda = \iota_n(\alpha_n)$인 사실을 이용해서 $\alpha = \alpha_n/\varphi_n (\in H^0(X, \Omega_X^1(-(D-C))))$의 양변의 상을 계산해서 ${}^t\tau_{D-C}^D(\lambda) = \iota_{D-C}(\alpha)$를 얻는다. 아래에서는 $\alpha \in H^0(X, \Omega_X^1(-D))$를 증명하도록 한다. 만약 $\alpha \notin H^0(X, \Omega_X^1(-D))$일 경우 X의 점 Q가 존재해서 $\text{ord}_Q(\alpha) < m$이다. 여기서 m은 D의 인자 Q에 딸린 계수이다. (z, U_0)를 Q의 충분히 작은 국소 좌표근방계라고 하자. (U_0는 제1단계에서 나오는 U_0와 관계없다.) $\alpha | U_0 = f(z)dz$라고 두자. 여기서 $f(z)$는 $\text{ord}_Q f(z) < m$을 만족하며 게다가 $U_0 - \{Q\}$에서는 극도 영점도 갖지 않는 U_0에서 정의된 유리형 함수이다. 또 $U_0 \cap \text{Supp}D \subset \{Q\}$, $U_0 \cap \text{Supp}(D-C) \subset \{Q\}$라고 가정해도 무방하다. U_0에서 정의된 유리형 함수 f_0와 U_1에서 정의된 유리형 함수 f_1를 $f_0 = \frac{1}{zf}, f_1 = 0$으로 정의한다. $\text{ord}_Q(f_0) = -1 - \text{ord}_Q(f) \geq -m$이므로 $f_0 \in \mathcal{O}_X(D)(U_0)$이다. 따라서 $(f_0, f_1) \in C^0(\mathcal{U}, \mathcal{O}_X(D))$이다. $f_{01} := 1/(zf)$로 두자. 그러면 $(f_{01}) = \partial^0((f_0, f_1)) \in B^1(\mathcal{U}, \mathcal{O}_X(D))$이다. (f_{01})의 동치류로서 정의되는 $H^1(X, \mathcal{O}_X(D))$의 원소를 β_D라고 하면 $\beta_D = 0$이다. 또 $(f_{01}) \in Z^1(\mathcal{U}, \mathcal{O}_X(D-C))$이다. $U_0 \cap U_1 \cap \text{Supp}(D-C) = \emptyset$이고 열린 덮개 $\mathcal{U}$는 두 개의 원소로 이루어져 있기 때문이다. 1공순환 (f_{01})의 동치류로서 정의되는 $H^1(X, \mathcal{O}_X(D-C))$의 원소를 β_{D-C}로 두자. 정의로부터 $\beta_D = \tau_{D-C}^D(\beta_{D-C})$이다. 이때

$$\langle \alpha, \beta_{D-C} \rangle = \iota_{D-C}(\alpha)(\beta_{D-C}) = {}^t\tau_{D-C}^D(\lambda)(\beta_{D-C}) = \lambda(\tau_{D-C}^D(\beta_{D-C}))$$

$$= \lambda(\beta_D) = \lambda(0) = 0$$

이다. 한편 $\alpha\beta_{D-C} \in H^1(X, \Omega_X^1)$이고 $\alpha(f_0, f_1) = (dz/z, 0)$이다. 따라서 주장 6.44에서와 같은 계산을 하면 $\langle \alpha, \beta_{D-C} \rangle = \mathrm{res}(\alpha\beta_{D-C}) = 1$이다. 이것은 위의 계산과 상반되는 결과이다. 따라서 $\alpha \in H^0(X, \Omega_X^1(-D))$일 수밖에 없다. 이때 ${}^t\tau_{D-C}^D(\lambda) = \iota_{D-C}(\alpha) = {}^t\tau_{D-C}^D \circ \iota_D(\alpha)$이다. ${}^t\tau_{D-C}^D$는 단사이므로 이로 인해 $\lambda = \iota_D(\alpha)$이다. □

이상으로 세르의 쌍대성 정리가 증명되었다. □

6.3.5 리만-로흐의 정리의 다른 형태 및 소멸 정리

세르의 쌍대성 정리의 등식을 리만-로흐의 정리의 등식에 대입하면 다음을 얻을 수 있다.

따름정리 6.48 **(리만-로흐의 정리의 다른 형태)** D를 X의 인자라고 하자. 이때 다음 등식이 성립한다. $h^0(\mathcal{O}_X(D)) - h^0(\mathcal{O}_X(K_X - D)) = 1 - g + \deg D$.

이 등식에는 다루기 어려운 1차 코호몰로지 군이 나타나지 않는다. 그렇기 때문에 원래 형태보다 적용하기 쉬운 이점이 있다.

따름정리 6.49 **(대역적 정칙 1형식, 표준인자로의 응용)**

(1) $g = h^0(\mathcal{O}_X(K_X)) = h^0(\Omega_X^1)$. 즉, 콤팩트 리만면 X의 종수는 X에서 정의된 대역적 정칙 1형식 전체로 이루어진 선형공간의 차원이다.

(2) $\deg K_X = 2g - 2$. 즉, $\deg \mathrm{div}(\omega) = 2g - 2$가 X에서 0이 아닌 임의의 대역적 유리형 1형식 ω에 대해서 만족한다.

(1)의 증명 따름정리 6.48를 $D = 0$인 경우에 적용을 하면 $g = h^0(\mathcal{O}_X(K_X))$이 된다. 이렇게 해서 첫 번째 등식을 얻는다. 층으로서 $\mathcal{O}_X(K_X) \simeq \Omega_X^1$이다. 이로 인해 두 번째 등식도 성립한다.

(2)의 증명 따름정리 6.48를 $D = K_X$인 경우에 적용을 하면

$$h^0(\mathcal{O}_X(K_X)) - h^0(\mathcal{O}_X) = 1 - g + \deg K_X \tag{6.26}$$

를 얻는다. (1)에 의해서 $h^0(\mathcal{O}_X(K_X)) = g$이다. X는 콤팩트이므로 $h^0(\mathcal{O}_X) = 1$이다. 이것들을 (6.26)에 대입을 하면 $g - 1 = 1 - g + \deg K_X$가 된다. 이 식을 $\deg K_X$에 대해서 풀어서 쓰면 $\deg K_X = 2 - 2g$을 얻는다. □

예제 6.50 따름정리 6.49를 이용해서 1차원 복소 원환면 E의 종수는 1인 것을 보여라.

풀이 4.2절의 기호를 이어서 쓴다. $\omega := dz$는 E의 어디에서도 0이 아닌 정칙 1 형식이다. 따라서 따름정리 6.49 (2)에 의해서 $2g(E) - 2 = \deg \operatorname{div}(\omega) = 0$이다. 이 식을 $g(E)$에 대해서 풀면 $g(E) = 1$를 얻는다. 다음과 같은 방식으로도 같은 결과를 얻을 수 있다. η를 E의 또 다른 대역적 정칙 1형식이라고 하자. $\eta = \varphi\omega$ (φ는 E의 대역적 유리형 함수)로 쓸 수 있다. η는 정칙이고 ω는 어디에서도 0이 아니다. 따라서 φ는 극을 갖지 않는다. 다시 말해 φ는 정칙이다. E는 콤팩트이므로 이 경우 φ는 상수이다. 따라서 $H^0(E, \Omega_E^1) = \mathbb{C}\omega$이다. $\omega \neq 0$이므로 이 선형공간의 차원은 1이다. 따라서 따름정리 6.49 (1)에 의해서 $g(E) = 1$이다. □

문제 6.8 따름정리 6.49를 이용해서 $\mathbb{P}^1$의 종수는 0인 것을 보여라.

따름정리 6.51 **(소멸정리)** D, E를 X의 인자라고 하자.

(1) $\deg E < 0$일 경우 $h^0(\mathcal{O}_X(E)) = 0$이다.

(2) $\deg D \geq 2g - 1 (= \deg K_X + 1)$일 경우 $h^1(\mathcal{O}_X(D)) = 0$이다.

이 따름정리의 (1)은 이미 도움정리 6.45에서 언급했지만 편의상 다시 한번 여기서 상기시켜둔다. (2)는 차수가 종수와 비교해서 충분히 큰 인자의 1차 코호몰로지 군은 사라진다(소멸된다)는 것을 의미한다.

(2)의 증명 가정에 의해 $\deg(K_X - D) < 0$이다. 따라서 (1)로부터 $h^0(\mathcal{O}_X(K_X - D)) = 0$임을 알 수 있다. 세르의 쌍대성 정리로부터 $h^1(\mathcal{O}_X(D)) = h^0(\mathcal{O}_X(K_X - D))$가 성립한다. 이렇게 해서 $h^1(\mathcal{O}_X(D)) = 0$를 얻는다. □

따름정리 6.51과 리만-로흐의 정리로부터 차수가 종수와 비교해서 충분히 큰 인자에 대해서는 $h^0(\mathcal{O}_X(D))$가 종수와 D의 차수로부터 정확히 계산된다는 것이다.

따름정리 6.52 $\deg D > 2g - 1$일 경우 $h^0(\mathcal{O}_X(D)) = 1 - g + \deg D$이다.

증명 가정과 따름정리 6.51 (2)로부터 $h^1(\mathcal{O}_X(D)) = 0$이다. 이것을 리만-로흐의 정리에 대입하면 원하는 등식을 얻는다. □

주의 6.53 리만-로흐의 정리, 세르의 쌍대정리, 소멸정리는 임의의 차원의 콤팩트 복소다양체와 인자에 대해서도 적절한 형태로 확장되어있으며 대수기하학, 복소다양체론의 가장 중요한 도구로서 활약을 하고 있다.

요약 6.54 **(콤팩트 리만면의 3대 필수품**[1]**)**

(1) $h^0(\mathcal{O}_X(D)) - h^1(\mathcal{O}_X(D)) = 1 - g + \deg D$.

(2) $h^1(\mathcal{O}_X(D)) = h^0(\mathcal{O}_X(K_X - D))$.

(3) $\deg D \geq \deg K_X + 1 = 2g - 1$ 이면 $h^1(\mathcal{O}_X(D)) = 0$.

위 세 개의 공식은 정확히 기억해서 언제든지 자유자재로 쓸 수 있도록 하는 것이 중요하다. □

---

[1]역주: 일본어 원서에서는 '3종신기'로 표현

7

리만-로흐의 정리의 응용

전반부에서는 종수의 여러 가지 특징을 몇 가지 예를 계산해 보면서 제시한다. 종수에 관련된 공식을 요약 7.13에 정리해 두고 가상의 시험문제를 추가했다. 후반부에서는 콤팩트 리만면의 사영 매립 정리에 대해서 언급한 후 작은 종수를 갖는 리만면의 구조와 표준인자에 부수적으로 따라오는 유리형 사상에 대해서 고찰한다.

이 장에서는 다른 언급이 없는 한 X는 종수가 g인 콤팩트 리만면으로 고정해서 생각한다.

7.1 콤팩트 리만면의 위상적 오일러 수와 종수

정리 7.1

(X의 위상적 오일러 수)$= -\deg K_X = 2-2g$이다. 특히 $g(X) = \pi(X) = \frac{1}{2}b_1(X)$이다. 또 X는 정리 4.35에서 언급한 실수 위에서 정의된 닫힌 곡면 Σ_g와 위상동형이다.

이 정리로부터 X의 복소구조를 이용해서 정의된 종수 $g = h^1(\mathcal{O}_X)$는 사실 X의 하부 위상구조에만 의존해서 결정되는 수라는 것을 알 수 있다. 따라서 리만-로흐의 정리의 우변도 X의 위상구조에만 의존하는 불변량이다.

증명 $\mathbb{P}^1$에 대해서는 ($\mathbb{P}^1$의 위상적 오일러 수)$= 2 = -\deg K_{\mathbb{P}^1}$을 만족하기 때문에 참이다. X의 상수함수가 아닌 유리형 함수 f를 고정한다. f를 X에서 $\mathbb{P}^1$으로 가는 전사 정칙사상 $f : X \to \mathbb{P}^1$이라고 생각할 수 있다. f의 덮개차수를 d라고 하자. f의 분지점 집합을 $R := \{P_1, P_2, \cdots, , P_n\}$로 놓고 f는 P_i에서 분지지수 e_i를 갖는다고 하자. 또 $B := f(R)$라고 하자.

증명에서 쓰이는 기본적인 아이디어는 위에서 주어진 데이터를 바탕으로 $\deg K_X$와 X의 위상적 오일러 수를 별도로 계산해서 비교하는 것이다. 계산하는 대상은 완전히 다른 것이지만 계산과정에서 비슷한 면이 많은 것을 알 수 있다.

$\deg K_X$의 계산: $\mathbb{P}^1$에서 0이 아닌 대역적 유리형 함수 ω를 $\mathrm{Supp}\,\mathrm{div}(\omega)\cap B = \emptyset$를 만족하도록 취한다. 이것은 $\mathbb{P}^1 = \mathbb{C}_z \cup \{\infty\}$의 대역적 유리형식 dz에 유리함수를 적절히 곱해 줌으로써 가능하다. 당김 $f^*\omega$는 X의 유리형 1형식이다. Q는 $\mathbb{P}^1$의 점이고 $P \in f^{-1}(Q)$이라고 하자. 또 f의 P에서의 분지지수를 $e_P \geq 1$이라고 하자. $\mathrm{ord}_Q(\omega) = m_Q$일 경우 명제 3.28로부터 $\mathrm{ord}_P(f^*\omega) = m_Q e_P + (e_P - 1)$이다. $f^{-1}(Q)$의 점 전체에 대한 e_P의 합은 d이다. 따라서 $\sum_{P\in f^{-1}(Q)} \mathrm{ord}_P(f^*\omega) = dm_Q + \sum_{P\in f^{-1}(Q)}(e_P - 1)$이다. 그러므로

$$\begin{aligned}\deg \mathrm{div} f^*\omega &= \sum_{P\in X} \mathrm{ord}_P(f^*\omega) = d \sum_{Q\in\mathbb{P}^1} \mathrm{ord}_Q(\omega) + \sum_{i=1}^{n}(e_P - 1)\\ &= d \deg \mathrm{div}(\omega) + \sum_{i=1}^{n}(e_i - 1)\end{aligned}$$

가 된다. 여기서 ω는 $\mathbb{P}^1$의 0이 아닌 대역적 유리형 1형식이므로 $\deg \mathrm{div}(\omega) = -2$이다. 따라서

$$\deg K_X = -2d + \sum_{i=1}^{n}(e_i - 1). \tag{7.1}$$

X의 위상적 오일러 수의 계산: $\mathbb{P}^1$과 X에 명제 6.31에서 취한 것과 같은 삼각형 분할을 도입한다. 이렇게 해서 얻어지는 $\mathbb{P}^1$의 삼각형 분할에서 꼭짓점의 개수, 변의 개수, 면의 개수를 각각 v, e, f라고 하자. $\mathbb{P}^1$의 오일러 수는 2이므로 $v - e + f = 2$이다. 이 경우 X의 삼각형 분할에서 변의 개수, 면의 개수는 각각 de, df가 된다. 또 만약에 f에 분지점이 없을 경우 꼭짓점의 개수도 dv가 된다. 하지만 실제로는 P_i들 중에서 e_i개는 겹치게 된다. 따라서 실제 꼭짓점의 개수는 $dv - \sum_{i=1}^{n}(e_i - 1)$이다. 이상으로부터 X의 오일러 수를 $dv - \sum_{i=1}^{n}(e_i - 1) - de + df = d(v - e + f) - \sum_{i=1}^{n}(e_i - 1) = 2d - \sum_{i=1}^{n}(e_i - 1)$와 같이 계산해낼 수 있다. 이것은 (7.1)에서 구한 $\deg K_X$의 -1 배이다. 나머지는 정리 4.35으로부터 유도되는 결과이다. 이렇게 해서 정리가 증명되었다. □

완전히 똑같은 방식으로 생각하면 다음을 얻는다.

정리 7.2 (후르비츠의 공식, Hurwitz formula)

X, Y를 종수가 $g(X), g(Y)$인 콤팩트 리만면이라고 하고 $f : X \to Y$는 차수가 d인 전사 정칙사상이라고 하자. 또 $\{P_1, \cdots, P_n\}$을 f의 분지점들의 집합이라고 하자. f는 P_i에서 분지지수를 e_i를 갖는다고 하자. 그러면 다음 등식이 성립한다.

$$2 - 2g(X) = d(2 - 2g(Y)) - \sum_{i=1}^{n}(e_i - 1).$$

증명 정리 7.1에 의해서 $2-2g(X), 2-2g(Y)$는 각각 X, Y의 오일러 수이다. 정리 7.1의 증명의 후반부에서와 같이 f의 분지점의 상을 모두 꼭짓점으로 갖는 Y의 충분히 촘촘한 삼각형 분할을 취한다. Y는 삼각형 분할이 가능하므로 세분화해서 이와 같은 삼각형 분할을 취하는 것은 가능하다. 다음으로 명제 6.31에서와 같은 방법으로 f를 이용해서 Y의 삼각형 분할을 X의 삼각형 분할로 들어올린다. 이렇게 해서 X의 삼각형 분할을 얻는다. 이 두 개의 삼각형 분할을 이용해서 정리 7.1과 같은 방식으로 X의 오일러 수를 Y의 오일러 수로부터 계산해서 결론을 얻는다. □

문제 7.1 정리 7.2를 Y의 대역적 유리형 미분형식과 그것의 당김을 이용해서 증명하시오.

문제 7.2 다음을 보이시오.

(1) E, F를 모두 종수 1인 콤팩트 리만면이라고 하자. 이 경우 E에서 F로 가는 전사 정칙사상은 불분지이다.

(2) 1차원 복소 원환면 E와 임의의 양의 정수 n에 대해서 n번 더해주는 n배 사상 $n : E \to E; P \mapsto nP = P + P + \cdots + P$는 차수가 n^2인 불분지 정칙사상이다.

(3) X, Y를 모두 종수가 $g \neq 1$인 콤팩트 리만면이라고 하자. 이 경우 X에서 Y로 가는 전사 불분지 정칙사상은 쌍정칙사상이다.

문제 7.3 X, Y를 종수가 각각 $g(X), g(Y)$인 콤팩트 리만면이라고 하자. $g(X) < g(Y)$일 경우 X에서 Y로 가는 전사 정칙사상은 존재하지 않는 사실을 여러 가지 방법으로 보여라.

문제 7.4 d를 양의 정수라고 하자. F_d를 d차 페르마 곡선, 즉 $(X_0^d + X_1^d + X_2^d = 0)$으로 정의되는 비특이 사영 평면곡선이라고 하자.

(1) 정칙사상 $\pi : F_d \to \mathbb{P}^1; [a_0 : a_1 : a_2] \mapsto [a_0 : a_1]$가 정의되는 것을 보이고 π의 차수, 분지점 및 각 분지점에서의 분지지수를 구하여라.

(2) (1)과 정리 7.2를 조합해서 $g(F_d) = (d-1)(d-2)/2$ 을 유도하시오.

(3) $g(F_d) = 0, g(F_d) = 1, g(F_d) = 3$이 되는 d의 값을 각각 구하여라. 또 $g(F_d) = 2, 4, 5$가 되는 것은 가능한가? 이 세 경우에 대해서 각각 조사하시오.

(4) $f(t)^d + g(t)^d + 1 = 0$이 항등식이 되게 하는 상수가 아닌 유리함수 $f(t), g(t) \in \mathbb{C}(t)$가 존재한다고하면 d는 어떤 값이어야 하는가? (힌트: $\mathbb{P}^1$와 F_d에 대한 기하학적인 문제로 재해석하시오.)

7.2 여러 가지 콤팩트 리만면의 종수

예제 7.3 **(초타원 곡선의 종수와 대역적 정칙 1형식)** 4.4절에서 소개한 방정식

$$y^2 = (x - a_1)(x - a_2) \cdots (x - a_{2g+2})$$

(g는 음이아닌 정수, $a_1, \cdots, a_{2g+1}$은 서로 다른 0이 아닌 $2g+2$개의 복소수)으로 정의되는 초타원 곡선 C의 종수 $g(C)$를 구하여라. 또 C에서 정의되는 대역적 정칙 1형식을 모두 구하여라.

풀이 4.4절의 표기법을 이어서 쓴다. C_0, C_∞를 정의하는 다항식을 f_0, f_∞로 나타내기로 한다. 예를 들어, $f_0 := y^2 - \prod_{i=1}^{2g+2}(x - a_i)$이다. 4.4절에 의해서 C는 $2g+2$개의 점으로 이루어진 집합 $\{a_k\}_{k=1}^{2g+2} \subset \mathbb{P}^1$을 분지점 집합의 상이 되게 하는 $\mathbb{P}^1$의 2중 덮개 $\pi : C \to \mathbb{P}^1$ 구조를 갖는다. 후르비츠의 공식을 π에 적용해서 $2 - 2g(C) = 2(2 - 2g(\mathbb{P}^1)) - (2g+2) = 2 - 2g$를 얻는다. 이 식을 $g(C)$에 대해서 풀면 $g(C) = g$가 된다. 이로 인해 임의의 0이상의 정수 g에 대해서 g를 종수로 갖는 콤팩트 리만면이 존재한다는 것을 알게 된 셈이다. 다음으로 C의 대역적 정칙 1형식 전체로 이루어진 선형공간 $H^0(C, \Omega_C^1)$에 대해서 생각해 보자. 따름정리 6.49로부터 차원은 g이다. 따라서 $g = 0$일 경우 $\{0\}$이다. 아래에서는 $g \geq 1$이라고 가정하자. g개의 유리형

1형식

$$\omega := dx/y,\ \ \omega_1 := xdx/y, \cdots, \omega_{g-1} := x^{g-1}dx/y$$

를 생각하기로 한다. 좌표함수 x, y는 C의 유리형 함수이기 때문에 이런 g개의 형식은 명백히 유리형 1형식이다. $h^0(\Omega^1_C) = g \geq 1$이므로 다음 두 개의 주장을 바꿔 말하면 $\langle \omega_i \rangle_{i=0}^{g-1}$은 $H^0(C, \Omega^1_C)$의 기저를 이룬다.

주장 7.4 $\{\omega_i\}_{i=0}^{g-1}$은 (훨씬 더 큰 선형공간인) C의 유리형 1형식 전체로 이루어진 선형공간에서 1차 독립이다.

주장 7.5 $\{\omega_i\}_{i=0}^{g-1}$의 원소는 모두 C에서 정칙이다.

주장 7.4의 증명 유리형 1형식으로서 등식 $0 = c_0\omega_0 + \cdots + c_{g-1}\omega_{g-1}$ (c_i는 복소수)이 성립한다고 하자. 우변에 dx/y을 뒤집어 씌운 후 dx/y는 유리형 1형식으로서 0이 아닌 사실을 이용해서 C의 유리형 함수로서 성립하는 등식

$$0 = c_0 + c_1x + \cdots + c_{g-1}x^{g-1} \tag{7.2}$$

을 얻는다. 특히 $C_0 \subset C$의 점 P의 x좌표값 $x(P)$을 대입한 후 복소수로서의 등식 $0 = c_0 + c_1x(P) + \cdots + c_{g-1}x(P)^{g-1}$이 임의의 $P \in C_0$에 대해서 성립한다. $\{x(P) | P \in C_0\} = \mathbb{C}$이다. 이로 인해 T를 부정원으로 갖는 다항식 $F(T) := c_0 + c_1T + \cdots + c_{g-1}T^{g-1} \in \mathbb{C}[T]$는 $\mathbb{C}$안에서 무한개의 영점을 갖는다. 다항식으로서 $F(T) \neq 0$일 경우 복소수해는 기껏해야 $\deg F(T)$개이다. 따라서 다항식으로서 $F(T) = 0$이다. 다항식으로서 서로 같기 때문에 이 경우 모든 i에 대해서 $c_i = 0$이다. 따라서 $\{\omega_i\}_{i=0}^{g-1}$는 1차 독립이다. □

주장 7.5의 증명 i를 $0 \leq i \leq g-1$을 만족하는 정수라고 하자. $P \in C_0$라고 하자. 일단 P에서 ω_i가 정칙인 것을 보이도록 한다. $(x(P), y(P)) = (a, b)$로 놓자. $a \neq a_j$인 경우를 먼저 생각해보자. 이 경우 $b \neq 0$이다. $\frac{\partial f_0}{\partial y}(P) = 2b \neq 0$이기 때문에 주의 4.31에 의해서 $x - a$는 P를 포함하는 C의 국소 좌표를 정의한다. $y(P) = b \neq 0$이기도 해서 $\omega_i = x^i dz/y$는 P에서 정칙이 된다. 다음으로 $P = P_j = (a_j, 0)$인 경우를 생각해보자. 기호의 간소화를 위해서 $j = 1$이라고 하자. 이 경우 $\frac{\partial f_0}{\partial x}(P) = -(a_1 - a_2) \cdots (a_1 - a_{2g+2}) \neq 0$이다. 따라서 주의 4.31에 의해서 y는 P를 포함하는 C

의 국소 좌표를 정의한다. P의 근방 $U(\subset C)$에서 x는 이 경우 y의 정칙함수이다. 이 사실을 $x = x(y)$로 표시하자. U에서 $dx = dx(y) = \frac{dx(y)}{dy}dy$인 사실을 이용해서

$$\omega_i = x(y)^i \frac{dx(y)}{y} = \frac{x(y)^i}{y}\frac{dx(y)}{dy}dy \tag{7.3}$$

와 같이 계산할 수 있다. U에서 $f(x(y), y) \equiv 0$이다. 이 식을 y에 대해서 미분하면

$$0 \equiv \frac{\partial f}{\partial x}\frac{dx(y)}{dy} + \frac{\partial f}{\partial y} = -h(y)\frac{dx(y)}{dy} + 2y \tag{7.4}$$

를 얻는다. 여기서 $h(y)$는 $h(0) \neq 0$을 만족하는 U에서 정칙인 함수이다. (7.4)를 $\frac{dx(y)}{dy}$에 관해 풀고 (7.3)에 대입함으로써 P의 근방에서 등식

$$\omega_i = \frac{x(y)^i}{y}\frac{dx(y)}{dy}dy = \frac{x(y)^i}{y}\frac{2y}{h(y)}dy = \frac{2x(y)^i}{h(y)}dy$$

를 얻는다. $h(0) \neq 0$이므로 ω_i는 $P = P_1$에서도 정칙이다. 이상으로 ω_i들이 C_0에서 정칙인 것이 확인되었다. 마지막으로 콤팩트화 $C_0 \subset C$하는 과정에서 새롭게 추가된 점 P에서 ω_i가 정칙인지 확인해 보자. P는 $(u, v) = (0, \pm 1)$로 표현되는 두 개의 점이다. 좌표의 변환 $(x, y) = (1/u, v/u^{g+1})$를 이용해서 ω_i를 좌표 (u, v)로 표현하면

$$\omega_i = x^i\frac{dx}{y} = \left(\frac{1}{u}\right)^i d\left(\frac{1}{u}\right) / \frac{v}{u^{g+1}} = -u^{g-i-1}\frac{du}{v} \tag{7.5}$$

가 된다. $\frac{\partial f_\infty}{\partial v}(P) = 2v(P) \neq 0$이다. 따라서 주의 4.31에 의해서 u는 P를 포함하는 C의 국소 좌표를 정의한다. 또 $v(P) \neq 0$이다. 따라서 (7.5)의 생김새 및 가정 $0 \leq i \leq g-1$을 조합하면 ω_i는 P에서 정칙인 것을 알 수 있다. □

이렇게 해서 $\langle \omega_i \rangle_{i=0}^{g-1}$은 $H^0(C, \Omega_C^1)$의 기저임이 확인되었다. 따라서 임의의 대역적 정칙 1형식은 복소수를 계수로 갖는 $\omega_i = x^i dx/y$ $(0 \leq i \leq g-1)$들의 1차 결합, 즉 $g(T) \in \mathbb{C}[T]$를 $(g-1)$차 이하의 다항식으로서 $g(x)dx/y$ 꼴로 쓸 수 있는 1형식들이다. □

문제 7.5 예제 7.3에서 다룬 것과 같은 초타원 곡선상에서 정의된 대역적 유리1형식 $dx, xdx, x^g\frac{dx}{y}, dy$의 영점과 극, 그리고 이것들의 위수를 구하여라.

문제 7.6 문제 4.15에서 구성한 초타원곡선 E의 종수를 구하여라. 또 $H^0(E, \Omega_E^1)$의 기저 한 세트를 구하여라. 단 선형공간 $\{0\}$의 기저는 $\emptyset$으로 정의한다.

문제 7.7 p는 소수이고 $\mathbb{F}_p$를 표수가 p인 체라고 가정하자.

(1) $f(T) := T^p - T \in \mathbb{F}_p[T]$는 다항식으로서 0은 아니지만 $\mathbb{F}_p$상의 함수 $a \mapsto f(a)$로서는 0인 것을 보여라.

(2) K를 대수적으로 닫힌 체라고 가정하자. K는 집합으로서 무한집합이라는 사실을 증명하시오. (힌트: 체는 정의에 의해서 0과 1을 가지며 $0 \neq 1$이다. $K = \{a_i\}_{i=1}^n$(유한집합)으로 가정해서 다항식 $1 + \prod_{i=1}^n (T - a_i)$의 영점이 K에 있는지 생각해 볼 것.)

(3) K를 대수적으로 닫힌 체라고 가정하자. $f(T) \in K[T]$라고 하자. $f(T)$가 다항식으로서 0인 것과 K에서 함수 $a \mapsto f(a)$ 로서 0이라는 것은 동치임을 보여라.

예제 7.6 $\mathbb{P}^1$ 안에서 비특이 d차 사영곡선 $C = (F_d(X_0, X_1, X_2) = 0)$의 종수는 $g(C) = \frac{(d-1)(d-2)}{2}$인 것을 보여라.

풀이 필요할 경우 $\mathbb{P}^2$의 사영변환을 적용해서 C는 $[0:0:1]$을 지나지 않게 할 수 있다. 또 명제 6.32와 도움정리 4.24에 의해서 C와 $(X_0 = 0)$은 d개의 서로 다른 점에서 횡단적으로 교차한다고 가정해도 무방하다. 이 경우 $F_d(X_0, X_1, X_2)$는

$$F_d(X_0, X_1, X_2) = X_2^d + F_1(X_0, X_1)X_2^{d-1} + \cdots + F_d(X_0, X_1)$$

와 같이 쓸 수 있다. $C_0 = C \cap (X_0 \neq 0) \subset (X_0 \neq 0) = \mathbb{C}^2_{(x,y)}$, $x = \frac{X_1}{X_0}, y = \frac{X_2}{X_0}$로 두자. C_0는 $\mathbb{C}^2_{(x,y)}$에서 방정식 $f(x,y) := F(1,x,y) = 0$으로 정의된다. C_0에서 $f(x,y) \equiv 0$이므로 $0 \equiv df = \frac{\partial f}{\partial x}dx + \frac{\partial f}{\partial y}dy$이다. 그러므로

$$\frac{dx}{\frac{\partial f}{\partial y}} = -\frac{dy}{\frac{\partial f}{\partial x}} \tag{7.6}$$

이다. 여기서 x, y는 C에서 대역적 유리형 함수로 간주한다. (7.6)으로 정의되는 C의 대역적 유리형 1형식을 ω로 두고 ω의 영점과 극을 조사해 보자. P가 C_0의 점일 경우 가정에 의해서 C_0는 비특이이므로 $\frac{\partial f}{\partial y}(P) \neq 0$ 또는 $\frac{\partial f}{\partial x}(P) \neq 0$이다. 주의 4.31에 의해서 $\frac{\partial f}{\partial y}(P) \neq 0$일 경우 $x - x(P)$는 P를 포함하는 C의 국소 좌표로 간주할 수

있으며 $\frac{\partial f}{\partial x}(P) \neq 0$일 경우 $y - y(P)$는 P를 포함하는 C의 국소 좌표로 간주할 수 있다. 이와 같은 사실과 (7.6)으로부터 C_0에서 ω는 영점도 극도 갖지 않는다는 것을 알 수 있다. 다음으로 $C - C_0$에 포함되는 점에서 ω의 영점, 극에 대해서 알아보자. 가정 $[0:0:1] \notin C$에 의해서 $C - C_0 \subset (X_1 \neq 0) = \mathbb{C}^2$이다. $(X_1 \neq 0)$의 표준 비동차좌표 $z = \frac{X_0}{X_1}, w = \frac{X_2}{X_1}$를 잡는다. 이때 $x = \frac{1}{z}, y = \frac{w}{z}$이다. 이것들은 $(X_0 \neq 0) \cap (X_1 \neq 0)$에서 좌표의 변환이기도 하고 C의 유리형 함수로서의 등식이기도 하다. C는 $(X_1 \neq 0)$ 안에서 방정식 $g(z, w) := z^d f(\frac{1}{z}, \frac{w}{z}) = 0$으로 정의된다. 이로 인해 ω를 z, w를 이용해서

$$\omega = -z^{d-3} \frac{dz}{\frac{\partial g}{\partial w}} = z^{d-3} \frac{dw}{\frac{\partial g}{\partial z}}$$

와 같이 표현할 수 있다. 위와 마찬가지로 C가 비특이인 사실로부터 미분형식

$$\frac{\omega}{z^{d-3}} = -\frac{dz}{\frac{\partial g}{\partial w}} = \frac{dw}{\frac{\partial g}{\partial z}}$$

는 $C \cap (X_1 \neq 0)$에서 영점도 극도 갖지 않는다. 따라서 ω는 $z = 0$, 즉 $(X_0 = 0)$와 C의 각 교점 P에서 위수가 $d - 3$이 된다. 다시 말해 $\mathrm{ord}_P(\omega) = d - 3$을 만족한다. 이상의 계산과 처음의 설정 및 따름정리 6.49 (2)에 의해서

$$2g(C) - 2 = \deg \mathrm{div}\omega = d(d-3) = d^2 - 3d$$

가 성립한다. 이 식을 $g(C)$에 대해서 풀면 결론을 얻을 수 있다. □

주의 7.7 ω를 예제 7.6에서 정의한 C의 대역적 유리형 1형식이라고 하자. 예제 7.6의 계산으로부터 $d \geq 3$일 경우 ω는 C에서 정의된 정칙 1형식이다.

문제 7.8 C, ω는 예제 7.6에서 다룬 것과 같은 것으로 가정한다. 추가적으로 $d \geq 3$를 가정한다. $H^0(C, \Omega_C^1)$의 기저 한 세트를 찾으시오. (ω를 이용해서 표현하면 된다.)

7.3 드람 정리와 호지 분해 정리

정리를 제시하기 위해 몇 가지 준비가 필요하다.

도움정리 7.8 사상 $\iota : H^1_{\mathrm{DR}}(X,\mathbb{C}) \to \mathrm{Hom}_{\mathbb{Z}}(H_1(X,\mathbb{Z}),\mathbb{C}) \simeq \mathbb{C}^{2g}; [\varphi] \mapsto ([\gamma] \mapsto \int_\gamma \varphi)$ 는 모순되지 않게 정의되는 단사 사영 사상이다.

증명 우선 X의 C^∞급 삼각형 분할 (명제 6.31)을 취한다. $H_1(X,\mathbb{Z})$의 원소는 삼각형 분할에서 나오는 변들의 정수 계수 1차 결합으로 대표된다. 또 필요할 경우 더 세분화된 삼각형 분할로 교체해가면서 증명을 이어간다. $\tilde{\varphi}_1 = \varphi_1 + df, \tilde{\gamma}_1 = \gamma_1 + \partial S$로 두자. 여기서 첫 번째 식은 $Z^1_{\mathrm{DR}}(X,\mathbb{C})$에서 성립하는 등식이며 두 번째 식은 $Z_1(X,\mathbb{Z})$에서 성립하는 등식이다. 이 경우 $\int_{\tilde{\gamma}_1} \tilde{\varphi}_1 = \int_{\gamma_1} \tilde{\varphi}_1 + \int_{\partial S} \tilde{\varphi}_1$이다. 그린의 정리 (정리 3.32)에 의해서 두 번째 항은 $\int_{\partial S} \tilde{\varphi}_1 = \int_S d\tilde{\varphi}_1 = \int_S 0 = 0$이다. 따라서 $\int_{\tilde{\gamma}_1} \tilde{\varphi}_1 = \int_{\gamma_1} \tilde{\varphi}_1$가 된다. 또 $\int_{\gamma_1} \tilde{\varphi}_1 = \int_{\gamma_1} \varphi_1 + \int_{\gamma_1} df$이다. 그린의 정리에 의해서 이 식의 두 번째 항은 $\int_{\gamma_1} df = \int_{\partial\gamma} f = \int_\emptyset f = 0$이 된다. 이상으로부터 $\int_{\tilde{\gamma}_1} \tilde{\varphi}_1 = \int_{\gamma_1} \varphi_1$가 된다. $a_1, a_2 \in \mathbb{C}$라고 하자. 또 정의로부터 $\int_{a_1\gamma_1 + a_2\gamma_2} \varphi = a_1 \int_{\gamma_1} \varphi + a_2 \int_{\gamma_2} \varphi$이다. 또 적분의 덧셈 법칙에 의해서 ι는 삼각형 분할을 더 세분화된 것으로 교체해도 변하지 않는다. 이상으로부터 ι는 $\mathrm{Hom}_{\mathbb{Z}}(H_1(X,\mathbb{Z}),\mathbb{C})$로 가는 모순되지 않게 정의되는 사상이다. 또 $\int_\gamma a_1\varphi_1 + a_2\varphi_2 = a_1 \int_\gamma \varphi_1 + a_2 \int_\gamma \varphi_2$이므로 ι는 $\mathbb{C}$-선형사상이다. ι가 단사인 것을 보이도록 하자. $x \in H^1_{\mathrm{DR}}(X,\mathbb{C})$에 대해 $\iota(x) = 0$이라고 하자. $Z^1_{\mathrm{DR}}(X,\mathbb{C})$의 원소 φ에 대해서 $x = [\varphi]$로 둔다. 가정 $\iota(x) = 0$으로부터 임의의 조각마다 매끈한 닫힌 곡선 γ에 대해서

$$\int_\gamma \varphi = 0 \tag{7.7}$$

이다. 실제로 X의 C^∞급 삼각형 분할을 γ가 변들의 합이 되도록 세분화함으로써 γ는 1순환이 되고 $H_1(X,\mathbb{Z})$의 원소 $[\gamma]$를 정의하기 때문이다. X의 점 O를 한 개 선택해서 고정한다. P를 X의 점이라고 하고 O을 시작점으로 P를 끝점으로 갖는 조각마다 매끈한 경로 l을 고른다. X에서 각 삼각형이 좌표근방계에 포함되도록 C^∞급 삼각형 분할이 가능하므로 이러한 경로 l은 명백히 존재한다. $f(P) := \int_l \varphi$라고 두자. (7.7)에 의해서 이 선적분은 P에만 의존하고 O와 P를 잇는 경로 l을 취하는 방식에는 의존하지 않는다. 그러므로 f는 X에서 한 개의 값만 취하는 (single valued) 복소함수를 정의한다. (z,U)는 P를 포함하는 국소 좌표근방계라고 하자. $\varphi|U = a(z)dz + b(z)d\bar{z}$로 두자. U는 열린 원판이라고 생각해도 무방하다. Q를 U에 포함되는 점이라고 하자. Q와 P는 선분으로 이을 수 있기 때문에 $f(Q)$는 경로 l과 P에서 시작해서 Q를 끝점으로 갖는 U 안의 벡터 m과 합성된 경로 $l+m$을 따라서 선적분한 것으로 계산해낼 수 있다.

결과적으로 f의 (z,U)에 관한 좌표 표시는 $f(z) = \int_0^z (a(z)dz + b(z)d\overline{z}) + f(P)$인 것을 알 수 있다. 이렇게 해서 f는 $df = \varphi$를 만족하는 X의 C^∞급 함수이다. 이로 인해 $\varphi \in B^1_{\mathrm{DR}}(X,\mathbb{C})$이다. 따라서 $x = [\varphi] = 0$이고 ι는 단사이다. □

정의 7.9

ω를 X의 대역적 정칙1형식이라고 하자. X의 좌표근방 (z,U)을 잡고 $\omega|U$를 $\omega|U = f(z)dz$와 같이 좌표 표시한다. $\overline{\omega}_U = \overline{f(z)}d\overline{z}$로 두자. $\overline{\omega}_U \in \mathcal{A}^{0,1}_X(U)$이다. 도움정리 3.8의 변환을 적용하면 $\{\overline{\omega}_U\}_U$들은 잘 포개져서 $\overline{\omega}|U = \overline{\omega}_U$인 X의 C^∞급 $(0,1)$형식 $\overline{\omega}$를 정의한다. $\overline{\omega}$를 ω의 켤레형식이라고 부른다. 또 정칙 1형식의 켤레형식 전체로 이루어진 집합을 $\overline{H^0(X,\Omega^1_X)} := \{\overline{\omega} | \omega \in H^0(X,\Omega^1_X)\}$로 쓴다.

$a_1, a_2 \in \mathbb{C}$, 그리고 $\overline{\omega}_1, \overline{\omega}_2 \in \overline{H^0(X,\Omega^1_X)}$라고 하자. 이 경우 $a_1\overline{\omega}_1 + a_2\overline{\omega}_2 := \overline{\overline{a_1}\omega_1 + \overline{a_2}\omega_2}$로 정의하는 것이 가능하며 $\overline{H^0(X,\Omega^1_X)}$는 $\mathbb{C}$-선형공간이 된다. $\langle \omega_i \rangle_{i=1}^g$가 $H^0(X,\Omega^1_X)$의 기저라면 $\langle \overline{\omega}_i \rangle_{i=1}^g$도 $\overline{H^0(X,\Omega^1_X)}$의 기저이다.

도움정리 7.10

(1) $H^0(X,\Omega^1_X)$의 원소와 $\overline{H^0(X,\Omega^1_X)}$의 원소는 모두 d-닫힌 형식이다.

(2) (1)에 의해서 정의되는 자연스러운 사상

$$\begin{aligned} H^0(X,\Omega^1_X) &\to H^1_{\mathrm{DR}}(X,\mathbb{C}); \omega \mapsto [\omega], \\ \overline{H^0(X,\Omega^1_X)} &\to H^1_{\mathrm{DR}}(X,\mathbb{C}); \overline{\omega} \mapsto [\overline{\omega}] \end{aligned}$$

은 모두 단사이다.

(1)의 증명 (1)은 국소적으로 확인할 수 있는 주장이다. 따라서 각 좌표근방계 (z,U)에서 증명하면 된다. $\omega \in H^0(X,\Omega^1_X)$라고 하자. $\omega|U = f(z)dz$ 라고 두자. $f(z)$는 정칙함수이기 때문에 $\frac{\partial f}{\partial \overline{z}} = 0$이다. 이것을 이용해서

$$d(fdz) = \frac{\partial f}{\partial z}dz \wedge dz + \frac{\partial f}{\partial \overline{z}}d\overline{z} \wedge dz = 0$$

와 같이 계산할 수 있다. 이렇게 해서 ω는 d-닫힌 형식인 것을 확인할 수 있다. 또 $\overline{\omega}$의 좌표 표시는 $\overline{\omega}|U = \overline{f(z)}d\overline{z}$이다. 따라서

$$d(\overline{\omega}|U) = d(\overline{f(z)}d\overline{z}) = \frac{\partial \overline{f}}{\partial z}dz \wedge d\overline{z} + \frac{\partial \overline{f}}{\partial \overline{z}}d\overline{z} \wedge d\overline{z} = \overline{\left(\frac{\partial f}{\partial \overline{z}}\right)}dz \wedge d\overline{z} = 0$$

와 같이 계산할 수 있다. 그러므로 $\overline{H^0(X, \Omega_X^1)}$의 원소도 모두 d-닫힌 형식이다.

(2)의 증명 ω를 $\overline{H^0(X, \Omega_X^1)}$의 원소라고 하자. $H_{\mathrm{DR}}^1(X, \mathbb{C})$의 원소로서 $[\omega] = 0$이라고 하자. $H_{\mathrm{DR}}^1(X, \mathbb{C})$의 정의로부터 이 경우

$$\omega = d\varphi \tag{7.8}$$

을 만족하는 X의 대역적 C^∞급 함수 φ가 존재한다. 여기서 등식 (7.8)은 1형식으로서의 등식이다. 좌표근방계 (z, U)에서 (7.8)을 좌표 표시하면 $\omega|U = \frac{\partial \varphi}{\partial z}dz + \frac{\partial \varphi}{\partial \overline{z}}d\overline{z}$이다. ω는 $(1,0)$형식이므로 생김새를 비교해서 $\frac{\partial \varphi}{\partial \overline{z}} = 0$임을 확인할 수 있다. (z, U)은 임의로 선택한 좌표근방계이기 때문에 이 등식은 φ가 X 전체에서 정칙인 것을 의미한다. X는 콤팩트이므로 이 경우 φ는 상수이다. 따라서 1형식으로서 $\omega = d\varphi = 0$이다. 이렇게 해서 자연스러운 사상 $H^0(X, \Omega_X^1) \to H_{\mathrm{DR}}^1(X, \mathbb{C})$가 단사라는 것이 증명되었다. $\overline{H^0(X, \Omega_X^1)}$에 대해서도 공식 $\frac{\partial \overline{\varphi}}{\partial z} = \overline{\left(\frac{\partial \varphi}{\partial \overline{z}}\right)}$에 주의하면 마찬가지 방식으로 증명할 수 있다. □

정리 7.11 (드람 정리와 호지 분해 정리)

(1) 도움정리 7.8의 사상 $\iota : H_{\mathrm{DR}}^1(X, \mathbb{C}) \to \mathrm{Hom}_{\mathbb{Z}}(H_1(X, \mathbb{Z}), \mathbb{C})$는 동형사상이다.

(2) 도움정리 7.10(2)에 의한 자연스러운 포함관계 $H^0(X, \Omega_X^1), \overline{H^0(X, \Omega_X^1)} \subset H_{\mathrm{DR}}^1(X, \mathbb{C})$를 생각할 수 있다. 그러면 $H_{\mathrm{DR}}^1(X, \mathbb{C})$는 이 두 개의 부분공간의 직합이다. $H_{\mathrm{DR}}^1(X, \mathbb{C}) = H^0(X, \Omega_X^1) \oplus \overline{H^0(X, \Omega_X^1)}$.

특히 $\dim H_{\mathrm{DR}}^1(X, \mathbb{C}) = 2g$이다.

(1), (2)는 위상구조로부터 결정되는 $\mathrm{Hom}_{\mathbb{Z}}(H_1(X, \mathbb{Z}), \mathbb{C})$, C^∞급 구조까지 주어져야 비로소 결정되는 $H_{\mathrm{DR}}^1(X, \mathbb{C})$, 그리고 복소구조까지 주어져야 비로소 결정되는 $H^0(X, \Omega_X^1)$, 이 셋 사이에는 명백하게 어떤 관계가 있음을 시사하고 있다.

증명

주장 7.12 $H^1_{\mathrm{DR}}(X,\mathbb{C})$ 안에서 $H^0(X,\Omega^1_X) \cap \overline{H^0(X,\Omega^1_X)} = \{0\}$이 성립한다.

주장의 증명 $\eta \in H^0(X,\Omega^1_X) \cap \overline{H^0(X,\Omega^1_X)}$라고 하자. 정의로부터

$$\eta = [\omega] = [\overline{\tau}] \tag{7.9}$$

를 만족하는 $H^0(X,\Omega^1_X)$의 원소 ω, τ가 존재한다. 여기서 (7.9)는 $H^1_{\mathrm{DR}}(X,\mathbb{C})$ 안에서 성립하는 등식이다. 따라서

$$\omega = \overline{\tau} + d\varphi \tag{7.10}$$

을 만족하는 X의 대역적 C^∞급 함수 φ가 존재한다. 여기서 (7.10)은 1형식으로서의 등식이다. 다음 항등식에 주목한다. $d(\varphi\overline{\omega}) = d\varphi \wedge \overline{\omega} + \varphi d\overline{\omega} = d\varphi \wedge \overline{\omega}$, $\overline{\tau} \wedge \overline{\omega} = 0$. 여기서 두 번째 등식은 좌표 표시해서 생각해보면 얻을 수 있다. 이 두 개의 식을 이용해서 (7.10)의 양변과 $\overline{\omega}$의 외적을 계산해서

$$\omega \wedge \overline{\omega} = (\overline{\tau} + d\varphi) \wedge \overline{\omega} = d(\varphi\overline{\omega}) \tag{7.11}$$

를 얻는다. 좌표근방계 (z, U)를 잡고 $\omega|U = f(z)dz$로 좌표 표시한다. 이때 $\omega \wedge \overline{\omega}|U = |f(z)|^2 dz \wedge d\overline{z}$이다. 따라서 ω가 항등적으로 0이 아닌 경우에 한해서 양의 실수 C가 존재해서 $\iint_X \omega \wedge \overline{\omega} = C\sqrt{-1}$를 만족한다. 한편 (1)과 그린의 정리 (정리 3.32)으로부터 $\iint_X \omega \wedge \overline{\omega} = \iint_X d(\varphi\overline{\omega}) = \int_{\partial X = \emptyset} \varphi\overline{\omega} = 0$이다. 그러므로 $\omega = 0$이며 따라서 $\eta = 0$이다. □

위의 주장에 의해서

$$H^0(X,\Omega^1_X) \oplus \overline{H^0(X,\Omega^1_X)} \subset H^1_{\mathrm{DR}}(X,\mathbb{C}) \subset \mathrm{Hom}_{\mathbb{Z}}(H_1(X,\mathbb{Z}),\mathbb{C}) \tag{7.12}$$

이다. 여기서 마지막 포함관계에서는 $H^1_{\mathrm{DR}}(X,\mathbb{C})$를 ι의 단사성을 이용해서 상 $\mathrm{Im}\,\iota$와 동일시한다. 따름정리 6.49에 의해서 $\dim(H^0(X,\Omega^1_X) \oplus \overline{H^0(X,\Omega^1_X)}) = g + g = 2g$이다. 또 정리 7.1에 의해서 $\dim \mathrm{Hom}_Z(H_1(X,\mathbb{Z}),\mathbb{C}) = b_1(X) = 2g$이다. 따라서 (7.12)의 포함관계는 모두 등호로서 성립한다. 이렇게 해서 모두 증명되었다. □

지금까지 여러 가지 구조에 의존하는 종수의 특성화를 다뤘는데 이를 아래에 정리해 둔다.

요약 7.13

(1) (비특이 d차 사영곡선의 종수)$= \frac{(d-1)(d-2)}{2}$.

(2) $g(X) = h^1(\mathcal{O}_X) = h^0(\mathcal{O}_X(K_X)) = h^0(\Omega^1_X)$, $\deg K_X = 2g(X) - 2$.

(3) $g(X) = \frac{1}{2} \dim H^1_{\mathrm{DR}}(X, \mathbb{C})$.

(4) $g(X) = \frac{1}{2} b_1(X) := \frac{1}{2} \mathrm{rank} H_1(X, \mathbb{Z})$, ($X$의 위상적 오일러 수)$= 2 - 2g(X)$.

이 공식들은 요약 6.54 에서 정리한 리만-로흐의 정리, 세르의 쌍대성 정리, 소멸정리와 함께 정확히 기억해서 언제든지 쓸 수 있도록 하는 것이 중요하다. 이 책의 여기까지의 내용을 바탕으로 교과서 반입이 허용되지 않는 (120분짜리) 일반적인 필기시험을 치러야 하는 상황이라면 필자는 다음과 같은 문제들을 출제할 것이다.

문제 7.9 X를 콤팩트 리만면이라고 하자. X의 어떤 8개의 점 P_i $(1 \le i \le 8)$에서 위수 1인 영점을 갖고 다른 점에서는 영점을 갖지 않는 대역적 정칙 1형식 ω가 존재한다고 하자. 아래 문제에 답하시오. 단, P는 X의 임의의 점이다.

(1) X의 종수를 구하여라.

(2) X와 같은 성질을 만족하는 초타원곡선의 식을 구체적으로 한 개 찾으시오. 그리고 해당하는 ω와 $\{P_i\}_{i=1}^8$도 찾으시오.

(3) X와 같은 성질을 만족하는 비특이 사영 평면곡선은 존재하는가? 이유와 함께 설명하시오.

(4) P에서만 기껏해야 위수 10인 극을 갖고 다른 점에서는 극을 갖지 않는 X의 대역적 유리형 함수 전체로 이루어진 선형공간의 차원을 구하여라. 또 P에만 정확히 위수 10인 극을 갖고 다른 점에서는 극을 갖지 않는 대역적 유리형 함수가 존재함을 보여라.

(5) $H^0(\mathcal{O}_X(P)) = \mathbb{C}$를 증명하시오. 또 이 등식과 세르의 쌍대성 정리를 이용해서 X에는 여덟 개의 점 P_i 중 어느 점에서도 0이 되지 않는 대역적 정칙 1형식 η가 존재함을 보여라.

(6) ω와 (5)에서 찾은 η에 착안해서 X에서 $\mathbb{P}^1$로 가는 8차 전사 정칙사상을 한 개 찾으시오. 찾은 사상이 요구하는 조건을 실제로 만족하는지 확인하시오.

7.4 인자에 대응되는 유리형 사상과 콤팩트 리만면의 사영 매립

7.4.1 인자에 대응되는 유리형 사상

D를 X의 (유효인자가 아닐 수도 있는) 인자라고 하자. 아래에서는 표기를 간소화하기 위해 $H^0(X, \mathcal{O}_X(D))$를 $H^0(\mathcal{O}_X(D))$와 같이 쓰기로 한다. 아래에서는 주로 $H^0(\mathcal{O}_X(D)) \neq 0$인 경우에 대해서 고찰한다. 리만-로흐의 부등식에 의해서 예를 들어 $\deg D \geq g$일 경우 이 조건은 만족된다. $H^0(\mathcal{O}_X(D)) = \Gamma(X, \mathcal{O}_X(D))$의 기저 $\langle \varphi_i \rangle_{i=0}^N$을 한 세트 고정한다. 여기서 $N + 1 = h^0(\mathcal{O}_X(D))$이다.

정의 7.14

위의 주어진 조건으로부터 정의되는 유리형 사상

$$\Phi_{|D|} : X \to \mathbb{P}^N; P \mapsto [\varphi_0(P) : \varphi_1(P) : \cdots : \varphi_N(P)]$$

을 인자 D 또는 **완비 선형시스템 $|D|$에 대응되는 유리형 사상**이라고 부른다.

주의 7.15

(1) 치역 $\mathbb{P}^N$을 $\mathbb{P}^N = \cup_{i=0}^N (X_i \neq 0)$와 같이 $N+1$장의 좌표근방계 $(X_i \neq 0) = \mathbb{C}^N$로 덮는다. 각 좌표근방 $(X_i \neq 0)$에서 $\Phi_{|D|}$을 좌표 표시함으로써 $\Phi_{|D|}$는 X의 유리형 함수들로 표현되는 사상이라는 것을 알 수 있다. 예를 들어 $(X_0 \neq 0)$에서 $\Phi_{|D|}$는 $P \mapsto (\frac{\varphi_1}{\varphi_0}(P), \cdots, \frac{\varphi_N}{\varphi_0}(P))$로 주어지는 사상이다.

(2) 사상 $\Phi_{|D|}$는 $H^0(X, \mathcal{O}_X(D))$의 기저 $\langle \varphi_i \rangle_{i=1}^N$를 어떻게 잡는지에 의존한다. $\langle \psi_i \rangle_{i=1}^N$를 $H^0(\mathcal{O}_X(D))$의 또 다른 기저라고 하자. 이 경우 기저의 변환행렬이라고 불리는 가역행렬 $(a_{ij}) \in \mathrm{GL}(N+1, \mathbb{C})$이 존재해서

$$\langle \psi_0, \cdots, \psi_N \rangle = \langle \varphi_0, \cdots, \varphi_N \rangle (a_{ij})$$

로 쓸 수 있다. 따라서 새로운 기저 $\langle \psi_i \rangle_{i=1}^N$를 이용해서 만든 $\Phi_{|D|}$에는 (a_{ij})로 표현되는 $\mathbb{P}^N$의 사영변환의 차이, 즉 $\mathbb{P}^N$의 동차좌표의 사영변환을 적용해서 교체한 정도의 차이밖에 나지 않는다. 따라서 본질적으로는 같은 사상이다.

(3) 인자 D'와 D가 선형동치, 즉 0이 아닌 대역적 유리형 함수 ρ가 존재해서 $D = D' + \mathrm{div}\rho$가 성립한다고 가정해 보자. 그러면 $\langle \varphi_i \rangle_{i=0}^N$가 $H^0(\mathcal{O}_X(D))$의 기저일

경우 $\langle \rho\varphi_i \rangle_{i=0}^{N}$ 은 $H^0(\mathcal{O}_X(D'))$의 기저가 된다. 이러한 기저들을 이용하면 D'에 대응되는 유리형 사상 $\Phi_{|D'|}$과 D에 대응되는 유리형 사상 $\Phi_{|D|}$은 같은 사상이 된다.

(4) Q를 X의 점이라고 하자. (t_Q, U_Q)를 $\mathrm{Supp}D \cap U_Q \subset \{Q\}$인 Q의 국소 좌표근방계라고 하자. 또 f_Q를 (t_Q, U_Q)에서 D의 국소방정식 (정의 5.21)이라고 하자. 동형대응

$$\mathcal{O}_X(D)(U_Q) \ni \varphi \longleftrightarrow \varphi \cdot f_Q \in \mathcal{O}_X(U_Q)$$

이 존재한다. 따라서 $H^0(X, \mathcal{O}_X(D))$의 임의의 원소 φ에 대해서 U_Q에서 $\varphi f_Q|U_Q = f$로 두면 f는 U_Q에서 정칙함수이다. 특히 $H^0(\mathcal{O}_X(D))$의 기저 $\langle \varphi_i \rangle_{i=0}^{N}$에 포함하는 원소 φ_i들에 대해서 $\mathcal{O}_X(U_Q)$의 원소 $f_i := f_i^Q$를 $f_i := \varphi_i f_Q|U_Q$로 정의한다. 이 경우 $P \in U_Q$이면

$$[\varphi_0(P) : \cdots : \varphi_N(P)] = [f_0(P) : \cdots : f_N(P)] \tag{7.13}$$

이다. 즉, $\Phi_{|D|}$는 국소적으로는 정칙함수들의 비율로 표현된다는 것을 알 수 있다.

정의 7.16

$\langle \varphi_i \rangle_{i=0}^{N}, f_i^Q$는 주의 7.15 (4)의 것과 같은 것으로 가정한다. 그러면

$$\mathrm{Bs}|D| := \{Q \in X | \text{모든 } i\text{에 대해서 } f_i^Q = 0\}$$

으로 정의하고 이것을 완비 선형시스템 $|D|$의 **저점 집합**이라고 부른다. 저점 집합에 포함되는 점을 **저점**이라고 부른다. $\mathrm{Bs}|D| = \emptyset$일 경우 완비 선형시스템 $|D|$는 **자유롭다**라고 말한다.

주의 7.17

(1) $\langle \varphi_i \rangle_{i=0}^{N}$은 $H^0(\mathcal{O}_X(D))$의 기저이므로 Q가 저점이라는 것과 $\varphi \in H^0(\mathcal{O}_X(D))$일 경우 $(\varphi \cdot f_Q)(Q) = 0$인 것과는 동치이다.

(2) Q가 저점일 경우 $[f_0^Q(Q) : f_1^Q(Q) : \cdots : f_N^Q(Q)] = [0 : 0 : \cdots : 0]$이 되어 Q의 상 $\Phi_{|D|}(Q)$은 사영공간의 점으로서 정의가 되지 않는다.

(3) 역으로 $|D|$가 자유로울 경우 X의 모든 점 Q에 대해서 $f_i^Q(Q) \neq 0$인 i가 존재한다. 따라서 $\Phi_{|D|} : X \to \mathbb{P}^N$은 X의 모든 점 Q에 대해서 상 $\Phi_{|D|}(Q)$가 정의되는 유리형 사상, 즉 정칙사상이다.

문제 7.10 $\mathrm{Bs}|D| = \cap_{D' \in |D|} \mathrm{Supp} D'$인 것을 증명하시오.

도움정리 7.18 Q를 X의 점이라고 하자. 그럼 다음 두 식 중 한 개가 성립한다.

$$h^0(\mathcal{O}_X(D-Q)) = h^0(\mathcal{O}_X(D)) \tag{7.14}$$

$$h^0(\mathcal{O}_X(D-Q)) = h^0(\mathcal{O}_X(D)) - 1 \tag{7.15}$$

또 X의 점 Q에 대해서 $Q \in \mathrm{Bs}|D|$인 것과 (7.14)의 등식이 성립하는 것은 동치이다.

증명 예제 5.26에서 만든 층의 짧은 완전열 $0 \to \mathcal{O}_X(D-Q) \to \mathcal{O}_X(D) \to \mathbb{C}_Q \to 0$를 생각해 보자. 이 완전열은 코호몰로지 군의 완전열

$$0 \to H^0(\mathcal{O}_X(D-Q)) \xrightarrow{\iota} H^0(\mathcal{O}_X(D)) \xrightarrow{r_Q} \mathbb{C} \tag{7.16}$$

을 유도한다. f_Q는 D의 점 Q에 대한 국소방정식이라고 하자. 사상 r_Q은 $H^0(\mathcal{O}_X(D)) \ni \varphi \mapsto (\varphi \cdot f_Q)(Q) \in \mathbb{C}$로 주어지는 사상이다. $\dim \mathbb{C} = 1$이므로

$$\mathrm{Im}\, r_Q = \{0\} \tag{7.17}$$

또는

$$\mathrm{Im}\, r_Q = \mathbb{C} \tag{7.18}$$

이다. (7.17)은 모든 φ에 대해서 $(\varphi \cdot f_Q)(Q) = 0$인 것, 즉 $Q \in \mathrm{Bs}|D|$인 것과 동치이다. 또 차원공식을 완전열 (7.16)에 적용함으로써 (7.17)이 성립하는 것과 도움정리의 등식 (7.14)가 성립하는 것은 동치인 것을 알 수 있다. 이렇게 증명을 마친다. □

7.4.2 콤팩트 리만면의 사영 매립 정리

다음 정리는 모든 콤팩트 리만면이 사영공간에 매립된다는 것을 보여주는 아주 놀라운 결과이다. 같은 결과가 2차원 이상의 콤팩트 복소다양체에 대해서는 성립하지 않는다. 또 이 정리는 소위 코다이라 매립 정리의 원형이라고 할 수 있다. 여기서 제시하는

형태는 최근 고차원화가 모색되고 있는 후지타 예상이라고 불리는 예상의 근거가 되는 첫 결과라고 볼 수도 있다.

정리 7.19 (콤팩트 리만면의 사영 매립 정리)

D를 X의 인자라고 하자. 다음이 성립한다.

(1) $\deg D \geq 2g(= \deg K_X + 2)$일 경우 $|D|$는 자유롭다.

(2) $\deg D \geq 2g+1(= \deg K_X + 3)$일 경우 D에 대응되는 사상 $\Phi_{|D|} : X \to \mathbb{P}^N$은 매립 사상이다.

특히 P를 X의 점이라고 가정하면 인자 $(2g+1)P$에 대응되는 사상 $\Phi_{|(2g+1)P|}$는 X를 사영공간으로 매립하는 사상을 정의한다. 이렇게 해서 임의의 콤팩트 리만면은 사영공간의 닫힌 부분다양체로서 나타난다.

증명 증명의 기본적인 아이디어는 층과 코호몰로지의 언어를 이용해서 확인해야 할 기하학적 주장을 더 간단한 선형대수의 문제로 귀착시키는 것이다. 위에서 해왔던 것처럼 X의 점 Q에 대해서 (t_Q, U_Q)를 $U_A \cap \mathrm{Supp} D \subset \{Q\}$인 Q를 포함하는 국소좌표근방계라고 하자. 또 인자 D는 Q에서 국소방정식 f_Q로 정의된다고 하자. 또 증명을 깔끔하게 하기 위해서 $H^0(\mathcal{O}_X(D))$의 기저 $\langle \varphi_i \rangle_{i=0}^N$ 한 세트를 고정해 둔다.

(1)의 증명 층의 짧은 완전열

$$0 \to \mathcal{O}_X(D-Q) \to \mathcal{O}_X(D) \xrightarrow{r_Q} \mathbb{C}_Q \to 0 \tag{7.19}$$

으로부터 유도되는 코호몰로지 군의 완전열

$$0 \to H^0(\mathcal{O}_X(D-Q)) \to H^0(\mathcal{O}_X(D)) \xrightarrow{r_Q} \mathbb{C} \to H^1(\mathcal{O}_X(D-Q)) \tag{7.20}$$

을 생각한다.

주장 7.20 제한사상 $r_Q : H^0(\mathcal{O}_X(D)) \to \mathbb{C}; \varphi \mapsto (\varphi \cdot f_Q)(Q)$는 전사이다. 특히 $H^0(\mathcal{O}_X(D)) \neq 0$이다.

증명 가정에 의해 $\deg(D-Q) = \deg D - 1 \geq 2g-1 > 2g-2 = \deg K_X$이다. 따라서 소멸정리 (요약 6.54)에 의해서 $H^1(\mathcal{O}_X(D-P)) = 0$이다. 열 (7.20)의 완전성으로부터 이때 $r_Q : H^0(\mathcal{O}_X(D)) \to \mathbb{C}$는 전사가 된다. □

이상으로부터 $|D|$는 자유로운 것을 알 수 있다.

(2)의 증명 (1)로부터 $H^0(\mathcal{O}_X(D)) \neq \{0\}$이다. 3단계에 걸쳐서 증명한다.

제1단계 $\Phi_{|D|}$는 $\mathbb{P}^N$으로 가는 정칙 사상이다.

증명 $\deg D \geq 2g+1 \geq 2g$이므로 (1)에 의해서 $|D|$는 자유롭다. 따라서 $\Phi_{|D|}$는 정칙 사상이다.

제2단계 $\Phi_{|D|}$는 단사이다.

증명 증명해야 할 것은 X의 임의의 두 점 $P \neq Q$에 대해서 $\Phi_{|D|}(P) \neq \Phi_{|D|}(Q)$가 된다는 것이다. 이것을 증명하기 위해 층의 짧은 완전열 (예제 5.26)

$$0 \to \mathcal{O}_X(D-P-Q) \to \mathcal{O}_X(D) \xrightarrow{r_P \oplus r_Q} \mathbb{C}_P \oplus \mathbb{C}_Q \to 0 \tag{7.21}$$

로부터 유도되는 코호몰로지 군의 완전열

$$\begin{aligned} 0 &\to H^0(\mathcal{O}_X(D-P-Q)) \to H^0(\mathcal{O}_X(D)) \xrightarrow{r_P \oplus r_Q} \mathbb{C}^2 \\ &\to H^1(\mathcal{O}_X(D-P-Q)) \end{aligned} \tag{7.22}$$

에 대해서 생각해 본다.

주장 7.21 제한사상 $r_P \oplus r_Q : H^0(\mathcal{O}_X(D)) \to \mathbb{C}^2; \varphi \mapsto ((\varphi \cdot f_P)(P), (\varphi \cdot f_Q)(Q))$는 전사이다.

증명 가정에 의해 $\deg(D-P-Q) = \deg D - 2 \geq 2g+1-2 = 2g-2 > 2g-2 = \deg K_X$이다. 따라서 소멸정리 (요약 6.54)로부터 $H^1(\mathcal{O}_X(D-P-Q)) = 0$이다. (7.22)의 완전성으로부터 이 경우 $r_P \oplus r_Q$는 전사이다. □

주장 7.21에 의해서

$$((\psi_0 \cdot f_P)(P), (\psi_0 \cdot f_Q)(Q)) = (1,0), ((\psi_1 \cdot f_P)(P), (\psi_1 \cdot f_Q)(Q)) = (0,1)$$

을 만족하는 $\psi_0, \psi_1 \in H^0(\mathcal{O}_X(D))$가 존재한다. $(1,0)$와 $(0,1)$는 1차 독립이므로 이것들의 역상인 ψ_0와 ψ_1도 1차 독립이다. 그러므로 ψ_0, ψ_1을 확장한 $H^0(\mathcal{O}_X(D))$의 기저 $\langle \psi_i \rangle_{i=0}^N$가 존재한다. 이 기저를 이용해서 $\Phi_{|D|}$을 표현했을 때 상은 각각

$$\Phi_{|D|}(P) = [1:0:\cdots], \ \Phi_{|D|}(Q) = [0:1:0:\cdots]$$

가 된다. 특히 $\Phi_{|D|}(P) \neq \Phi_{|D|}(Q)$이다. 처음에 기저에 관한 $\Phi_{|D|}$의 표시와 위의 표시는 사영변환의 차이밖에 나지 않는다. 이로서 결론을 얻을 수 있다.

제3단계 임의의 $P \in X$에 대해서 정칙 접벡터공간 사이의 사상 $d\Phi_{|D|}(P) : T_X(P) \to T_{\mathbb{P}^N}(\Phi_{|D|}(P))$는 단사, 즉 rank$d\Phi_{|D|}(P) = 1$이다.

제2단계에서 주장하는 것은 "멀리 떨어져 있는 관련 없어보이는" 두 점의 상에 관한 대역적인 성질인데 반해 제3단계에서 보이려는 것은 주어진 점 $P \in X$에서 성립하는 국소적인 주장이다. 그럼에도 불구하고 증명은 제2단계의 증명과 많은 부분에서 평행하게 진행된다.

증명 예제 5.26에서 고찰한 층의 짧은 완전열

$$0 \to \mathcal{O}_X(D-2P) \to \mathcal{O}_X(D) \to \mathbb{C}\{t_P\}/(t_P^2) \to 0 \tag{7.23}$$

에 대해서 생각한다. 이 완전열이 만들어진 과정을 보면 미분을 취하기 위해서 "P에서 1차 근사식"을 추출하는 조작을 층의 언어로 풀어쓴 것에 지나지 않는다. 이 짧은 완전열로부터 유도되는 코호몰로지 군의 완전열

$$\begin{aligned} 0 \to H^0(\mathcal{O}_X(D-2P)) \to H^0(\mathcal{O}_X(D)) &\xrightarrow{r_{2P}} \mathbb{C}\{t_P\}/(t_P^2) \\ \to H^1(\mathcal{O}_X(D-2P)) & \end{aligned} \tag{7.24}$$

에 대해서 생각해 본다. 예제 5.26에서 구성한 것과 같이 r_{2P}는 $H^0(\mathcal{O}_X(D))$의 원소 φ에 대해서 $\varphi \cdot f_P$를 P에서 테일러 급수로 전개한 것의 제1차 항까지의 식을 대응시키는 사상이다. 다시 말해 다음과 같은 동일시 $\mathbb{C}\{t_P\}/(t_P^2) = \mathbb{C}^{\oplus 2}; a + bt_P \leftrightarrow (a, b)$ 하에서 r_{2P}는 $r_{2P} : \varphi \mapsto ((\varphi \cdot f_P)(P), \frac{d(\varphi \cdot f_P)}{dt_P}(P))$로 주어지는 사상이다.

주장 7.22 r_{2P}는 전사이다.

주장의 증명 주장 7.21의 경우와 마찬가지로 $\deg(D-2P) = \deg(D) - 2 > \deg K_X$이므로 소멸정리 (요약 6.54)에 의해서 $H^1(\mathcal{O}_X(D-2P)) = 0$이다. (7.24)의 완전성으로부터 이 경우 r_{2P}는 전사이다. □

주장 7.22에 의해서

$$\left((\psi_0 \cdot f_P)(P), \frac{d(\psi_0 \cdot f_P)}{dt_P}(P)\right) = (1, 0),$$
$$\left((\psi_1 \cdot f_P)(P), \frac{d(\psi_1 \cdot f_P)}{dt_P}(P)\right) = (0, 1)$$

가 성립한다. $H^0(\mathcal{O}_X(D))$의 원소 ψ_0, ψ_1가 존재한다. $(1, 0)$와 $(0, 1)$는 1차 독립이므로 이것들의 역상인 ψ_0와 ψ_1도 1차 독립이다. 그러므로 ψ_0, ψ_1를 확장해서 $H^0(\mathcal{O}_X(D))$

의 기저 $\langle \psi_i \rangle_{i=0}^N$를 얻을 수 있다. $g_i := \psi_i \cdot f_P(\in \Gamma(U_P, \mathcal{O}_X))$로 두자. 이 경우 기저 $\langle \psi_i \rangle_{i=0}^N$를 이용해서 $\Phi_{|D|}$를 표현하면 U_P에서 $\Phi_{|D|} : U_P \ni Q \mapsto [g_0(Q) : g_1(Q) : \cdots : g_N(Q)] \in \mathbb{P}^N$가 된다. ψ_0를 선택하는 방법으로부터 P의 근방에서는 $g_0(Q) \neq 0$이다. 따라서 필요할 경우 P의 근방 U_P를 더 작게 취함으로써 $\Phi_{|D|}(U_P) \subset (X_0 \neq 0) = \mathbb{C}^N$로 만들 수 있다. 이 경우 $\Phi_{|D|}$를 P의 국소 좌표로 표시하면

$$U_P \ni Q \mapsto ((g_1/g_0)(Q), \cdots, (g_N/g_0)(Q)) \in (X_0 \neq 0) = \mathbb{C}_{\{x_i\}_{i=1}^N}; x_i := \frac{X_i}{X_0}$$

가 된다. 그러므로 P에서 $\Phi_{|D|}$를 미분한

$$d\Phi_{|D|}(P) : T_X(P) \to T_{\mathbb{P}^N}(\Phi_{|D|}(P))$$

의 야코비 행렬, 다시 말해 $T_X(P), T_{|P^N}(\Phi_{|D|}(P))$의 기저 $\langle (\frac{d}{dt_P})_P \rangle$, $\langle (\frac{d}{dx_i})_{\Phi(P)} \rangle_{i=1}^N$에 관한 $d\Phi_{|D|}(P)$의 행렬표시는

$$J := {}^t((g_1/g_0)'(P), \cdots, (g_N/g_0)'(P))$$

로 주어진다. 여기서 t_P에 대해서 미분하는 것을 $'$로 표시했다. ψ_0, ψ_1를 선택한 방식과 분수의 미분 공식에 의해서

$$(g_1/g_0)'(P) = \frac{-g_0'(P)g_1(P) + g_0(P)g_1'(P)}{g_0(P)^2} = \frac{0 \cdot 0 + 1 \cdot 1}{1} = 1 \neq 0$$

인 것을 알 수 있다. 그러므로 $\mathrm{rank} J = 1$이다. $\dim T_X(P) = 1$이므로 이 경우 $d\Phi_{|D|}(P)$는 단사이다. 제2단계와 마찬가지로 처음 주어진 기저에 관한 $\Phi_{|D|}$의 표시와는 사영변환 차이밖에 나지 않으므로 이로부터 결론을 이끌어낼 수 있다.

제1단계에서 $\Phi_{|D|}$는 정칙사상인 것을 확인했고 제2,3단계에서 $\Phi_{|D|}$는 도움정리 4.5의 조건 (1),(2)을 만족하는 것을 밝혔다. 따라서 도움정리 4.5를 적용하면 원하는 결론을 얻는다. □

문제 7.11

(1) 정칙사상 $\mathbb{P}^1 \to \mathbb{P}^2_{[X:Y:Z]}; [s : t] \mapsto [s^2 t : s(s^2 - t^2) : t^3]$에 대해서 생각해 보자. 이 사상의 상은 방정식 $Y^2 Z - (X - Z)^2 X = 0$에 의해서 정의되는 것을 보이고 이 상의 특이점을 모두 찾으시오. 또 이 사상은 매립 정리의 증명에서 제3단계의 조건을 만족하지만 제2단계의 조건을 만족하지 않는 것을 보여라.

(2) 정칙사상 $\mathbb{P}^1 \to \mathbb{P}^2; [s:t] \mapsto [s^2t : s^3 : t^3]$에 대해서 생각해 보자. 이 사상의 상은 방정식 $X^3 - Y^2Z = 0$에 의해서 정의되는 것을 보이고 이 상의 특이점을 모두 찾으시오. 또 이 사상은 매립 정리의 증명에서 제2단계의 조건은 만족하지만 제3단계의 조건은 만족하지 않는 것을 보여라.

문제 7.12 X는 콤팩트 리만면이라고 하자. $\mathbb{P}^N$의 동차좌표를 $[X_0 : \cdots : X_N]$라고 하자.

(1) X에서 $\mathbb{C}^N$으로 가는 정칙사상은 상수 사상밖에 없음을 보여라.

(2) X에서 $\mathbb{P}^N$으로 가는 상수가 아닌 정칙사상이 있다고 하자. 그러면 상 $\varphi(X)$는 어느 임의의 초평면 $H = (\sum_{i=0}^N a_iX_i = 0)$과도 만나는 것을 보여라.

문제 7.13 D를 X의 인자라고 하자. $\Phi_{|D|} : X \to \mathbb{P}^N$가 매립사상이라고 하자. X의 상을 $C := \Phi_{|D|}(X)$으로 두자.

(1) C는 $\mathbb{P}^N$의 어느 초평면에도 포함되지 않음을 보여라.

(2) 완비 1차 시스템 $|D|$와 C의 초평면 절단 $\{C \cap H | H$는 $\mathbb{P}^N$의 초평면$\}$ 사이의 1대일1 대응을 구성하시오. 단 교집합 $C \cap H$는 중복도를 고려한 교집합, 즉 D의 인자로 생각한다.

정의 7.23

사영공간의 닫힌 부분다양체를 **사영다양체**라고 부른다. 또 사영 공간의 닫힌 부분다양체로 가는 쌍정칙 사상 $f : Y \to Z \subset \mathbb{P}^N$를 **사영 매립**이라고 부른다.

사영 매립의 상 $Z = f(Y)$은 사영 대수다양체이며 f에 의해서 Y와 Z를 동일시하면 Y 자체도 복소다양체보다 한단계 더 업그레이드된 사영다양체의 구조를 갖게 된다. 사영다양체가 일반적인 콤팩트 복소다양체보다도 우수한 이유는 챠우(Chow)가 증명한 다음 정리가 성립하기 때문이다. 다시 말해 정칙함수들을 이용해서 열린 원판 여러개를 겹겹이 잘 포개서 만들었던 복소다양체가 사영공간의 닫힌 부분다양체가 되는 순간 유한개의 동차 다항식의 공통 영점 집합의 꼴로 표현되는 놀라운 사실이 밝혀졌기 때문이다.

정리 **7.24 (차우의 정리)**

사영공간 $\mathbb{P}^N$ 의 닫힌 부분다양체 Y 는 유한개의 동차다항식의 공통 영점 집합

$$F_i(X_0, X_1, \cdots, X_N) = 0 \ \ (i = 1, 2, \cdots, m) \tag{7.25}$$

으로 표현된다. 더 자세하게는 Y 는 비특이이고 $\dim Y = d$ 일 경우 동차다항식 F_i 들은 Y 의 모든 점 P 에서

$$\text{rank}\left(\frac{\partial F_i}{\partial X_j}\right)_{1 \le i \le m, 0 \le j \le N} (P) = N - d \tag{7.26}$$

를 만족하도록 고를 수 있다. 이 경우 (7.25) 및 (7.26) 으로부터도 Y 에는 $\mathbb{P}^N$ 의 닫힌 부분다양체로서의 구조가 유도되고 이것은 원래 주어진 Y 의 부분다양체로서의 구조와 일치한다. □

차우의 정리의 증명은 이 책의 범위를 벗어나기 때문에 생략한다. 매립 정리와 차우의 정리를 이용해서 다음 결과도 확인할 수 있다.

따름정리 7.25 콤팩트 리만면은 모두 사영 대수다양체이다. 다시 말해, 사영공간 안에서 유한개의 동차다항식의 공통 영점 집합으로 표현할 수 있다.

이 결과로 인해 1차원 복소다양체로서 도입한 콤팩트 리만면은 완전히 대수적인 대상으로서 다룰 수 있게 된 것이다. 여기서 차우의 정리 중 가장 특별한 경우인 다음 사실을 직접 검증해 보도록 하자. 이 결과는 나중에 다시 필요하게 될 것이다.

예제 7.26 $\mathbb{P}^2$ 의 1차원 닫힌 부분다양체는 모두 비특이 사영 평면곡선이라는 사실, 즉 비특이 동차 다항식 $F(X_0, X_1, X_2) \in \mathbb{C}[X_0, X_1, X_2]$ 이 존재해서 $(F(X_0, X_1, X_2) = 0) \subset \mathbb{P}^2$ 꼴로 표현할 수 있음을 보여라.

풀이 X 를 $\mathbb{P}^2$ 의 1차원 닫힌 부분다양체라고 하자. X 가 어떤 사영직선 $\mathbb{P}^1 \simeq (a_0X_0 + a_1X_1 + a_2X_2 = 0) \subset \mathbb{P}^2$ 에 포함되어 있으면 $\mathbb{P}^1$ 의 1차원인 닫힌 부분다양체는 자기 자신밖에 없다는 사실로부터 $X = (a_0X_0 + a_1X_1 + a_2X_2 = 0)$ 가 되어 주장은 참이다. 아래에서 X 는 어떤 사영직선에도 포함되지 않는다고 가정하도록 한다. $x := \frac{X_1}{X_0}|X$, $y := \frac{X_2}{X_0}|X$ 로 두자. x, y 는 이 경우 어느 쪽도 상수가 아닌 X 의 유리형 함수이다. 정리

6.28로부터 $\mathcal{M}(X)$는 $\mathbb{C}(x)$의 유한차원 대수확장체이다. 따라서 2변수 기약다항식

$$f(S,T) := a_0(S)T^d + a_1(S)T^{d-1} + \cdots + a_{d-1}(S)T + a_d(S),\ a_0(S) \neq 0$$

가 존재해서 x, y는 $\mathcal{M}(X)$의 원소로서 등식

$$f(x,y) = 0 \tag{7.27}$$

을 만족한다. $\deg f(S,T) = m$으로 놓고 f를 동차화시킨 다항식

$$F(X_0, X_1, X_2) = X_0^m f\left(\frac{X_1}{X_0}, \frac{X_2}{X_0}\right) \in \mathbb{C}[X_0, X_1, X_2]$$

를 생각한다. f는 기약이므로 F도 기약이다. 또 (7.27)로부터 $\mathbb{P}^2$ 안에서

$$X \subset (F = 0) \tag{7.28}$$

이다. 아래에서는 (7.28)의 포함관계가 실제로는 등호인 것과 F가 비특이인 것을 보이도록 한다. 필요할 경우 $\mathbb{P}^2$의 사영변환을 적용해서 F는 다음과 같이 표현된다고 가정할 수 있다.

$$F = X_2^m + F_1(X_0, X_1)X_2^{m-1} + \cdots + F_{m-1}(X_0, X_1)X_2 + F_m(X_0, X_1) \tag{7.29}$$

$Y := (F = 0) \subset \mathbb{P}^2$로 두고 다음 사상을 생각해 보자.

$$\pi : Y \to \mathbb{P}^1 = (X_2 = 0) \subset \mathbb{P}^2; [a : b : c] \mapsto [a : b].$$

$[0 : 0 : 1] \notin Y$이므로 모든 점에서 정의된 사상이다. 또 π를 X에 제한한 $\pi|X$는 X에서 $\mathbb{P}^1$로 가는 전사 정칙사상이다. $\mathbb{P}^1$의 점 P를 고정하자. (7.29)로부터 $\pi^{-1}(P)$는 기껏해야 m개의 점으로 이루어진다. 또 F는 기약이므로 도움정리 4.24에 의해서 $\mathbb{P}^1$의 유한 부분집합 R이 존재해서 $P \in \mathbb{P}^1 - R$일 경우 $\pi^{-1}(P)$는 정확히 m개의 서로 다른 점으로 이루어진다. $\deg(\pi|X) = m'$이라고 해 보자. $X \subset Y$이므로 $m' \leq m$이다. 만약 $m' < m$이라면 명제 6.32의 증명 과정 중 제1단계의 증명과 같은 논법으로 모순을 이끌어낼 수가 있다. 따라서 $m' = m$이다. 이 경우 $\mathbb{P}^1$의 유한집합 S가 존재해서 $P \in \mathbb{P}^1 - S$일 경우 $\pi^{-1}(P)$, $(\pi|X)^{-1}(P)$는 모두 m개의 점으로 이루어진다. $X \subset Y$이므로 이 경우 $\pi^{-1}(P) = (\pi|X)^{-1}(P)$이다. 따라서 $X - \pi^{-1}(S) = Y - \pi^{-1}(S)$이다. $\pi^{-1}(S)$는 유한집합이므로 양변의 폐포를 취함으로써 $X = Y$, 즉 $X = (F = 0)$가 된다. F는 기약이고 X는 $\mathbb{P}^2$의 닫힌 부분다양체이므로 도움정리 4.28을 적용할 수 있고 F는 비특이이다. 또 정의로부터 $\mathbb{P}^2$의 부분집합이 주어졌을 때 그 부분집합으로부터

유도되는 닫힌 부분다양체의 구조는 기껏해야 한 개이다. 이렇게 해서 모두 증명이 되었다. □

주의 7.27 위의 예제와 동일한 설정하에서 생각해 보자. 어떤 방법을 써서 $X \subset (G = 0)$을 만족하는 동차다항식 G를 발견했다고 하자. 이때 G를 나누는 비특이 기약다항식 H가 존재해서 $X = (H = 0)$이다. 실제로 위의 예제에 의해서 $X = (F = 0)$이다. 심지어 F는 기약이다. **힐베르트의 영점정리**에 의해서 F는 다항식 G로 나누어떨어진다는 것을 알기 때문이다.

문제 7.14

(1) $S(\neq \emptyset)$를 X의 유한 부분집합이라고 하자. X에서 $X - S$의 폐포를 취한 것은 X와 일치함을 보여라. (힌트: S의 각 점에서 국소 좌표근방계를 취한 후 생각한다.)

(2) $\mathbb{P}^2$의 닫힌 부분다양체 X는 종수가 1이며 $X \subset (F_5(X_0, X_1, X_2) = 0)$이라고 가정해보자. 여기서 $F_5(X_0, X_1, X_2)$는 0이 아닌 5차 동차다항식이다. $F_5(X_0, X_1, X_2)$의 기약 인자분해에 대해서 논하시오.

매립 정리로 돌아오자. 증명의 요점만 발췌해서 다음의 판정법을 얻을 수 있다.

명제 7.28 **(매립 판정법)** D를 X의 인자라고 하자. X의 임의의 두 점 P, Q ($P = Q$의 경우도 허용)에 대해서 $h^0(\mathcal{O}_X(D - P - Q)) = h^0(\mathcal{O}_X(D)) - 2$일 경우 $|D|$는 자유로우며 $\Phi_{|D|} : X \to \mathbb{P}^N$은 매립 사상이다.

증명 매립 정리 (정리 7.19)을 증명하면서 제 1,2,3단계에서 본 것과 같은 유형의 코호몰로지 군의 완전열

$$\begin{aligned} &0 \to H^0(\mathcal{O}_X(D - P)) \to H^0(\mathcal{O}_X(D)) \xrightarrow{r_1} \mathbb{C} \\ &0 \to H^0(\mathcal{O}_X(D - P - Q)) \to H^0(\mathcal{O}_X(D)) \xrightarrow{r_2} \mathbb{C}^{\oplus 2} \\ &0 \to H^0(\mathcal{O}_X(D - 2P)) \to H^0(\mathcal{O}_X(D)) \xrightarrow{r_3} \mathbb{C}^{\oplus 2} \end{aligned}$$

를 명제의 조건하에서 고찰한다. 이때 가정의 등식과 차원공식에 의해서 r_i $(i = 1, 2, 3)$은 모두 전사이다. 따라서 매립 정리의 증명에 자명한 수정을 가하면 원하는 결론을 얻을 수 있다. (매립 정리에서는 r_i들의 전사성을 인자의 차수에 대한 가정과 소멸정리로부터 유도한 것이었다.) □

주의 7.29 문제 6.4에 의하면 $h^0(\mathcal{O}_X(D-P-Q)) \geq h^0(\mathcal{O}_X(D)) - 2$이 항상 성립한다. 명제 7.28은 이 부등식이 등식이 되는 경우에는 $\Phi_{|D|}$는 매립이 된다는 것을 말해주고 있다. 이와 같이 수학에는 부등식이 등식이 되는 경우에 의미있는 일들이 벌어지는 경우가 종종있다. 이런 현상을 염두에 두고 연구하면 미래에 뭔가 새로운 것을 발견을 할 수 있을지도 모른다.

정의 7.30

D는 X의 인자라고 하자.

(1) $|D|$가 자유롭고 $\Phi_{|D|}$가 매립 사상일 경우 D를 **매우 풍부한 인자**라고 부른다.

(2) 어떤 양의 정수 n에 대해서 nD가 매우 풍부한 인자일 경우 D를 **풍부한 인자**라고 부른다.

따름정리 7.31 콤팩트 리만면 X의 인자 D가 풍부해지기 위한 필요충분 조건은 $\deg D > 0$을 만족하는 것이다.

몇 배로 곱해줬을 때 매립을 정의하는지의 여부와 같은 기하학적인 사실을 차수라고 하는 수치적 조건만으로 판별이 가능하다는 것을 이 따름정리는 말해주고 있다.

증명 일단 필요조건인 것을 증명한다. $\Phi_{|D|}$가 매립 사상일 경우 $h^0(\mathcal{O}_X(D)) \geq 2$이다. 따라서 nD와 선형동치이며 유효인자 E가 존재한다. $\deg E = 0$일 경우 E는 유효인자이므로 $E = 0$이다. 이 경우 $h^0(\mathcal{O}_X(nD)) = h^0(\mathcal{O}_X) = 1$이며 모순이다. 따라서 $\deg E > 0$일 수밖에 없다. 이로 인해 $\deg D = \deg E/n > 0$이다. 역으로 $\deg D > 0$이라고 해 보자. 양의 정수 $n > 0$을 크게 잡으면 $\deg nD = n \deg D > 2g+1$이다. 이 경우 매립 정리 7.19로부터 nD는 매우 풍부하다. 그러므로 D는 풍부하다. □

보기 7.32 $\deg K_X = 2g-2$임을 확인한 바 있다. 따라서 표준인자 K_X가 풍부해지기 위해서는 g가 2이상이어야 한다. 종수 g가 2이상의 콤팩트 리만면을 **일반형** (general type)이라고 부른다.

7.5 종수 $0, 1$인 리만면의 구조

리만 구면 $\mathbb{P}^1$의 종수는 0이다. 사실 이것의 역도 성립한다.

명제 7.33 종수 0인 콤팩트 리만면은 리만구면 $\mathbb{P}^1$과 동형이다. 특히 동형 관계를 무시하면 리만구면 $\mathbb{P}^1$이 유일하다.

증명 X를 종수 0인 콤팩트 리만면이라고 하자. P를 X의 점이라고 하자. 인자 $D = P$를 생각해 보자. $\deg D = 1 \geq 2g + 1$이기 때문에 따름정리 6.52로부터 $h^0(\mathcal{O}_X(D)) = \chi(\mathcal{O}_X(D)) = 2$이다. 또 매립 정리 7.19로부터 인자 D에 대응되는 유리형 사상 $\Phi_{|D|} : X \to \mathbb{P}^1$는 매립 사상이다. $\mathbb{P}^1$의 1차원 닫힌 부분다양체는 $\mathbb{P}^1$ 자신이다. 이것으로부터 $\Phi_{|D|}$는 $\mathbb{P}^1$로 가는 쌍정칙 사상임을 알 수 있다. 따라서 X는 $\mathbb{P}^1$와 동형이다. □

예제 7.34 D를 $\mathbb{P}^1$의 인자라고 하자. $d = \deg D$로 두자. $g(\mathbb{P}^1) = 0$이므로 $d \geq 1$일 경우 매립 정리 7.19로부터 D에 대응되는 유리형 사상 $\Phi_{|D|}$은 매립이다. $d \geq 1$인 모든 d에 대해서 매립 $\Phi_{|D|}$를 사영변환으로 인한 차이를 제외하고 모두 기술하시오.

풀이 $\mathbb{P}^1 = \mathbb{C}_z \cup \{\infty\}$를 생각해보자. $\mathbb{P}^1$의 z좌표값 a를 $[a]$로 쓰기로 한다. $D = \sum_{i=1}^k d_i[a_i] + d_\infty[\infty]$, $\sum_{i=1}^k d_i + d_\infty = d$로 쓸 수 있다. f를 $\prod_{i=1}^k (z - a_i)^{d_i}$가 정의하는 $\mathbb{P}^1$의 유리형 함수라고 하자. 이 경우 $\mathbb{P}^1$의 인자로서 $D - d[\infty] = \mathrm{div}(f)$이다. 특히 D와 $d[\infty]$는 선형동치이다. 따라서 $D = d[\infty]$로 놓아도 무방하다. $d = 1$인 경우는 명제 7.33의 사상이다. 이제 $d \geq 2$라고 가정하자. ∞에서만 위수가 기껏해야 d인 극을 갖는 $\mathbb{P}^1$의 유리형 함수는 자연스러운 동일시 $\mathcal{M}(\mathbb{P}^1) = \mathbb{C}(z)$하에서 기껏해야 차수가 d인 z에 대한 다항식과 일치한다. 따라서 $\langle 1, z, z^2, \cdots, z^d \rangle$은 $H^0(\mathcal{O}_{\mathbb{P}^1}(d[\infty]))$의 기저를 형성한다. 아래에서는 $P = [\infty]$로 놓는다. $\Phi_{|dP|} : \mathbb{P}^1 \to \mathbb{P}^d$는

$$a \mapsto [1 : a : a^2 : \cdots : a^d] \tag{7.30}$$

로 주어지는 사상이다. 상 $\Phi_{|dP|}(\mathbb{P}^1)$는 행렬의 조건

$$\mathrm{rank} \begin{pmatrix} X_0 & X_1 & X_2 & \cdots & X_{d-1} \\ X_1 & X_2 & X_3 & \cdots & X_d \end{pmatrix} \tag{7.31}$$

로 주어지는 곡선 C_d이다. 바꿔 말하면 상 C_d는 (7.31)의 $2 \times d$ 행렬에 나타나는 2×2 부분 행렬의 행렬식이 모두 0으로 됐을 때 얻어지는 $d(d-1)/2$개의 동차 2차식의 공통 영점집합이다. 실제로 이 경우 상이 C_d에 포함되는 것은 사상의 정의된 방식 (7.30)으로부터 알 수 있으며

$$\begin{aligned} C_d \ni &[b_0 : b_1 : b_2 : \cdots : b_{d-1} : b_d] \\ &\mapsto [b_0 : b_1] = [b_1 : b_2] = \cdots = [b_{d-1} : b_d] \in \mathbb{P}^1 \end{aligned}$$

가 바로 역사상을 정의하는 것도 확인 가능하기 때문이다. □

주의 7.35 d는 양의 정수라고 하자. $\Phi_{|dP|}$를 이용해서 $\mathbb{P}^1$를 $\mathbb{P}^d$에 매립하는 사상을 d차 베로네제 매립 (Veronese embedding)이라고 부른다. 또 매립의 상인 C_d를 d차 베로네제 곡선이라고 부른다. 특히 3차 베로네제 곡선 C_3를 뒤틀린 3차 곡선이라고 부르기도 한다.

베로네제 곡선 C_d는 모두 $\mathbb{P}^1$과 동형이다.

문제 7.15 d차 베로네제 곡선 $C_d \subset \mathbb{P}^d$에 대해서 다음 물음에 답하시오.

(1) C_2, C_3의 방정식을 구체적으로 쓰시오.

(2) 예제 7.34의 해답 중에 찾은 C_d의 $\frac{d(d-1)}{2}$개의 2차식으로 이루어진 방정식들 (7.31)은 챠우 정리에서 언급한 비특이 부분다양체의 정의 방정식의 조건 (7.26)를 만족하는 것을 확인하시오. 단 $d \geq 2$를 가정한다.

(3) $\mathbb{P}^d$의 초평면 H에서 C_d와의 교집합이 정확히 한 점으로 이루어지는 경우와 d개의 서로 다른 점으로 이루어지는 경우의 구체적인 예를 찾으시오. 단 $d \geq 2$로 가정한다.

(4) $\mathbb{P}^3$ 안에서 두 개의 2차 곡선의 교집합 $(X_0X_2 - X_1^2 = X_1X_3 - X_2^2 = 0)$은 뒤틀린 3차 곡선 C_3와 사영직선 $L := (X_1 = X_2 = 0)$의 합집합인 것을 보여라.

(5) 뒤틀린 3차 곡선 C_3은 어느 초평면에도 포함되지 않는다는 사실, 그리고 $\mathbb{P}^3$ 안에서 두 개의 동차 다항식의 공통 영점 집합 꼴로 표현이 되지 않음을 보여라. (힌트: 만약 가능하다고 하면 차수가 어떻게 되는지 생각해 본다.)

이제 종수가 1인 콤팩트 리만면의 구조에 대해서 알아보자.

정리 **7.36**

콤팩트 리만면 X에 대해서 다음 조건들은 동치이다.

(1) X의 종수는 1이다.

(2) $\operatorname{Im}\tau > 0$를 만족하는 복소수 τ가 존재해서 X는 1차원 복소 원환면 $E_\tau := \mathbb{C}/(\mathbb{Z}+\tau\mathbb{Z})$와 동형이다.

(3) $\lambda \neq 0, 1$를 만족하는 복소수 λ가 존재해서 X의 방정식 $Y^2Z = 4X(X - Z)(X - \lambda Z)$로 표현되는 3차 사영 평면곡선 (가정 $\lambda \neq 0, 1$에 의해서 필연적으로 비특이)과 동형이 된다.

주의 **7.37** 임의의 1차원 복소 원환면은 콤팩트 리만면이며 또 그것의 종수는 예제 6.50에서 봤듯이 1이다. 명제 6.32에 의해서 임의의 비특이 사영 평면 곡선은 콤팩트 리만면이며 예제 7.6으로부터 차수가 3인 경우는 종수가 1이다. 이렇게 해서 (2)일 경우 (1)이 참이고, (3)일 경우 (1)이 참인 것은 약간 일반화된 상황에서도 성립한다.

증명 주의 7.37을 고려하면 (1)이 성립할 때 (2)가 참인 것과, (1)이 성립할 때 (3)이 참인 것 두 가지를 보이면 된다.

(1)⇒(2)의 증명 X를 종수가 1인 콤팩트 리만면이라고 하자. X의 C^∞급 삼각형 분할을 취한다. 요약 7.13에 의해서 $\deg K_X = 0$, $h^0(\Omega_X^1) = 1$이다. 두 번째 등식으로부터 0이 아닌 정칙 1형식 ω가 존재해서 $H^0(X, \Omega_X^1) = \mathbb{C}_\omega$이다. 또 첫 번째 등식으로부터 ω는 영점을 갖지 않는다. 그리고 $b_1(X) = 2g(X) = 2$로부터 $H_1(X, \mathbb{Z}) = \mathbb{Z}[\gamma_1] \oplus \mathbb{Z}[\gamma_2] \simeq \mathbb{Z}^{\oplus 2}$와 같이 쓸 수 있다. 여기서 γ_i는 변의 1차결합으로 이루어진 1순환이다. $H_1(X, \mathbb{Z})$에 꼬임이 없다는 것은 정리 4.35로부터 알 수 있다. $\tau_1 := \int_{\gamma_1} \omega$, $\tau_2 := \int_{\gamma_2} \omega$로 두자. τ_1, τ_2는 복소수이다.

주장 **7.38** τ_1, τ_2는 $\mathbb{R}$에서 1차 독립이다. 특히, $\mathbb{C}/(\mathbb{Z}\tau_1 + \mathbb{Z}\tau_2)$는 (제4장에서 소개한 방법으로) 1차원 복소 원환면이다.

주장의 증명 α_1, α_2를 실수라고 하자.

$$\alpha_1\tau_1 + \alpha_2\tau_2 = 0 \tag{7.32}$$

라고 하자. 양변의 켤레 복소수를 취하면

$$\alpha_1 \overline{\tau_1} + \alpha_2 \overline{\tau_2} = 0 \tag{7.33}$$

를 얻는다. 좌변은 각각 $\omega, \overline{\omega}$의 실수 계수 1순환 $\alpha_1\gamma_1 + \alpha_2\gamma_2$에서 선적분한 것이다. 또 $g = 1$과 호지 분해정리 7.11 (2)로부터 $\langle \omega, \overline{\omega} \rangle$은 자연스러운 포함사상에 의해서 $H^1_{\mathrm{DR}}(X, \mathbb{C})$의 기저를 이룬다. 이 경우 (7.32), (7.33)과 드람의 정리 7.11 (1)에 의해서 $H_1(X, \mathbb{R})$안에서 $\alpha_1[\gamma_1] + \alpha_2[\gamma_2] = 0$을 만족한다. 더 자세하게 풀어 쓰면 $\langle [\gamma_1], [\gamma_2] \rangle$가 $H_1(X, \mathbb{Z})$의 자유기저인 사실을 이용해서 다음과 같이 자연스럽게 동일시 $H_1(X, \mathbb{R}) = \mathbb{R}[\gamma_1] \oplus \mathbb{R}[\gamma_2]$, $\mathrm{Hom}_{\mathbb{R}}(H_1(X, \mathbb{R}), \mathbb{C}) = \mathrm{Hom}_{\mathbb{Z}}(H_1(X, \mathbb{Z}), \mathbb{C})$ 한 다음 정리 7.11 (1)을 적용한다. $\langle [\gamma_1], [\gamma_2] \rangle$은 $H_1(X, \mathbb{R})$의 기저이므로 $\alpha_1 = \alpha_2 = 0$이다. 따라서 τ_1과 τ_2는 $\mathbb{R}$위에서 1차 독립이다. □

X의 점 O를 고정해서 생각한다. P를 X의 임의의 점이라고 하자. O가 시작점이고 P가 끝점인 X안의 조각마다 매끄러운 경로 γ위의 선적분 $\int_O^P \omega$에 대해서 고찰한다. 선적분의 값은 복소수이다. γ, γ' 둘 다 O가 시작점이고 P가 끝점인 조각마다 매끄러운 경로라고 하자. 또 X의 삼각형 분할 $\mathcal{T} := \{T_i\}_{i=1}^N$을 취하는데 경로 γ, γ' 및 γ_1, γ_2가 변들의 1차결합으로 나타나고 O가 어떤 삼각형의 꼭짓점이 되도록 한다. 삼각형 분할의 존재성을 이용하면 그런 삼각형 분할을 취하는 것은 가능하다. 이런 $\mathcal{T}$를 고정하면 경로의 합성 $\gamma - \gamma'$는 $Z_1(\mathcal{T}, \mathbb{Z})$에 속한다. 따라서 $\gamma - \gamma' = a_1\gamma_1 + a_2\gamma_2 + \partial S$와 같이 쓸 수 있다. 여기서 a_1, a_2는 정수이며 D는 삼각형 분할 $\mathcal{T}$에 대한 2사슬이다. ω는 d-닫힌 형식이므로 이때 그린의 정리 3.32에 의해서 $\int_\gamma \omega - \int_{\gamma'} \omega = a_1 \int_{\gamma_1} \omega + a_2 \int_{\gamma_2} \omega = a_1\tau_1 + a_2\tau_2$이다. 이 등식은 특히 O에서 P까지의 경로에서 선적분한 값이 경로를 선택하는 방법에 따라 생기는 차이가 항상 $\mathbb{Z}\tau_1 + \mathbb{Z}\tau_2$에 속한다는 것을 의미한다. 따라서 사상

$$a : X \to E := \mathbb{C}/(\mathbb{Z}\tau_1 + \mathbb{Z}\tau_2); \ P \mapsto \left[\int_O^P \omega \right]$$

은 O으로부터 시작되는 경로를 선택하는 방식에 의존하지 않으며 모순되지 않게 정의되는 사상이다. 이 사상 a를 X의 **알바네제 사상**(Albanese map)이라고 부른다. 앞서 증명했듯이 E는 1차원 복소 원환면이다. P의 국소 좌표근방계 (z, U_P)를 잡는다. U_P는 P를 중심으로 갖는 열린 원판이라고 가정한다. U_P에서 정칙인 함수 $f(z)$가 존재해서 $\omega = f(z)dz$와 같이 쓸 수 있다. $Q \in U_P$라고 하자. O에서 시작해서 Q에 이르는 경로는 일단 O에서 출발해서 P에 이르는 경로와 P에서 Q를 잇는 U_P 안의 벡터를 합성해서 얻

을 수 있다. 따라서 알바네제 사상 a를 U_P에서 좌표 표시하면 $a(z) = \int_0^P \omega + \int_0^z f(z)dz$가 된다. 이 등식에 미적분학의 기본정리를 적용해서 $\frac{da(0)}{dz} = f(0)$를 얻는다. 여기서 ω는 영점을 갖지 않으므로 $f(0) \neq 0$이다. P는 X의 임의의 점이었으므로 $a : X \to E$는 불분지 정칙사상이다. 게다가 X는 콤팩트이므로 a는 유한 차수이다. 자연스러운 사상 $\pi : X \to E$는 E의 범덮개이기도 하므로 $\pi_1(E) = \mathbb{Z}\tau_1 + \mathbb{Z}\tau_2$이다. (아래에서는 기본군에 대한 기초적인 지식을 가정한다.) 따라서 $\mathbb{Z}\tau_1 + \mathbb{Z}\tau_2$의 지수가 유한인 부분군 Λ가 존재해서 $a : X \to E$는 E위의 자연스러운 덮개사상 $\mathbb{C}/\Lambda \to E$와 동형이 된다. 특히 X는 1차원 복소 원환면 $\mathbb{C}/\Lambda$와 동형이 된다. Λ의 자유기저 λ_1, λ_2를 $\tau := \lambda_1/\lambda_2$의 허수부가 양수가 되도록 고른다. 그러면

$$\mathbb{C}/\Lambda \simeq \mathbb{C}/(\mathbb{Z} + \mathbb{Z}\tau) : \; [z] \mapsto [z/\lambda_2]$$

는 쌍정칙사상이다. 따라서 X는 (2)에서 언급한 모양의 1차원 복소 원환면과 동형이 된다. (부수적인 결과로 알바네제 사상 $a : X \to E$이 동형사상이 된다는 사실도 얻는다. 문제 7.16 참조.)

(1)⇒(3)의 증명 X를 종수 1인 콤팩트 리만면이라고 하자. P를 X의 점이라고 하자. 리만-로흐의 정리와 소멸정리로부터 $h^0(\mathcal{O}_X(3P)) = 3$이다. 매립 정리에 의해서 $\Phi_{|3P|}$는 X를 $\mathbb{P}^2$에 매립하는 사상을 정의한다. $\Phi_{|3P|} : X \xrightarrow{\simeq} C \subset \mathbb{P}^2$. C는 $\mathbb{P}^2$의 1차원의 닫힌 부분다양체이므로 예제 7.26에 의해서 상수가 아닌 비특이 동차다항식 F가 존재해서 $C = (F = 0) \subset \mathbb{P}^2$이다. $\deg F = d$로 두면 F는 상수가 아니므로 $d \geq 1$이다. $C \simeq X$이기 때문에 $g(C) = g(X) = 1$이다. 따라서 종수의 공식 (예제 7.6)으로부터 $\frac{(d-1)(d-2)}{2} = 1$이다. 이 식을 d에 대해서 풀면 $d = 0, 3$이 된다. d는 양의 정수이므로 $d = 3$이라는 것을 알 수 있다. 이렇게 해서 X는 $\mathbb{P}^2$ 안의 적당한 비특이 3차 곡선과 동형이 된다는 것을 알 수 있다.

더 깊은 고찰을 통해서 상을 정의하는 방정식의 표준형 (즉, 정리에 나오는 형식)을 유도해 보기로 한다. 리만-로흐의 정리와 소멸정리에 의해서 양의 정수 n에 대해서 $H^0(\mathcal{O}_X(nP)) = n$이다. 자연스러운 포함 사상

$$H^0(\mathcal{O}_C) = \mathbb{C} = H^0(\mathcal{O}_X(P)) \subset H^0(\mathcal{O}_X(2P)) \simeq \mathbb{C}^2 \subset H^0(\mathcal{O}_X(3P)) \simeq \mathbb{C}^3$$

에 착안한다. 이 포함관계로부터 $H^0(\mathcal{O}_X(3P))$의 기저 $\langle 1, x, y \rangle$를

$$x \in H^0(\mathcal{O}_X(2P)), \qquad y \in H^0(\mathcal{O}_X(3P)) - H^0(\mathcal{O}_X(2P)) \tag{7.34}$$

가 되도록 고를 수가 있다. 이 기저의 순서를 바꾼 $\langle x, y, 1\rangle$를 이용하면 사상 $\Phi_{|3P|}$는 다음과 같이 주어지는 매립사상이다.

$$\Phi_{|3P|} : X \to \mathbb{P}^2;\ Q \mapsto [x(Q) : y(Q) : 1].$$

상을 정의하는 식을 구하기 위해서 일곱 개의 유리형 함수

$$1, x, y, x^2, xy, x^3, y^2 \tag{7.35}$$

에 주목한다. (7.34)에 의해서 이 일곱 개의 유리형 함수는 모두 $H^0(\mathcal{O}_X(6P))$에 속해 있다. 한편 $h^0(\mathcal{O}_X(6P)) = 6$이다. 따라서 이 일곱 개의 유리형 함수 사이에는 자명하지 않은 1차 관계식이 존재한다. 관계식을 더 정밀하게 알아내기 위해서 (7.35)의 원소가 P에서 갖는 극의 위수에 주목한다. (7.34)를 이용하면 극들의 위수는 순서대로 $0, 2, 3, 4, 5, 6, 6$이다. 특히 (7.35)에 있는 처음 6개의 유리형 함수

$$1, x, y, x^2, xy, x^3 \tag{7.36}$$

에서 어느 두 개를 골라도 극 P에서의 위수는 서로 다르다. 따라서 (7.36)에 있는 여섯 개의 유리형 함수는 $H^0(\mathcal{O}_X(6P))$안에서 1차독립이다. $h^0(\mathcal{O}_X(6P)) = 6$이므로 이로 인해 (7.36)에 있는 여섯 개의 유리형 함수는 $H^0(\mathcal{O}_X(6P))$의 기저를 이룬다. 그러므로 (7.35)에서 마지막으로 남은 y^2은 (7.36)의 여섯 개의 원소의 복소수 계수를 가지는 1차결합으로 표현 가능하다. 다시 말해

$$y^2 = \alpha + \beta x + cy + dx^2 + exy + fx^3 \tag{7.37}$$

을 만족하는 복소수 $\alpha, \beta, c, d, e, f$가 존재한다. y^2도 P에서 정확히 위수 6인 극을 가지므로 $f \neq 0$이다. 여기서 x를 다시 $f^{1/3}x$로 치환하면 (7.37)은

$$y^2 = \alpha + \beta xcy + dx^2 + exy + x^3 \tag{7.38}$$

가 된다. 제곱완성을 통해서 $y^2 - cy = (y - \frac{c}{2})^2 - \frac{c^2}{4}$를 얻는다. 여기서 y를 다시 $y - \frac{c}{2}$로 치환하면 (7.38)은

$$y^2 = \alpha + \beta x + dx^2 + exy + x^3 \tag{7.39}$$

가 된다. 다시 제곱완성을 통해서 $y^2 - exy - dx^2 = (y - \frac{ex}{2})^2 - (\frac{e^2}{4} + d)x^2$를 얻고 y를 다시 $y - \frac{ex}{2}$로 치환하면 (7.39)는

$$y^2 = \alpha + \beta x + dx^2 + x^3 \tag{7.40}$$

가 된다. 더욱이 $x^3 + dx^2 = (x + \frac{d}{3})^3 - \frac{d^2}{3}x - \frac{d^3}{27}$ 이므로 x를 다시 $x + \frac{d}{3}$ 으로 치환하면 (7.40)은

$$y^2 = x^3 + ax + b \ (a, b \in \mathbb{C}) \tag{7.41}$$

와 같은 모양이 된다. 이상의 변환을 적용하는 동안 x, y를 선택하는 방식에 대한 조건 (7.34)은 변하지 않는다. 따라서 x, y는 처음부터 (7.34) 및 (7.41)를 만족하도록 고른 것으로 생각해도 무방하다. $\mathbb{P}^2$의 동차좌표를 $[X : Y : Z]$라고 하자. (7.41)은

$$C = \Phi_{|3P|}(X) \subset (Y^2Z - X^3 - aXZ^2 - bZ^3 = 0) \tag{7.42}$$

인 것을 의미한다. (7.41)에 나타나는 3차식은 기약이다. 실제로 가약이라고 하면 주의 7.27에 의해서 C의 방정식은 기껏해야 2차의 비특이 동차다항식이 된다. 그러면 예제 7.6에 의해서 $g(C) = 0$이 되버려서 $g(C) = g(X) = 1$이라는 조건에 모순이다. 따라서 (7.42)의 좌변의 3차식은 기약이다. 다시 한번 주의 7.27에 의해서 이 경우 (7.42)의 포함관계식은 다음과 같은 등식

$$C = \Phi_{|3P|}(X) = (Y^2Z - X^3 - aXZ^2 - bZ^3 = 0) \tag{7.43}$$

가 되며 심지어는 예제 7.26에 의해서 $Y^2Z - X^3 - aXZ^2 - bZ^3$은 비특이 다항식이다. 이 경우 $X^3 + aXZ^2 + bZ^3 = (X - \alpha Z)(X - \beta Z)(X - \gamma Z)$로 쓰면 예제 4.26 (2)와 같은 계산을 해서 복소수 α, β, γ는 서로 다른 것을 알 수 있다. 이 경우 0이 아닌 상수 c를 적절히 선택하고 동차좌표의 변환

$$X = \frac{X - \alpha}{\beta - \alpha},\ Y = cY,\ Z = Z$$

을 적용하면 C의 방정식을

$$Y^2Z - 4X(X - Z)(X - \lambda Z), \quad \lambda \neq 0, 1$$

와 같은 모양으로 만들 수 있다. 이렇게 증명을 마친다. (이상의 논법과 $\wp$-함수를 이용한 (4.2)절의 논법을 비교해 보는 것도 하나의 재미가 될 수 있다.) □

문제 7.16 X의 종수를 1이라고 하면 알바네제 사상 $a : X \to E$는 쌍정칙사상인 것을 보여라. (힌트: 정리 7.36 의 (1)과 (2)가 동치인 것을 알고 있기 때문에 X는 1차원 복소 원환면이라고 가정해도 된다.)

문제 7.17 X의 종수는 1이고 P는 X의 점이라고 하자.

(1) $\Phi_{|2P|}$의 구조에 대해 기술하시오.

(2) 필요하면 챠우의 정리도 써서 $\Phi_{|4P|}$의 구조에 대해 기술하시오.
(힌트: $h^0(\mathcal{O}_X(8P))$와 $H^0(\mathcal{O}_X(4P))$의 2차 대칭 곱 (동차2차식 전체)의 차원을 비교하시오. 차원의 차이는 무엇을 의미하는가? 끝 마무리는 차수에 관한 고찰로.)

종수가 0인 경우와는 달리 종수가 1인 콤팩트 리만면의 복소구조는 $\mathbb{C}$ 위에서 선형적으로 변한다. 지면수의 제약상 이 사실은 다음 문제를 풀면서 각자 확인하도록 한다.

문제 7.18 $\mathbb{H} := \{\tau \in \mathbb{C} | \ \mathrm{Im}\,\tau > 0\}$로 놓자. $\tau \in \mathbb{H}$에 대해서 $E_\tau := \mathbb{C}/(\mathbb{Z} + \mathbb{Z}\tau)$로 두고 자연스럽게 1차원 복소 원환면으로 간주한다. 또 $\mathrm{SL}_2(\mathbb{Z})$는 $\mathbb{H}$에 아래와 같은 작용을 하는 것으로 정의한다.

$$\rho : \mathrm{SL}_2(\mathbb{Z}) \times \mathbb{H} \to \mathbb{H}; \left(\begin{pmatrix} a & b \\ c & d \end{pmatrix}, \tau \right) \mapsto \frac{a\tau + b}{c\tau + d}.$$

몫사상 $p_\tau : \mathbb{C} \to E_\tau$이 E_τ의 정칙인 범덮개사상이라는 사실과 범덮개사상의 보편성에 유의해서 아래 사실들을 증명하시오. 단, $\tau, \tau' \in \mathbb{H}$인 것으로 가정한다.

(1) E_τ는 모두 $S^1 \times S^1$와 C^∞급 다양체로서 위상동형인 것을 구체적인 사상을 통해서 증명하시오.

(2) $\varphi : E_\tau \to E_{\tau'}$를 정칙사상이라고 하자. 그러면 $p_{\tau'} \circ \tilde{\varphi} = \varphi \circ p_\tau$를 만족하는 정칙사상 $\tilde{\varphi} : \mathbb{C} \to \mathbb{C}$가 존재함을 보여라.

(3) 적당한 상수 α, β가 존재해서 (2)의 $\tilde{\varphi}$는 $\tilde{\varphi}(z) = \alpha z + \beta$와 같이 쓸 수 있음을 보여라. (힌트: 정칙 미분형식의 당김, 또는 $\tilde{\varphi}$의 미분에 주목한다.)

(4) (3)의 α는 $\alpha(\mathbb{Z} + \mathbb{Z}\tau) \subset \mathbb{Z} + \mathbb{Z}\tau'$를 만족함을 보여라.

(5) 위에서 보인 것들을 참고해서 $E_\tau \simeq E_{\tau'}$인 것과 τ와 τ'이 ρ에 대해서 같은 궤도에 속해있는 것은 동치임을 보여라.

(6) 그림 7.1에서 표현된 $\mathbb{H}$의 부분집합 F는 ρ가 $\mathbb{H}$에 행하는 작용에 대한 완전한 대표원소들의 집합인 것을 보여라. (힌트: $\mathrm{SL}_2(\mathbb{Z})$의 생성원에 주목하라.)

이 결과와 정리 7.36에 의해서 종수가 1인 콤팩트 리만면의 C^∞급 다양체로서의 동형류는 오직 한 개뿐이지만 복소다양체로서의 동형류는 F의 점의 개수만큼 있다는 것이

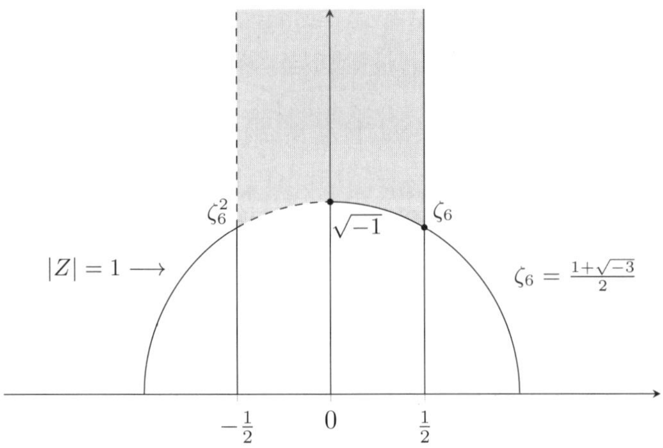

그림 7.1

된다. 이와 같이 종수 1인 콤팩트 리만면의 복소 구조는 복소 1차원 만큼의 자유도가 있다.

7.6 작은 차수의 인자에 대응되는 유리형 사상

명제 7.39 X에 $\deg D = 1$이면서 $h^0(\mathcal{O}_X(D)) \geq 2$를 만족하는 인자 D가 존재한다고 가정하자. 그러면 다음이 성립한다.

(1) $h^0(X, \mathcal{O}_X(D)) = 2$이고 $|D|$는 자유롭다.

(2) $|D|$에 동반되는 사상 $\Phi_{|D|} : X \to \mathbb{P}^1$은 동형사상이다. 특히, X는 $\mathbb{P}^1$과 동형이다.

증명 $h^0(X, \mathcal{O}_X(D)) \geq 2$이므로 D는 유효인자와 선형동치이다. 증명하고자 하는 것과 가정은 D를 선형동치인 인자로 치환해서 생각해도 변하지 않기 때문에 D는 유효인자라고 가정해도 무방하다. 이 경우 $D = P$로 쓸 수 있다. $h^0(X, \mathcal{O}_X(P)) \geq 2$이므로 X에는 P에서 정확히 위수 1인 극을 갖고 P 외에는 극을 갖지 않는 대역적 유리형 함수가 존재한다. 그런 유리형 함수를 f라고 하자. 그러면 $\varphi : X \to \mathbb{P}^1; Q \mapsto [f(Q) : 1]$는 차수가 1인 정칙사상이다. 따라서 동형사상이며 $X \simeq \mathbb{P}^1$이다. 주장의 나머지 부분은 매립 정리를 $X \simeq \mathbb{P}^1$에 적용함으로써 확인할 수 있다. □

명제 7.40 X의 종수 g는 1이상이라고 하자. X에서 $\deg D \geq 2$이면서 $h^0(X, \mathcal{O}_X(D)) \geq 2$인 인자 D가 존재한다고 가정하자. 그러면 다음이 성립한다.

(1) $h^0(X, \mathcal{O}_X(D)) = 2$이며 $|D|$는 자유롭다.

(2) $|D|$에 대응되는 사상 $\Phi_{|D|} : X \to \mathbb{P}^1$은 $\mathbb{P}^1$의 서로 다른 $2g+2$개의 점에서 분지되는 2중 덮개가 된다. 더 자세하게 설명하면, 필요할 경우 $\mathbb{P}^1$의 좌표를 사영변환을 적용해서 분지점은 a_i $(a_i \neq 0, \infty, 1 \leq i \leq 2g+2)$이고 X는 방정식 $y^2 = (x-a_1)(x-a_2)\cdots(x-a_{2g+2})$로 표현되는 초타원곡선 C와 동형이다.

증명 $h^0(X, \mathcal{O}_X(D)) \geq 2$이므로 D는 유효인자라고 가정해도 무방하다. $D = P+Q$로 쓸 수 있다. 여기서 $P = Q$인 경우도 허용한다. R을 X의 임의의 점이라고 하자. $\deg D = 2$이므로 $\deg(D-R) = 2-1 = 1$이다. $g \geq 1$이므로 명제 7.39의 대우에 의해서 $h^0(X, \mathcal{O}_X(D-R)) \leq 1$이다. 이 경우 $h^0(X, \mathcal{O}_X(D)) \leq h^0(X, \mathcal{O}_X(D-R))+1 \leq 2$이 된다. 한편, 가정에 의해서 $2 \leq h^0(X, \mathcal{O}_X(D))$이다. 따라서

$$2 = h^0(X, \mathcal{O}_X(D)) = h^0(X, \mathcal{O}_X(D-R)) + 1 \tag{7.44}$$

이 성립한다. 등식 (7.44)와 자유성 판정법(도움정리 7.18)에 의해서 $|D|$는 자유롭다. 또 (7.44)는 $H^0(X, \mathcal{O}_X(D))$의 기저 $\langle f, 1\rangle$에서 f를 $P \neq Q$인 경우에는 P, Q에서만 정확히 위수 1인 극을 갖도록 취할 수 있으며 $P = Q$인 경우에는 P에서만 정확히 위수 2인 극을 갖도록 취할 수 있다는 것을 말해준다. 이 기저하에서 $\Phi_{|D|}$는

$$\Phi := \Phi_{|D|} : X \to \mathbb{P}^1; t \mapsto [f(t) : 1]$$

와 같이 쓸 수 있다. 함수 f를 선택한 방식에 의해서 $\Phi_{|D|}$는 차수가 2인 정칙사상이다. Φ의 분지점의 개수를 n이라고 하자. 각 점에서 분지지수는 2이다. 따라서 후르비츠의 공식을 이용해서 $2-2g = 2(2-2\cdot 0)-n$을 얻는다. 이 식을 n에 대해서 풀면 $n = 2g+2$가 된다. 이렇게 (1) 및 (2)의 앞부분이 증명되었다.

(2)의 나머지 부분을 증명해 보자. $\mathbb{P}^1 = \mathbb{C}_z \cup \{\infty\}$로 생각하자. Φ의 $2g+2$개의 분지점의 상을 a_i $(1 \leq i \leq 2g+2)$로 놓으면 이것들은 $\mathbb{P}^1$의 서로 다른 $2g+2$개의 점이다. 필요할 경우 $\mathbb{P}^1$의 좌표에 사영변환을 적용해서 a_i $(1 \leq i \leq 2g+2)$들은 모두 $\mathbb{C}_z$에 포함되는 것으로 가정할 수 있다. 또 모든 i에 대해서 $a_i \neq 0$이라고 가정해도 된다. $X_0 := \Phi^{-1}(\mathbb{C}_z)$라고 놓자. $\mathbb{C}_z$ 위에서 사상 Φ는 $t \mapsto f(t)$로 주어지는 사상이다. z를 $\mathbb{P}^1$의 대역적 유리형 함수라고 간주하고 Φ로 당겨오면 $f = \Phi^*(z)$이다. $x := f$

로 놓자. 정리 6.28에 의해서 X의 유리형 함수체 $\mathcal{M}(X)$는 1변수 함수체 $\mathbb{C}(x)$의 2차 확대체가 된다. 그러므로 기약다항식 $\varphi(T) \in \mathbb{C}[T]$가 존재해서

$$\mathcal{M}(X) = \mathbb{C}(x, y), \quad y^2 = \varphi(x) \tag{7.45}$$

를 만족한다. 여기서 (7.45)는 유리형 함수로서 만족하는 등식이다. 또 y를 0이 아닌 적당한 상수를 곱한 것으로 치환함으로써 $\varphi(T)$는 최고차 항의 계수가 1 (monic)이라고 가정해도 된다. z는 $\mathbb{C}_z$에서 정칙이므로 x는 X_0에서 정칙이다. 따라서 (7.45)에 의해서 y도 X_0에서 정칙이다.

주장 7.41 $\varphi(T) = (T - a_1)(T - a_2) \cdots (T - a_{2g+2})$이다.

주장의 증명 $\varphi(T)$는 $\mathbb{C}[T]$에서 기약이며 최고차 항의 계수가 1이므로 방정식 $\varphi(T) = 0$의 복소수해 전체로 이루어진 집합이 $\{a_i\}_{i=1}^{2g+2}$와 일치하는 것을 보이면 된다. $a \in \mathbb{C}_z$를 분지점 a_i가 아닌 다른 점이라고 하자. 이 경우 $\Phi^{-1}(a)$는 서로 다른 두 점으로 이루어지는데 $\Phi^{-1}(a) = \{P_1, P_2\}$라고 하자. $x(P_1) = x(P_2) = z(a) = a$이다. 만약에 $\varphi(a) = 0$이면 (7.45)로부터 $y(P_1) = y(P_2) = 0$이다. x, y는 $\mathcal{M}(X)$의 생성원이므로 이 경우 $\mathcal{M}(X)$의 임의의 원소 g에 대해서 $g(P_1) = g(P_2)$가 된다. 이것은 정리 6.27의 주장에 모순된다. 따라서 $\varphi(a) \neq 0$이고 $\{y(P_1), y(P_2)\} = \{\pm\sqrt{\varphi(a)}\}$이다. a를 a_i에 근접시키면 P_1, P_2는 a_i의 분지점 P에 수렴한다. y는 연속이므로 이 경우 $\{\pm\sqrt{\varphi(s)}\}$는 한 개의 값으로 정의되는 $y(P)$로 수렴한다. 따라서 $y(P) = 0$이다. 이 등식을 (7.45)에 대입해서 $\varphi(a_i) = \varphi(x(P)) = y(P)^2 = 0$를 얻는다. 이렇게 주장이 증명된다. □

(2)의 증명을 이어서 하도록 하자. 두 개의 곡선

$$C_0 := (z_2^2 = (z - a_1)(z - a_2) \cdots (z - a_{2g+2})) \subset \mathbb{C}^2_{(z, z_2)},$$
$$C_\infty := (w_2^2 = (1 - a_1)(1 - a_2 w_1) \cdots (1 - a_{2g+2} w_1)) \subset \mathbb{C}^2_{(w, w_2)}$$

을 관계식 $zw = 1, z_2 = z^{g+1} w_2$으로 풀칠을 잘 해서 얻은 콤팩트 리만면이 초타원 곡선 C임을 확인했다.

주장 7.41과 X_0, C_0의 $\mathbb{C}_z$ 위의 2중 덮개 구조에 의해 사상

$$f_0 : X_0 \to C_0; t \mapsto (x(t), y(t))$$

는 덮개사상 $\Phi|X_0 : X_0 \to \mathbb{C}_z, \pi_0 : C_0 \to \mathbb{C}_z$와 교환가능한 정칙사상이다. 이 사실로부터 f_0는 리만면 X_0와 C_0 사이의 정칙 전단사 사상인 것을 알 수 있다. 따라서 동형

사상이다. $X_\infty := \Phi^{-1}(\mathbb{C}_w)(w = 1/z)$에도 똑같은 과정을 적용한다. $u = \Phi^*(w) = x^{-1}, v = y/x^{g+1}$로 놓으면

$$\mathbb{M}(X) = \mathbb{C}(u, v), \quad v^2 = (1 - a_1 u)(1 - a_2 u) \cdots (1 - a_{2g+2} u)$$

이다. 이 u, v를 이용해서 위에서 한 것과 같은 비슷한 과정을 거치면 동형사상

$$f_\infty : X_\infty \to C_\infty; t \mapsto (u(t), v(t))$$

를 얻는다. 사상 f_0, f_∞는 포개서 붙히는 작업과 정합적이므로 이로 인해 동형사상

$$f = f_0 \cup f_\infty : X = X_0 \cup X_\infty \to C_0 \cup C_\infty = C$$

를 얻는다. 이렇게 해서 (2)의 나머지 부분도 증명되었다. □

7.7 표준인자 K_X에 동반되는 유리형 사상

임의의 인자 D를 취해서 논했던 앞절까지는 콤팩트 리만면과 그 위의 인자로 이루어진 한 쌍에 대한 고찰이었다고 말할 수도 있다. 한편 표준인자 K_X는 고정된 X에 대해서 선형동치 조건을 무시하면 유일하게 결정된다. 따라서 $|K_X|$는 대응되는 유리형 사상 $\Phi_{|K_X|}$를 연구한다는 것은 X와 인자로 이루어진 쌍에 대한 성질이 아니라 X에만 의존하는 성질을 연구하는 셈이 된다. 그러므로 아래에서 논의되는 것은 지금까지 해왔던 연구 방법과 비슷하지만 철학적으로는 완전히 다른 것이다.

정의 7.42

표준인자 K_X에 대응되는 유리형 사상 $\Phi_{|K_X|}$을 **표준사상**이라고 부른다.

정리 7.43

X를 종수가 $g \geq 2$인 콤팩트 리만면이라고 하자. 이 경우 $|K_X|$는 자유롭다. 특히 표준사상

$$\Phi_{|K_X|} : X \to \mathbb{P}^{g-1}$$

는 정칙사상이다. 게다가 다음 (1) 또는 (2) 둘 중 한 개의 조건을 만족한다.

(1) $\Phi_{|K_X|}$는 매립 사상이다.

(2) $\Phi_{|K_X|}$에 의한 X의 상은 차수 $g-1$의 베로네제 곡선 $C_{g-1} = \mathbb{P}^1$이며 $\Phi_{|K_X|}$는 상 $\mathbb{P}^1$의 서로 다른 $2g+2$개의 점에서 분지되는 2중 덮개사상이다. 특히 X는 초타원 곡선이다.

증명 $|K_X|$**가 자유라는 사실의 증명** $P \in X$에 대해서 층의 짧은 완전열

$$0 \to \mathcal{O}_X(K_X - P) \xrightarrow{\iota} \mathcal{O}_X(K_X) \xrightarrow{r_P} \mathbb{C}_P \to 0$$

로부터 유도되는 코호몰로지 군의 긴 완전열

$$\begin{aligned} 0 \to H^0(X, \mathcal{O}_X(K_X - P)) &\xrightarrow{\iota^0} H^0(X, \mathcal{O}_X(K_X)) \xrightarrow{r_P} \mathbb{C} \xrightarrow{\delta} \\ H^1(X, \mathcal{O}_X(K_X - P)) &\xrightarrow{\iota^1} H^1(X, \mathcal{O}_X(K_X)) \simeq \mathbb{C} \to 0 \end{aligned} \tag{7.46}$$

를 생각해 보자. (7.46)에서 사상 r_P가 전사인 것을 보이면 된다. (7.46)의 완전성으로부터 r_P가 전사라는 것과 $h^1(\mathcal{O}_X(K_X - P)) = 1$인 것은 동치이다. 세르의 쌍대성 정리에 의해서 $h^1(\mathcal{O}_X(K_X - P)) = h^0(\mathcal{O}_X(P))$이다. $g \geq 2$이므로 명제 7.39의 대우에 의해서 $h^0(\mathcal{O}_X(P)) = 1$이다. 이렇게 $h^1(\mathcal{O}_X(K_X - P)) = 1$임을 확인한다.

(1) 또는 (2)중 한 조건이 만족한다는 사실의 증명 $g \neq 0$이므로 상의 종수를 비교해 보면 (1)과 (2)는 동시에 만족할 수 없는 배타적인 조건이다. X에서 차수가 2인 임의의 유효인자 $D = P + Q$를 잡는다. 이 인자를 이용해서 층의 짧은 완전열

$$0 \to \mathcal{O}_X(K_X - D) \xrightarrow{\iota} \mathcal{O}_X(K_X) \xrightarrow{r_D} \mathbb{C}^{\oplus 2} \to 0$$

를 얻을 수 있다. 이 짧은 완전열로부터 유도되는 코호몰로지 군의 완전열

$$\begin{aligned} 0 \to H^0(X, \mathcal{O}_X(K_X - D)) &\xrightarrow{\iota^0} H^0(X, \mathcal{O}_X(K_X)) \xrightarrow{r_D} \mathbb{C}^2 \xrightarrow{\delta} \\ H^1(X, \mathcal{O}_X(K_X - D)) &\xrightarrow{\iota^1} H^1(X, \mathcal{O}_X(K_X)) \simeq \mathbb{C} \to 0 \end{aligned} \tag{7.47}$$

을 생각해 보자. 임의의 D에 대해서 $h^1(\mathcal{O}_X(K_X - D)) = 1$이 성립한다고 해보자. 이 경우 (7.47)의 완전성으로부터 r_D는 전사이다. 따라서 $\Phi_{|K_X|}$는 매립 사상이다. 아래에서는 어떤 $D = P + Q$가 존재해서 $h^1(\mathcal{O}_X(K_X - P - Q)) \neq 1$이라고 가정하고 (2)가 성립한다는 것을 보이면 된다. 이 가정과 세르의 쌍대성 정리로부터 $h^0(\mathcal{O}_X(P + Q)) = h^1(\mathcal{O}_X(K_X - P - Q)) \neq 1$이다. $D := P + Q$는 유효인자이므로

$h^0(\mathcal{O}_X(P+Q)) \geq 1$이다. 따라서 $h^0(\mathcal{O}_X(P+Q)) \geq 2$이 성립한다. 한편 명제 7.40에 의해 서로 다른 $2g+2$개의 0이 아닌 복소수 $a_i \in \mathbb{C}(1 \leq i \leq 2g+2)$가 존재해서 X는

$$y^2 = (x-a_1)(x-a_2)\cdots(x-a_{2g+2})$$

로 표현되는 초타원 곡선과 동형이다. 이 경우 예제 7.3으로부터

$$\left\langle \frac{dx}{y}, \frac{xdx}{y}, \frac{x^2dx}{y}, \cdots, \frac{x^{g-1}dx}{y} \right\rangle$$

는 $H^0(X, \Omega_X^1)$의 기저가 된다. 표준인자 K_X를 $\operatorname{div}(\frac{dx}{y})$와 같이 대표원소로 표시한다. 이렇게 대표원소로 표시를 해서 $H^0(X, \mathcal{O}_X(K_X)) \simeq H^0(X, \Omega_X^1); f \leftrightarrow f\frac{dx}{y}$를 얻는다. 따라서 $\langle 1, x, x^2, \cdots, x^{g-1}\rangle$은 $H^0(X, \mathcal{O}_X(K_X))$의 기저가 된다. 이 기저를 이용하면 $\Phi_{|K_X|}$는

$$\Phi_{|K_X|} : X \to \mathbb{P}^g; P \mapsto [1 : x(P) : x(P)^2 : \cdots : x(P)^{g-1}]$$

로 표현된다. 이것은 $\Phi_{|K_X|}$가 사영 $p : X \to \mathbb{P}^1; (x(P), y(P)) \mapsto x(P)$와 $\mathbb{P}^1$의 g차 베로네제 사상 $\mathbb{P}^1 \to \mathbb{P}^{g-1}; t \mapsto [1 : t : t^2 : \cdots : t^{g-1}]$과의 합성사상인 것을 의미한다. 이렇게 증명을 마친다. □

보기 7.44 X를 종수가 2인 콤팩트 리만면이라고 가정하자. 이 경우 X는 초타원곡선이다. 좀 더 구체적으로 설명하면

$$y^2 = (x-a_1)(x-a_2)\cdots(x-a_6)$$

(a_i는 서로 다른 여섯 개의 0이 아닌 복소수)와 같이 표현되는 초타원 곡선이다. $\deg K_X = h^0(\mathcal{O}_X(K_X)) = 2$이므로 명제 7.40로부터 비롯된 결과이다. 역도 성립하는데 역은 예제 7.3에서 확인할 수 있다.

문제 7.19 X를 종수가 2인 콤팩트 리만면이라고 하자.

(1) n이 3이상의 정수일 경우 $\Phi_{|nK_X|}$은 매립사상인 것을 증명하시오.

(2) 사상 $\Phi_{|2K_X|}$의 구조에 대해 논하시오. 상은 어떤 곡선인가? 또 $\Phi_{|2K_X|}$은 상에 대한 어떤 사상인가?

예제 7.45 $g = 3$인 콤팩트 리만면은 다음 둘 중 한 가지로 표현되는 것을 증명하고 역도 성립함을 보여라.

(1) $\mathbb{P}^2$ 안의 비특이 4차 곡선. 이 경우 X는 초타원 곡선이 아니라 이 4차 곡선은 X의 표준 곡선이다.

(2) $y^2 = (x - a_1)(x - a_2) \cdots (x - a_8)$ (a_i는 서로 다른 여덟 개의 0이 아닌 복소수)로 표현되는 초타원 곡선.

풀이 역에 대해서는 종수 공식 (예제 7.3, 7.6)으로부터 비롯된다. 표준 사상 $\Phi_{|K_X|}$이 매립이 아니면 조건 $g = 3$과 정리 7.43에 의해서 (2)가 참이 된다. 아래에서는 $\Phi_{|K_X|}$가 매립을 정의하는 경우를 생각하도록 한다. $h^0(X, \mathcal{O}_X(K_X)) = g = 3$이므로 이 경우 $\Phi_{|K_X|}$는 $\mathbb{P}^2$로 가는 매립

$$\Phi_{|K_X|} : X \to \mathbb{P}^2; P \mapsto [\varphi_0(P) : \varphi_1(P) : \varphi_2(P)]$$

이다. $C := \Phi_{|K_X|}(X)$로 두자. 예제 7.26에 의해서 C는 비특이 사영평면 곡선이다. 이 곡선 C의 차수를 d라고 하자. $g(C) = g = 3$이므로 종수 공식에 의해서 $\frac{(d-1)(d-2)}{2} = 3$이다. 이것을 풀면 $d = 4, -1$이 되는데 $d > 0$이므로 $d = 4$이다. 이렇게 증명이 되었다. 다음과 같은 방식으로도 증명이 가능하다. 리만-로흐의 정리로부터

$$h^0(X, \mathcal{O}_X(4K_X)) = 1 - 3 + 4 \cdot 2(3 - 1) = 14 \tag{7.48}$$

이다. 또 정의로부터 $\varphi_i (i = 0, 1, 2)$의 4차 다항식

$$\varphi_0^k \varphi_1^l \varphi_2^m (k + l + m = 4) \tag{7.49}$$

는 모두 $H^0(X, \mathcal{O}_X(4K_X))$의 원소이다. 한편 중복조합의 공식을 적용하거나 또는 공식에 쓰이는 아이디어를 써서 (7.49)의 단항식은 전부 ${}_{4+2}C_2 = \binom{4+2}{2} = \frac{6 \cdot 5}{2 \cdot 1} = 15$개인 것을 알 수 있다. 따라서 (7.48)에서 (7.49)의 15개의 4차단항식들 사이에는 자명하지 않은 1차관계식

$$\sum_{k+l+m=4} a_{klm} \varphi_0^k \varphi_1^l \varphi_2^m = 0$$

이 존재한다. 이 등식은 X에서 정의되는 유리형 함수로서 만족하는 등식이다. 따라서 X의 $\Phi_{|K_X|}$에 의한 상은

$$\sum_{k+l+m=4} X_0^k X_1^l X_2^m = 0$$

로 표현되는 $\mathbb{P}^2$ 안의 4차 곡선 C에 포함된다는 것을 뜻한다. $\Phi_{|K_X|}$는 매립이라는 사실과 종수 공식에 의해서 3차 이하의 비특이 사영평면 곡선의 종수는 0 또는 1이며 3

이 될 수가 없다는 사실, 그리고 예제 7.26을 조합해서 곡선 C는 비특이이며 게다가 X의 상과 일치하는 것을 알 수 있다. □

문제 7.20

(1) X를 비특이 4차 곡선이라고 하자. H를 X의 서로 다른 네 점 $P_j (j = 1, 2, 3, 4)$에서 만나는 $\mathbb{P}^2$ 안의 직선 $H = (\sum_{i=0}^{2} a_i X_i = 0)$이라고 하자. $\mathrm{div}\omega = \sum_{j=1}^{4} P_j$인 X의 대역적 정칙1형식 ω가 존재하는 것을 보여라.

(2) 예제 7.45의 두 경우 (1)과 (2)는 배타적인 것을 보여라. 다시 말해, 비특이 4차 곡선은 절대로 초타원 곡선이 될 수 없으며, 초타원 곡선은 절대로 비특이 4차 곡선이 될 수 없다는 것을 보이시오 (힌트: 비특이 4차 곡선의 표준인자는 매우 풍부하지만 초타원 곡선의 표준인자는 매우 풍부하지 않다는 것을 먼저 보인다.)

간략한 문제 풀이

1.1 $[1 : \zeta_m^k]$ (k는 0이상 $m-1$이하의 정수), m개

1.4 극 $z = \pm 1$, 주부분 $-\frac{1}{2}(z+1)^{-2} - \frac{1}{4}(z+1)^{-1}, \frac{1}{4}(z-1)^{-1}$

1.5 (1) $a = 1, b = 1, c = -2$ (2) $f : z = 1, \zeta_3, \zeta_3^2$에 위수 1의 극, $z = \pm 1, \infty$에 위수 1의 영점, $g : z = \infty$에 위수 4의 극, $z = \pm 1, \pm i$에 위수 1의 영점

1.8 (1) $t = (1 - 3w + 2w^2)/(1 + w^2)$, $s = (z^2 + 1)/(z^2 - 3z + 2)$, $s = (1 + w^2)/(1 - 3w + 2w^2)$ (2) $f(\infty) = 2$, $f^{-1}(-1) = \{(3 \pm \sqrt{15}i)/4\}$, $f^{-1}(1) = \{1/3\}$, $f^{-1}(\infty) = \{\pm i\}$

1.13 (2) $(n+1)$차원, 기저 $\langle z^k \rangle_{k=0}^n$

2.5 (1) $u = x/(x^2 + y^2)$, $v = -y/(x^2 + y^2)$ (4) $(\overline{z}, \mathbb{C}_z)$ 등

2.7 불가능하다.

2.12 (1) 차수 6, $[1 : 0], [\alpha : 1]$ (α는 $2z^2 + 1 = 0$의 해 여섯 개)의 일곱 점에서 위수 2의 분지, $[0 : 1]$에서 위수 4의 분지 (2) 차수 4, $z = \frac{-1 \pm \sqrt{7}i}{2}, \infty$의 삼 점에서 위수 2의 분지, $z = 1$에서 위수 4의 분지

3.4 $du = \frac{y^2 - x^2}{(x^2+y^2)^2}dx + \frac{-2xy}{(x^2+y^2)^2}dy$, $dv = \frac{2xy}{(x^2+y^2)^2}dx + \frac{y^2-x^2}{(x^2+y^2)^2}dy$

3.6 (1) $d\eta = (\frac{\partial g}{\partial x}dx \wedge dy$ (2) $\overline{z}dz$ (3) $\overline{z}dz, zd\overline{z}$

3.7 (1) $\emptyset$ (2) $\frac{dz}{z}$

3.11 $z^4 - z - 1 = 0$의 네 개의 해에서 위수가 2인 영점 $z = \infty$에 위수 10인 극

4.5 n분점은 $\{(m_1\omega_1 + m_2\omega_2)/n | m_1, m_2$은 0이상 $n-1$이하의 정수$\}$으로 n^2개

4.13 $a^2 - 4b, -4p^3 - 27q^2$

4.14 복소수 원과 복소수 포물선은 동형이 아니다.

4.17 $\tilde{C} : -X_0 + X_1^2 + X_2^2 = 0$, 추가된 점 $[0 : 1 : \pm i]$의 두 점, $\tilde{P} : X_2X_0 - X_1^2 = 0$, 추가된 점은 $[0 : 0 : 1]$ 한 점, $\tilde{H} : X_1X_2 - X_0^2 = 0$, 추가된 점은 $[0 : 0 : 1]$, $[0 : 1 : 0]$ 두 점

4.18 (1) $\lambda = 0, 1$, 기약 (2) $\lambda = 1, \zeta_3, \zeta_3^2$, 1차식 세 개의 곱이 된다.

4.19 $g = 0, 1$

5.3 (2) $\text{Supp}\,\mathcal{F} = \emptyset$ (4) $\text{Supp}(\mathcal{F} \oplus \mathcal{G}) = \text{Supp}\,\mathcal{F} \cup \text{Supp}\,\mathcal{G}$

5.5 (1) $\mathbb{C}$의 인자이지만 $\mathbb{P}^1$의 인자는 아니다. (2)$\Sigma_{n\in\mathbb{Z}}[n\pi] - \Sigma_{n\in\mathbb{Z}}[(\frac{1}{2}+n)\pi]$ (3) $[1] + [\zeta_3] + [\zeta_3^2] - 3[\infty]$, $[\zeta_8] + [\zeta_8^3] + [\zeta_8^5] + [\zeta_8^7] - 2[0] - [1] - [-1]$, $[1] + [i] + [-i] + 2[\infty] - 3[0] - [\zeta_6] + [\zeta_6^5]$

6.2 (1) $n+1$ (2) 유한차원이 아니다.

6.3 (3) 코시수열이 아니다.

6.6 $\mathbb{C}(x)[y]/(y^2 - 4x^3 + g_2x + g_3)$과 동형

7.4 (1) 차수는 d, 분지점은 $[1 : \zeta_{2d}^k : 0]$ (k는 1이상 $2d-1$이하의 홀수)에서 분지수는 모두 d (3)순서대로 $d = 1, 2,\ d = 4,\ d = 4$ (4) $d = 1, 2$

7.5 dx는 $(x, y) = (a_i, 0)$에서 위수 1인 영점, $(u, v) = (0, \pm 1)$에서 위수 2인 극

7.6 $\langle \frac{x^k\,dx}{y} \rangle_{k=0}^{g-1}$

7.8 $\langle x^k y^l \omega | k, l$은$k + l \leq d - 3$을 만족하는0이상의 정수$\rangle$

7.11 (1) $[1; 0; 1]$이 특이점 (2) $[0 : 0 : 1]$이 특이점

7.14 (2) 3차식과 2차식의 곱 또는 3차식과 두 개의 1차식의 곱

7.15 (1) $C_2 : X_1^2 - X_0X_2 = 0, C_3 : X_0X_2 - X_1^2 = X_1X_3 - X_2^2 = X_0X_3 - X_1X_2 = 0$ (3) 순서대로 $X_d = 0,\ X_d - X_0 = 0$

7.17 (1) $\mathbb{P}^1$로 가는 네 점에서 분지하는 2중 덮개 (2) $\mathbb{P}^3$의 두 개의 2차원 곡면의 교집합으로 가는 쌍정칙 사상

7.19 (2) $\mathbb{P}^2$ 안에서 2차 베로네제 곡선을 상으로 가지며 상으로 가는 여섯 점에서 분지하는 2중 덮개.

참고 문헌

이 책을 집필하는데 있어서 참고한 책들을 소개한다. 모든 책들을 자세하게 읽은 것이 아니기 때문에 코멘트는 아주 주관적이다.

리만면에 관한 참고 문헌

1) 岩澤健吉(Iwasawa Kenkichi), 代數函數論 (岩波書店, 1952)[1)]

이 책에서 거의 다루지 않은 콤팩트 리만면의 범덮개, 아벨의 정리에 대해서도 자세히 다루고 있다. 앞부분에서는 부치론(valuation theory)에 기반을 둔 대수적 이론에 대해서도 배울 수 있다.

2) O. Forster, Lectures on Riemann Surfaces (Springer Graduate Texts in Mathematics 81, 1982)

콤팩트하지 않은 리만면의 이론에 대해서도 언급하는 아주 잘 쓰인 책. 기술적 측면에서 이 책을 집필하는데 있어서 참고를 많이 했다. 이 책에서 $H^1(\mathcal{O}_X)$의 차원의 유한성에 대한 증명, 세르의 쌍대성 정리의 증명은 이 문헌의 방식을 따랐다.

3) W. Fulton, Algebraic Curves (W. A. Benjamin INC, New York, 1969)

리만면의 대수적 이론을 기초적인 대수적 수법과 함께 배워나갈 수 있는 책이다. 특히, 베주(Bézout)의 정리에 대한 이해하기 쉬운 증명이 수록되어 있다. 또 대수적 울타리 안에서 리만-로흐의 정리, 특이점 해소에 대해서도 다룬다. 이 책과 겹치는 부분은 거의 없다.

4) W.Fulton, Algebraic Topology, A first course (Springer Graduate Texts in Mathematics 153, 1995)

리만면의 위상기하학적 측면을 기초가 되는 호몰로지 군, 기본군의 개념과 함께

[1)] Kenkichi Iwasawa, Algebraic Functions (Translations of Mathematical Monographs), AMS, 1993

배울 수 있다. 필자는 이 문헌을 제외하고 위상기하학의 기초이론과 응용을 재미있고 명쾌하게 배울 수 있는 책을 알지 못한다. 이 책에서 2차원 닫힌 곡면의 분류정리의 증명 과정에서 증명 없이 언급된 사항들은 모두 이 문헌을 통해서 확인할 수 있다.

5) F. Kirwan. Complex Algebraic Curves (Cambridge University Press, 1992)
주로 사영평면곡선을 주제로서 다루는데 대학교 학부 3학년까지 배우는 수학의 일반론이 리만면 (대수곡선)이라는 대상을 배워나가는데 있어서 얼마나 효과적으로 적용되고 서로 연결되는지 보여주는데 역점을 둔 양서. 부록 C에 실 2차원 닫힌 곡면의 분류정리가 기초적인 위상기하학적 성질, 삼각형 분할의 존재성, 그리고 기본변환에 바탕을 두고 제시된다. 결과적으로 이 책과 겹치는 부분은 없어졌지만 교과서를 쓰는데 있어서 취해야 할 기본자세 같은 것은 이 참고 문헌으로부터 많은 것을 배웠다.

6) 小平邦彦(Kodaira Kunihiko), 複素解析 (岩波書店, 1991)[1]
마지막 장에서 리만면의 유일화와 그것에 바탕을 둔 콤팩트 리만면의 C^∞급 분류가 예술이라고 해도 될 정도로 정교하고 치밀하게 전개된다. 또 조화 미분형식론에 기초한 리만-로흐의 정리의 증명, 아벨 정리의 증명이 제시되어 있다.

7) H. Weyl, リ-マン面 (岩波書店, 1974)[2]
리만면의 이론을 최초로 수학적으로 꼼꼼하게 정식화해서 전개한 고전적 명저.

일반 문헌

대수곡선 또는 리만면의 이론을 더욱더 심도있게 배우기 위해서 기초가 되는 일반론을 더 자세하게 공부할 필요가 있다고 생각한다. 예를 들면 리만면의 매개변수 의존성을 고찰하기 위해서는 반드시 고차원적인 수법이나 특이점을 갖는 대상을 다루기 위한 도구가 필요해진다. 이 책을 다 읽은 정도 레벨의 독자라면 무리없이 이어서 읽을 수 있다고 생각되는 문헌 몇개를 적어본다.

8) R. Hartshorne, Algebraic Geomtry (Springer Graduate Texts in Mathematics 52, 1999)

---

[1] Kunihiko Kodaira, Complex Analysis (Cambridge University Press, 2012)

[2] Hermann Weyl, Die Idee der Riemannschen Fläche, Tenbner, 1913

스킴 이론과 코호몰로지 이론에 바탕을 둔 대수기하학을 다룬 가장 정평이 나 있는 교과서. 재미있게 읽을 수 있을 지의 여부는 또 다른 문제이지만 코호몰로지 이론을 다루는 부분에 관해서는 이 문헌보다 더 철저하게 쓰인 교과서를 필자는 본 적이 없다. 연구하는데 있어서도 여전히 참고로 하는 문헌이다.

9) 堀川穎二(Horikawa Eiji), 複素代數幾何學入門 (岩波書店, 1990)
초월적 시점 (해석적 시점)에서 쓰인 고차원 복소다양체론의 교과서. 전반부는 다변수 복소함수론과 고차원 복소다양체론의 기초에 대해서 명쾌하게 쓰여 있다. 또 저자 자신에 의한 챠우(Chow)의 정리에 대한 증명도 수록되어 있다. 이 책에서는 기초적인 수준으로만 다룬 여러 가지 개념들이 어떻게 고차원으로 확장되어 가는지 확인해 가면서 읽으면 재미있게 읽을 수 있을 것으로 생각된다. 후반부에서는 리만면의 더 진보된 이론이 전개된다. 이 책을 다 읽은 독자들이라면 이어서 읽는데 어려움이 없을 것이다. 참고로 이 책의 존재는 마츠오 아츠시 씨로부터 알게 되었다.

10) 飯高 茂(Iitaka Shigeru), 代數幾何學 I∼III[1], 可換環論 (岩波基礎數學講座, 1976)
쌍유리기하학적 시점에서 쓰인 대수기하학 교과서. 스킴 이론이나 사영 다양체의 코호몰로지에 대한 기초이론을 단순히 추상적인 이론으로만 그치지 않도록 구성이 잘 된 책이다. 개인적으로는 8)보다 이 책이 개성적이어서 선호한다. 이 책을 통해서 스킴 이론과 사영 대수다양체론에 대해서 어느 정도 감각을 익혔으면 곡면론 또는 고차원 다양체로 나아갈 수 있을 것이다.

11) 桂 利行(Katsura Toshiyuki), 代數幾何入門 (共立出版, 1998)
스킴 이론과 코호몰로지 이론의 기초 이론을 다룬 후 대수 곡선론으로의 응용이 정성스럽게 쓰였다. 이 책에서 논한 초월적 수법과 비교해 가면서 읽는 것도 흥미롭다고 생각된다. 층 코호몰로지 군의 이론은 이 책과 다르게 resolution 입장에서 전개된다.

12) 小平邦彦(Kodaira, Kunihiko), 複素多樣體論 (岩波書店, 1992)
저자에 의해서 착수되었으며 현재까지도 대수기하학의 중심적인 연구 주제 중 하나인 변형이론을 설명하기 위해 복소다양체론을 기초부터 차근차근 논한 명저. 이 책을 다 읽은 독자에게 가장 추천하고 싶은 책.

[1]S. Iitaka, Algebraic Geometry, Graduate Texts in Mathematics 76

13) I.R. Shafarevich (translated by M. Reid), Basic Algebraic Geometry (Springer-Verlag, 1994)
대수기하학에 있어서 대수적인 관점과 더불어 초월적인 관점과의 상호 관계(comparison)에 대해서도 언급하는 귀중한 책. 챠우의 정리의 증명도 수록되어 있다. 어느 한쪽의 관점만으로는 다루기 힘든 $K3$곡면이라고 불리는 곡면의 깊은 이론에 통달한 저자의 기풍이 느껴지는 책이다.

이 책에서 가정한 기초지식이 수록된 문헌

지면의 제약상 설명을 할 수 없었던 중요한 사항과 참고문헌 몇 개를 소개한다. 14)~17)의 내용은 책 전반에서 쓰이는 것들이기 때문에 이것들을 처음 배우면서 동시에 이 책을 읽는 것은 쉽지 않을 수 있다. 18)~21)은 부분적으로 필요하긴 하지만 주요 부분을 이해하기 위해서 반드시 필요한 것은 아니다.

14) 佐竹一郎, 線形代數學 (裳華房, 1974): 선형공간과 선형사상
15) 杉浦光夫, 解析入門 I, II (東京大學出版社, 1980,1985): 테일러 전개, 다변수함수의 미적분
16) 松阪和夫, 集合位相入門 (岩波書店, 1968): 동치관계와 몫집합, 위상공간과 연결사상의 정의, 제2가산공리, 연결, 콤팩트, 하우스도르프의 정의
17) 野口潤次郎, 複素解析概論 (裳華房, 1993): 정칙함수, 유리형 함수 등
18) 酒井文雄, 環と體の理論 (共立出版, 1997): 대수계의 용어, 체의 확장과 원시원소의 존재, 힐베르트의 영점 정리
19) 增田久弥, 關數解析 (裳華房, 1994): 바나흐의 열린 사상 정리
20) 松本幸夫, 多樣體の基礎 (東京大學出版, 1988): 단위분할
21) 문헌 4), 5): 호몰로지 군과 실 2차원 방향 부여 가능한 닫힌 곡면의 분류 정리

찾아보기

대수곡선론

지은이 오기소 케이지
옮긴이 최성락
펴낸이 조경희
펴낸곳 경문사
펴낸날 2021년 8월 30일 1판 1쇄
등 록 1979년 11월 9일 제1979-000023호
주 소 04057, 서울특별시 마포구 와우산로 174
전 화 (02)332-2004 팩스 (02)336-5193
이메일 kyungmoon@kyungmoon.com

값 18,000원

ISBN 979-11-6073-481-2